# 鉄道車両のダイナミクスとモデリング

# Railway Vehicle Dynamics and Modeling

日本機械学会

# 発刊にあたって

幼少期に家から外へと広がる世界で目の当たりにする，鉄道をはじめとする社会のさまざまなシステムに興味を抱くことは自然な流れである．人や物を運ぶ社会的役割に加え，そのメカニズムへの好奇心が機械工学へと導き，先人達の積み重ねてきた鉄道工学の存在に気付かされる．

機械工学に基づく鉄道技術を学ぶための書籍としては，古くは「鉄道車両（日刊工業新聞，1957）」が挙げられるであろう．「実用 機械振動学（理工学社，1984）」には，ふんだんに鉄道車両の振動モデルが用いられており，機械力学・振動学と鉄道工学の関わりを知る上でも参考になる良書である．

日本機械学会からは，これまでに傘下の研究分科会が母体となり編著した「鉄道車両のダイナミクス－最新の台車テクノロジー（電気車研究会，1994）」が出版されている．実際に使われている台車の仕様を詳細に示すなど意欲的な内容をもつ書籍であるが，絶版となり現在では入手が困難である．また，「車両システムのダイナミックスと制御（養賢堂，1999）」が自動車・移動ロボット分野とともに学会編として刊行され，鉄道車両がひとつの章を構成している．この書籍は，学会が主催する鉄道車両のダイナミクスに関わる講習会で長く参考図書として紹介されてきた．なお，これら２書の執筆者でもある宮本昌幸博士（当時，鉄道総合技術研究所），須田義大博士（東京大学）は雑誌「鉄道車両と技術（1995～1997年）」にて，「車両の運動力学入門」を連載しており，初学者にもわかりやすい解説がなされているが，残念ながら成書にはなっていない．

今世紀に入り，速度向上のための技術開発が進展し，320 km/h 走行が実現した．アクティブサスペンションの実用化などの制御技術の適用拡大はもとより，電動機開発と制駆動技術の高度化，車体構造の刷新など車両軽量化技術，車体開発への CFD（数値流体力学）の高度活用，軸箱支持剛性の最適化など，技術の進展が目覚ましい．軽量化に伴い増加する車体弾性振動への対策も進められてきている．

一方，鉄道システムは地震や突風等の自然現象による被害も多数経験してきた．最近でも新潟県中越地震（2004），羽越線脱線事故（2005），東日本大震災（2011），平成28年熊本地震（2016）など大きな被害を受ける事例が後を絶たない．重大な脱線事故も続き，車両の走行安全性向上の取り組みを継続・発展させることの重要性を再認識させられた．そして，人－車両－走行環境・インフラの相互関係を考慮した事故未然防止，自然災害対応は研究者・技術者が克服すべき課題となっている．

このように，実用技術の進展と従来対応していなかった外力や相互作用を考慮したダイナミクス解析の必要性が高まっている．一方で，今世紀に入ってから鉄道車両のダイナミクスを本格的に扱った書籍の発行は見当たらず，まさに今に即した鉄道車両のダイナミクスとモデリングを学ぶための「教科書」が待たれて久しいものと考える．

車両への入力と車両からの応答出力との間には，遅れ・進み，むだ時間をはじめとする“ダイナミクス（動特性）”が内包されている．このダイナミクスを把握し，設計に考慮するためには何らかのモデル化が必要である．適切なモデルを設計で使用することはシステム開発の前提で，その上で課題を解決することが求められる．本書は鉄道車両とそのダイナミクスに関する技術的な基本事項と，車両ダイナミクスのモデリングと数値解析手法に関する基礎を平易に解説することを目的として，日本機械学会交通・物流部門の鉄道技術出版企画専門委員会で企画され，その委員により執筆された．本書が鉄道技術に関わる技術者・研究者だけでなく，これから鉄道車両のダイナミクスに取り組もうとする方を含む技術者，研究者，学生の皆さんに幅広くお役に立てれば幸いである．

2017 年（平成 29 年）秋　　　鉄道技術出版企画専門委員会を代表して

吉田秀久（防衛大学校）

# はしがき

鉄道車両の運動は軌道との関係において，“支持”，“案内”，“推進”方向と説明されることがある．支持方向とは車体－台車－輪軸－軌道に相互関係がある鉛直方向を指す．レール上を車輪が転がることで車両は軌道に拘束（案内）され走行するが，このとき軌道面上の進行方向に対しレール（もしくは車輪）が直交する方向が案内方向で，車輪が進行する方向が推進方向である．これらは車両に設定した直交座標系の原点に対する上下・左右・前後に対応するが，輪軸，台車枠，車体それぞれの間には位置と角度の相対的な移動（差異）が生じることから，原点をどこにとるか，すなわち議論の対象は何かを明確にすることが車両のダイナミクスを議論する上で重要である．

本書「鉄道車両のダイナミクスとモデリング」では現在広く使用されている電車を念頭に置き，鉄道車両として最も一般的な二軸ボギー車両が２本のレールに案内され走行する状況を前提としている．また旅客車を想定し，走行時に発生する左右系の車両運動・上下系の車両振動を対象に，その評価法と運動と振動を解析する手法について記述する．執筆に際しては大学課程／高等専門学校（高専）課程の機械工学において，機械力学・振動工学，運動学・動力学の基礎に立脚した記述とした．そのため理解を深めるためには，これらを履修していることが望ましい．

本章の構成は以下のとおりである．

第１章では，鉄道車両のダイナミクスの入門書として必要な鉄道に関する基本事項として，鉄道車両，鉄道線路，振動を誘起する外乱を取り扱う．第２章以降の個別の議論で必要となる，車両と軌道の構成要素の機能と構造，専門書として使用する用語，定義について多くの図を用いて説明する．

第２章では左右系のダイナミクスを説明する．鉄道車両は鉄道固有の車輪軸による曲線通過時の自己操舵機能を有し，高速走行時の蛇行動を避けるため走行安定性を確保する必要がある．車輪・レールの接触に起因する輪軸の運動を示す運動方程式を導出し，輪軸の蛇行動と曲線通過性能について論じる．台車モデル，車両モデルを構成し，運動方程式から走行安定性の解析例を説明する．また車両転覆のモデルと曲線通過時の輪重横圧推定式と計算例を示す．

第３章では非線形モデルを導入した車両運動シミュレーションについて説明する．車両運動シミュレーションを紹介し，読者が自ら行う計算に対し，結果の整合性が確認できるようシミュレーションツールによる計算例を示す．台車に配された具体的な各種機械要素の非線形性について，モデルの詳細を説明する．

第４章では鉄道車両の振動乗り心地について扱う．まず乗客・乗員が感じる振動乗り心地の評価方法について記述する．次に，弾性振動を含む車体上下系のダイナミクスを説明するとともに，実車における上下振動の測定例を示す．そして，車体上下振動を解析するためのモデリングと，それによる計算例を紹介する．

いずれの章においても，読者の理解を深める手助けとなることを期待して章末に参考文献を多く掲載した．また，巻末の付録として，掲載した計算式の詳細を補足する説明と，MATLAB[1]を用いた計算用サンプルプログラムを示した．これらを通じ，特有な事項が多い鉄道車両のダイナミクス解析の敷居が少しでも低くなることを願っている．

2017年秋　　　著者一同

日本機械学会「鉄道車両のダイナミクス」出版分科会
交通・物流部門　鉄道技術出版企画専門委員会（執筆担当一覧）

主査：吉田秀久（防衛大学校）　第４章
石田弘明（運輸安全委員会，執筆時：明星大学）　第１章，第２章
鈴木昌弘（名城大学）　第１章
富岡隆弘（秋田県立大学，執筆時：鉄道総合技術研究所）　第１章，第４章
道辻洋平（茨城大学）　第２章，第３章
宮本岳史（明星大学，執筆時：鉄道総合技術研究所）　第３章

[1] MATLAB は MathWorks 社の登録商標である．

# 目　次

# 第１章　鉄道の基礎知識

「鉄道車両のダイナミクスとモデリング（Railway Vehicle Dynamics and Modeling）」では，鉄道車両が走行した際に発生する振動を中心に，その運動力学を解析する手法について解説する．車両運動のなかでも特に鉄道車両の上下系，左右系の振動を対象とし，駆動（driving）・制動（braking）の問題やそれに伴い発生する列車座屈（train set buckling）などの前後系の大変位を伴う運動は本書では扱わない．

鉄道車両は，鉄車輪で鉄レールの上を転がり，左右２本の鉄レールに拘束されながら走行する．本章には，その運動力学を解析するにあたり必要な鉄道に関する基本事項について記す[(1)(2)]．

## 1.1　鉄道車両[(3)-(8)]

鉄道車両は機関車（locomotive），旅客車（passenger car），貨車（freight car）に分類され，さらに旅客車には客車（coach，passenger car：PC），電車（electric car：EC），気動車（diesel car：DC）といった車種がある．それぞれの用途によって車両の構造は一部異なるが，軌道上を安全に走行するための走り装置（running gear）については共通する部分が多い．ここでは現在広く使用されている電車を念頭に置き，鉄道車両として最も一般的な二軸ボギー車両（vehicle with a pair of two-axle bogies）を取り上げて，その基本的な構造について述べる．二軸ボギー車両とは，輪軸２対を枠に組み込んだ台車（bogie，truck）で車体を支える方式の車両である．

### 1.1.1　鉄道車両の剛体運動

鉄道車両のダイナミクスを解析するとき，鉄道車両を構成している輪軸（wheelset）や台車枠（bogie frame），車体（carbody）を剛体（rigid body）として扱うことが多い．各剛体の運動の自由度（degree of freedom：DOF）は，$x$，$y$，$z$ の３軸方向の並進運動と３軸まわりの回転運動 $\phi$，$\theta$，$\psi$ の合計６自由度である．

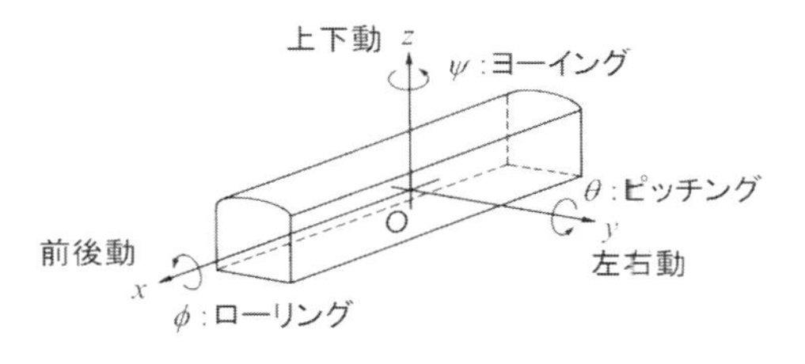


図 1.1.1　鉄道車両の剛体運動と座標系

図 1.1.1 に示すとおり, 鉄道車両の場合には, 前後軸まわりの回転をローリング (rolling), 左右軸まわりの回転をピッチング (pitching), 上下軸まわりの回転をヨーイング (yawing) と呼んでいる.

### 1.1.2 鉄道車両の基本構成と主要寸法

一般的な鉄道車両の基本構成と各部の名称, 寸法を図 1.1.2 に示す. 図中の寸法は代表的な狭軌在来線車両の数値であり, ( ) 内は新幹線電車の数値である. また, 台車の主要寸法を図 1.1.3 に示す. 日本では車輪直径 (wheel diameter) を 860 mm, まくらばね中心間隔と軸ばね中心間隔を 2 m 前後としている台車が多い.

通常, 複数の車両が連結器 (coupler) を介して連結された列車が運転されているが, 一般に連結器による車体の上下, 左右の拘束は弱いため, 鉄道車両のダイナミクス解析には一車両モデルがよく用いられる. ただし, 新幹線電車のように車体間ヨーダン

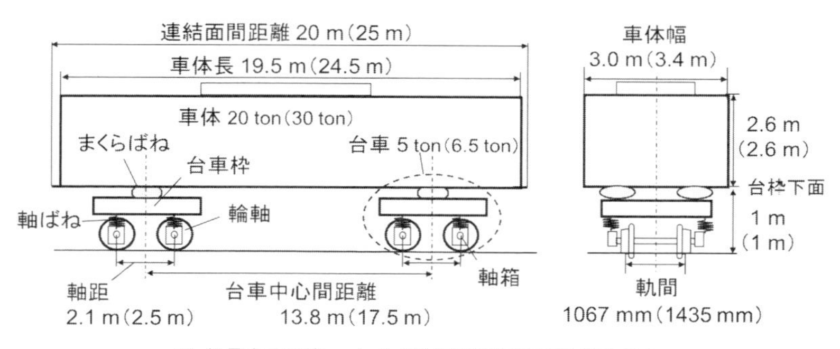


※ 軽量車両の値, ( ) 内は新幹線電車の数値を示す.

図 1.1.2 二軸ボギー車両の基本構成と主な寸法

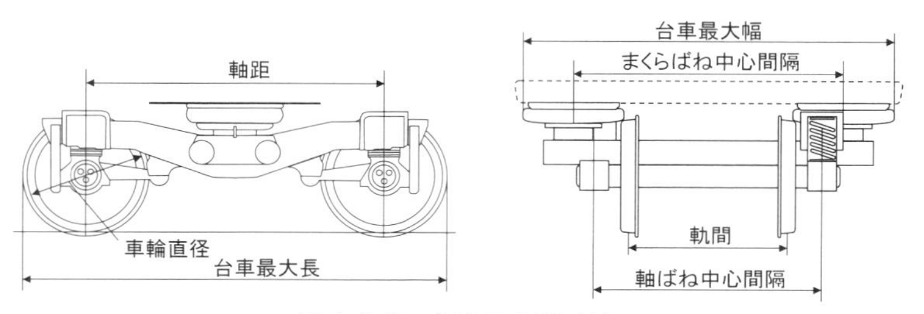


図 1.1.3 台車の主要寸法

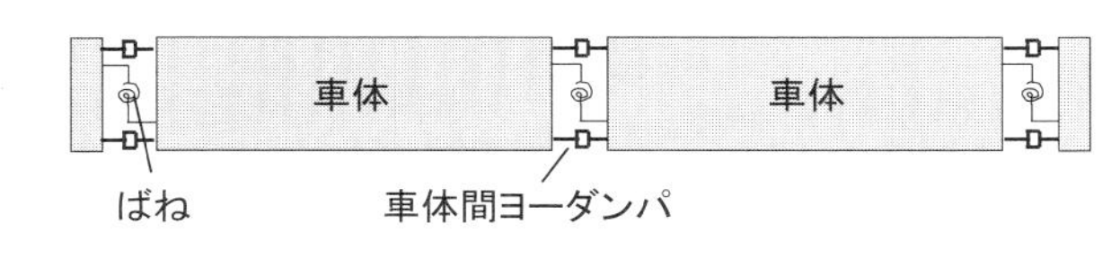


(a) 車体間ヨーダンパ（列車の平面図）

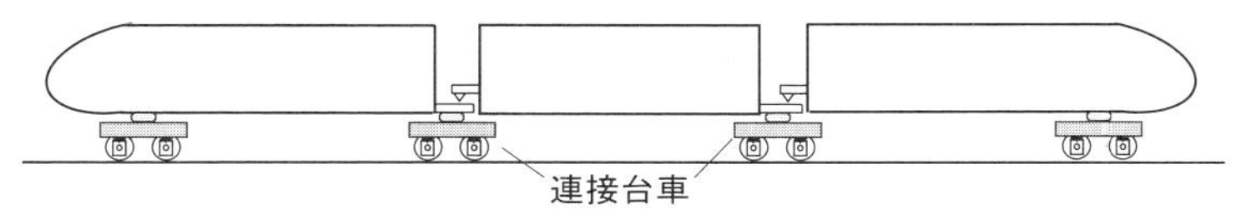


(b) 連接車（列車の側面図）

図 1.1.4　編成車両モデルの例

パ（anti-yaw damper between cars, inter-vehicle damper）を取り付けている場合（図 1.1.4(a)）や車体間に台車を配した連接車（れんせつしゃ）（articulated vehicle，図 1.1.4(b)）の場合は，３両ないし５両程度の編成車両としてモデル化する．

### 1.1.3　台車の機能と構造

#### (1) 台車の役割

鉄道車両のダイナミクスに深く関わるのが，台車と呼ばれる走り装置である．鉄道車両の台車は次の四つの役割を担っている．

①車体荷重の支持
②車体振動の防止
③曲線での旋回・操舵
④駆動・制動（前後力の伝達）

二軸ボギー車両は車両の重量を４輪軸・８車輪で支えている．現在，広く使用されているボルスタレス台車（bolsterless bogie）の構造は図 1.1.5 に示すとおりであり，①車体荷重は，まくらばね（secondary suspension）を介して台車枠，軸ばね（primary suspension, axle spring），軸箱（じくばこ）（axlebox），輪軸へ

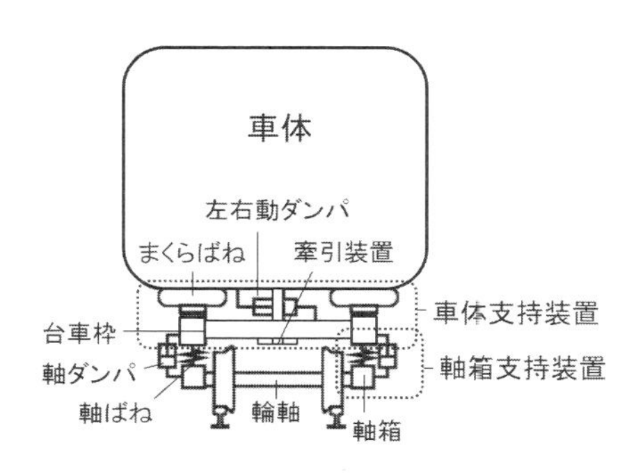


図 1.1.5　台車の基本構造
（ボルスタレス台車の例）

と伝わり，各車輪直下のレール（rail）で支えられる．②車体振動の防止にも同じ要素が寄与しており，例えばレール継目（つぎめ）等で発生した輪軸の振動は，軸ばねおよびまくらばねの緩衝作用を利用して，車体に伝わりにくくしている．また，振動を減衰させるために，左右動ダンパ（lateral damper）や軸ダンパ（axle damper）等の減衰要素をばねと並列に取り付ける場合が多い．振動防止の観点から台車を設計する場合には，台車と車体をばね・質量系として扱い，その防振性能を評価する．このとき，輪軸等の軸ばねより下の部分をばね下質量（unsprung mass），台車枠等の軸ばねとまくらばねの間の部分をばね間質量，まくらばねより上の部分をばね上質量（sprung mass），また，軸ばねを1次ばね，まくらばねを2次ばねと呼ぶことがある．③曲線での旋回・操舵，④前後力の伝達には車体支持装置（carbody suspension）および軸箱支持装置（axlebox suspension）が深く関わっている．これらの構造と機能について，以下に解説する．なお，④に関連する主電動機や歯車装置などの駆動装置（driving device），基礎ブレーキ装置（braking system）については，説明を割愛する．車両運動解析のためのモデル化においては，それらの質量のみを考慮することが多い．

### (2) 車体支持装置

車体を支持している台車枠より上の部分を車体支持装置という．

#### a. ボルスタ付きの台車

長い車体を支える台車が曲線をうまく旋回するためには，台車と車体の間に生じる大きなボギー角（bogie angle）を許容する必要がある．ボギー角とは，図 1.1 6 に示すような台車と車体の間の相対ヨー角のことをいう．このため，台車枠と車体の間にまくらばり（ボルスタ，bolster）を配置し，心皿（しんざら）（center pivot）を中心として台車枠・まくらばり間または，まくらばり・車体間で旋回する構造の台車が広く使われてきた．前者はまくらばねの直上に車体が載ることからダイレクトマウント式（direct mounted bogie），後者はまくらばねの上にまくらばりがあり，その上に車体が載ることからインダイレクトマウント式（indirect mounted bogie）とよばれている．ダイレクトマウント式台車の実際の構造を図 1.1.7 に示す．

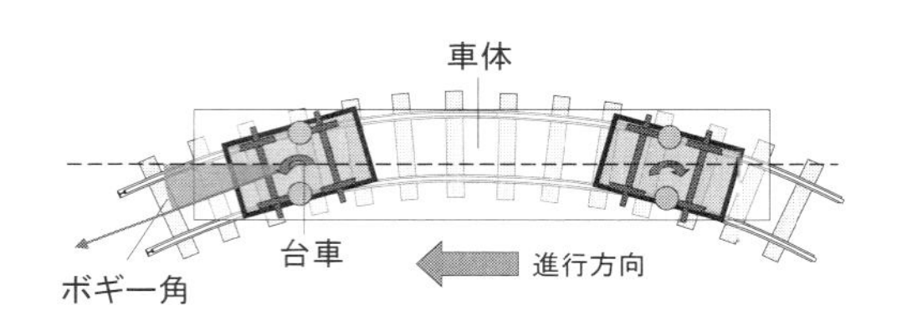


図 1.1.6　曲線通過時のボギー角

また，その模式図を図1.1.8(a)に，インダイレクトマウント式台車の構造の模式図を図1.1.8(b)に示す．いずれの方式も，曲線通過時には心皿を中心に台車が旋回して大きなボギー角をとるが，まくらばねが前後左右に変形することはない．また，高速走行時の蛇行動（hunting）を防止するため，側受（side bearer）などの摺動部を設け，摩擦を利用して車体・台車間に旋回抵抗を与えている．

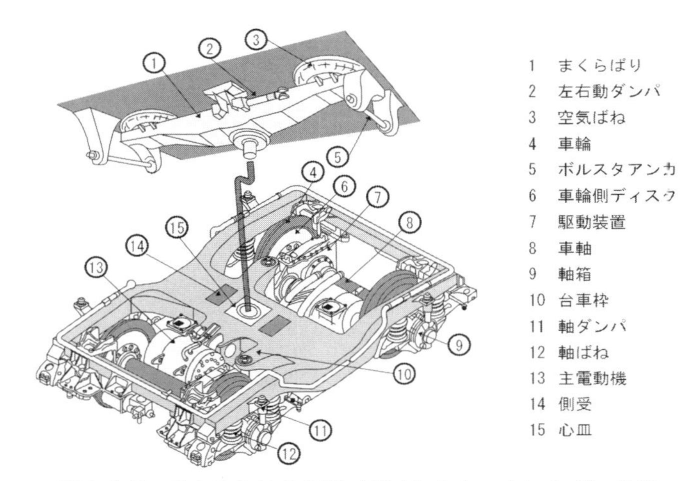


図1.1.7　ボルスタ付き台車（ダイレクトマウント式）の例

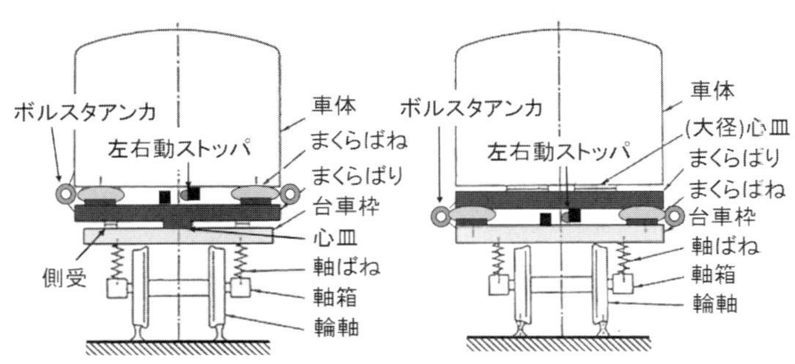


(a)　ダイレクトマウント式　　(b)　インダイレクトマウント式

※　本図はボルタアンカがまくらばね部に取り付けられていることを示している．実際には，ボルスタアンカは車軸中心高さの位置にある．

図1.1.8　ボルスタ付き台車の車体支持装置の模式図

なお，蛇行動とは鉄道車両固有の不安定な自励振動（self-induced vibration）のことをいい，第２章で詳述する．この方式の台車では，駆動・制動時の台車・車体間の前後力を，まくらばね部に設けたボルスタアンカ（bolster anchor）で伝達している．ボルスタアンカは両端にゴムブシュ（rubber bush）を挿入した鋼製の棒で，ダイレクトマウント式の台車では車体・まくらばり間，インダイレクトマウント式の台車ではまくらばり・台車枠間を，いずれも台車の両側面で前後方向につないでいる．側受が静摩擦によって滑らない状態や直線走行時などの旋回角変位が小さいときには，ボルスタアンカのゴムブシュが車体・台車間のヨーイングに対する復元ばねとして機能する．なお，ボルスタアンカは，車体曲げ振動の誘起を防ぐため，車軸中心高さに極力近づけて取り付けることを基本としている．

まくらばねには，高さ調整装置付きの空気ばね（air spring，pneumatic suspension）が広く用いられている．空気ばねは車体を柔らかく支持するだけでなく，補助空気室（surge reservoir）との間に設けられた絞り（orifice）によって上下振動に対する減衰力を与えることができる（図 1.1.9）．ダイヤフラム式（diaphragm）の空気ばねは上下だけでなく前後・左右のばねとしても機能する．ただし，空気ばねは上下方向以外の振動に対する減衰力をほとんど発生しないので，これと並列に左右動ダンパとよばれるオイルダンパが取り付けられている．なお，車体のローリングに対する剛性が不足する場合には，ねじり棒ばね式のアンチローリング装置（anti-roll bar，stabilizer）を付加することもある．

まくらばね部の過大な変位を防止するため，車体・台車間に左右動ストッパ（lateral bumpstop）が設けられている．これは両者の相対左右変位が一定の遊間を超えると，台車側に取り付けられたストッパゴムに車体部品が当たるようにしたものである．上下方向については空気ばね内の緩衝ゴムがストッパとして機能するほか，ボルスタ付きの台車では空気ばね部に鋼製の異常上昇止めが取り付けられ，空気ばねの過大な伸びによる車体上昇を防いでいる．

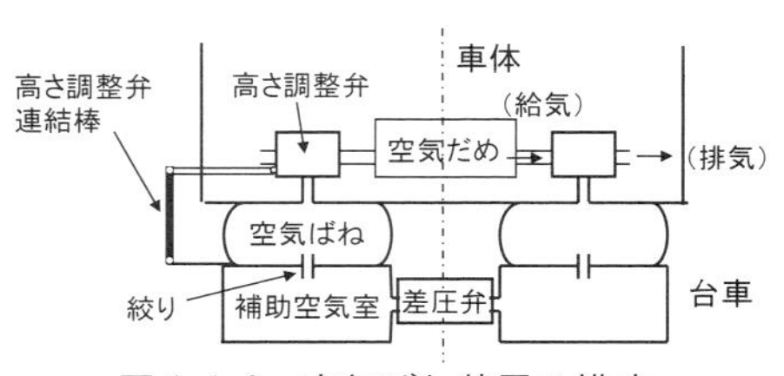

図 1.1.9　空気ばね装置の構成

このほかボルスタ付きの台車には，まくらばねにコイルばね（coil spring）やベローズ式（bellows）空気ばねを用いて上下動の緩衝に利用し，車体左右動の復元力を揺れまくらで得ている揺れまくらつり式（swing hanger）の台車もある（付録A 4，図A4.1）．

### b. ボルスタレス台車

近年は，まくらばり（ボルスタ）をなくして軽量化を図ったボルスタレス台車が，旅客車用台車の主流となっている．ボルスタレス台車の構造を図1.1.10に示す．曲線通過時には，中心ピンのまわりに旋回し，ボギー角が生じると空気ばねが大きく水平方向にたわむ．このような大変位が可能な空気ばねが実用化されたことにより，ボルスタレス台車が実現した．

ボルスタレス台車はボルスタとともにボルスタアンカと側受などの摩擦要素を廃したため，高速車両では蛇行動抑制のための減衰力を発生するヨーダンパ（yεw damper）を新たに取り付けている．ヨーダンパは微小なストロークで大きな減衰力を発生するオイルダンパで，台車の両側面に取り付けられ，車体・台車枠間を前後方向に結合する．車両が直線から緩和曲線を経て円曲線に入るときのように台車がゆっくりボギー角をとる場合には旋回角速度が小さいのでほとんど減衰力を出さないが，蛇行動のような速い旋回運動に対しては大きな減衰力を発生してそのヨーモーメントにより不安

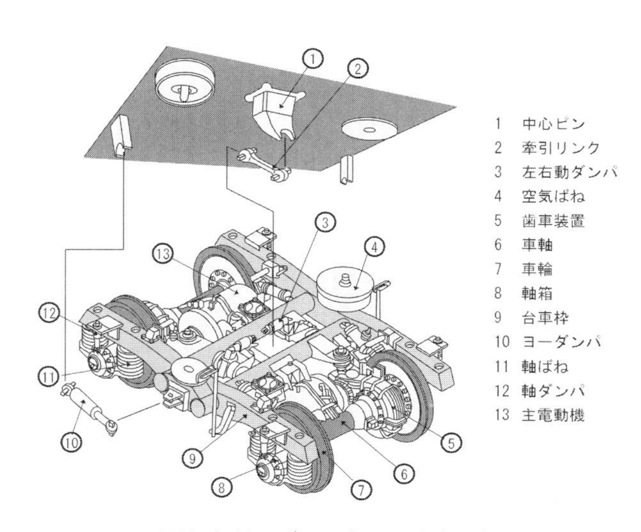


図1.1.10　ボルスタレス台車の例

定振動を抑制する．ヨーダンパもボルスタアンカと同じように車体曲げ振動を誘起しないよう車軸中心高さに極力近づけて取り付けられている．また，左右動ダンパや左右動ストッパもボルスタ付きの台車と同じように車体・台車枠間に設けられている．

前後力は，台車中心位置に，上下，左右と各軸まわりの回転運動を阻害しないように配置された牽引装置（traction device）によって台車枠から車体に伝達される．牽引装置には，1本リンク式やZリンク式（牽引リンクを用いたもの），門型板ばね式など各種ある．ボルスタレス台車は空気ばねが大きく変位するため，異常上昇止めとして牽引装置を利用しているものが多い．例えば1本リンク式の牽引装置を用いた台車では，空気ばねが伸びて車体が許容値以上に上昇するとリンクのロッドが台車枠に当たる構造となっている．

### (3) 軸箱支持装置

軸受（bearing）の入った軸箱を台車枠に支持しているのが軸箱支持装置である．軸箱支持装置は上下荷重を支えるとともに2対の輪軸を平行に，かつ台車枠に対して適切な位置に保持する役割を果たしているほか，上下だけでなく，蛇行動を防止するために前後・左右にも適度な弾性を付与している．この軸箱前後・左右支持剛性が大きいと曲線通過性能が悪くなり，逆に小さすぎると蛇行動が発生する．車両運動解析を行う際は，車軸の軸箱位置と台車枠との間に$x$，$y$，$z$の3方向のばねとダンパを取り付けたモデルを用いる場合が多い．具体的な構造には，軸箱守（じくばこもり）式（pedestal guide），円筒案内式（cylindrical guide，Shlieren），軸はり式（trailing arm），板ばね（支持板）式（leaf spring，beam link），モノリンク式（mono-link），リンク式（radius link，Alstom link），円錐積層ゴム式（cone laminated rubber），緩衝ゴム式（chevron spring，rubber-interleaved spring）等々多くのものがあるが，最近は上下荷重をコイルばねで支え，前後と左右の支持にゴムブシュを利用して台車枠と軸箱の間の遊間をなくしたリンク式や軸はり式の台車が増えている．また，車体上下振動を減衰させるために，軸ばねと並列に軸ダンパとよばれるオイルダンパを取り付けている台車もある．各種軸箱支持装置の例を図 1.1.11 に示す．

### (4) 輪軸

鉄道車両の特徴は，左右２本のレールの上を転がる鉄車輪（steel wheel）を車軸（axle）に圧入（press fitting）して組み立てられた輪軸にある．自動車と異なり，鉄道車両の輪軸は左右の車輪が一体となって同じ回転数で回転する．輪軸各部の名称と主要寸法を

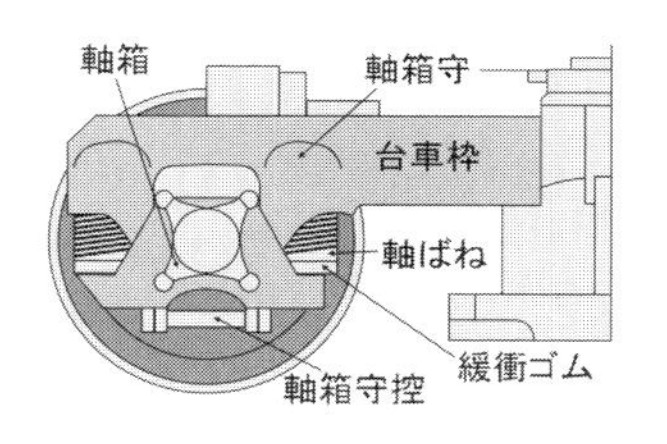


(a) 軸箱守（ペデスタル）式

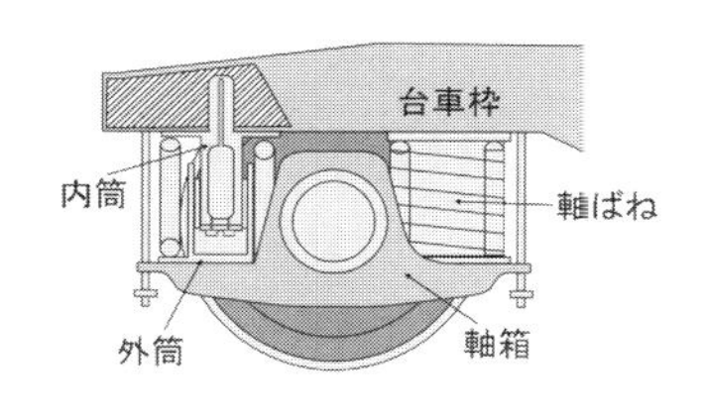


(b) 円筒案内（シュリーレン）式

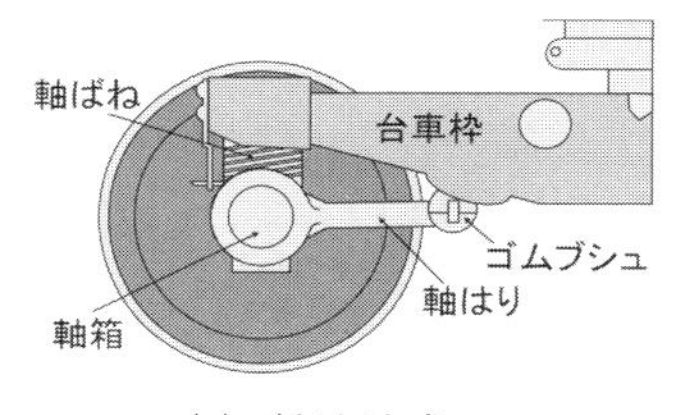


(c) 軸はり式

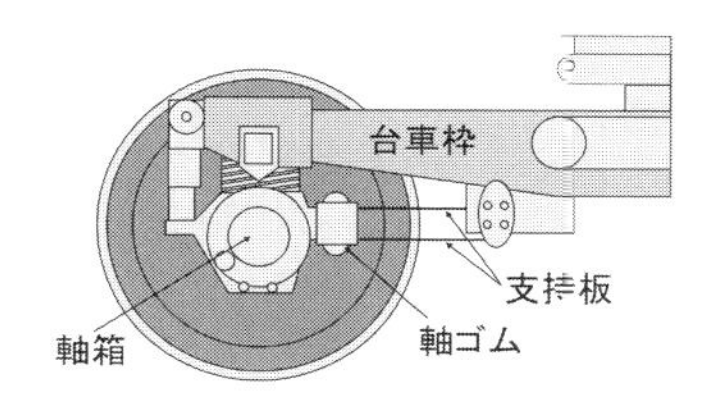


(d) 板ばね（支持板）式

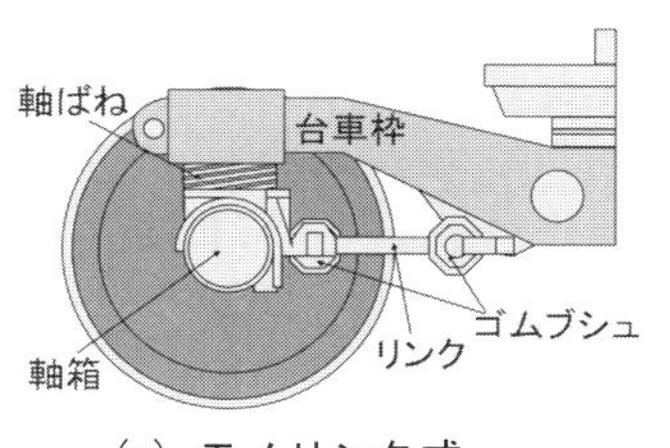


(e) モノリンク式

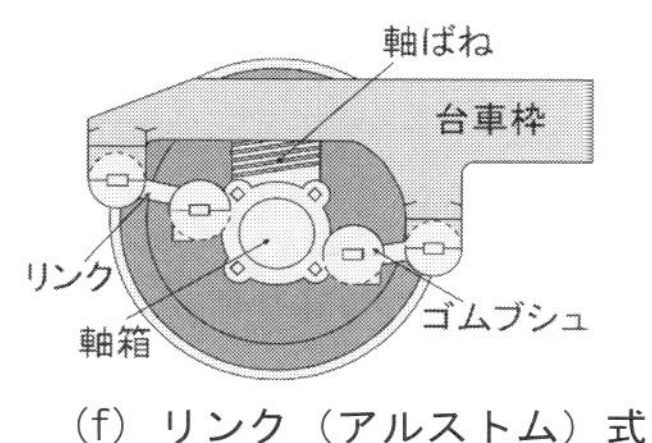


(f) リンク（アルストム）式

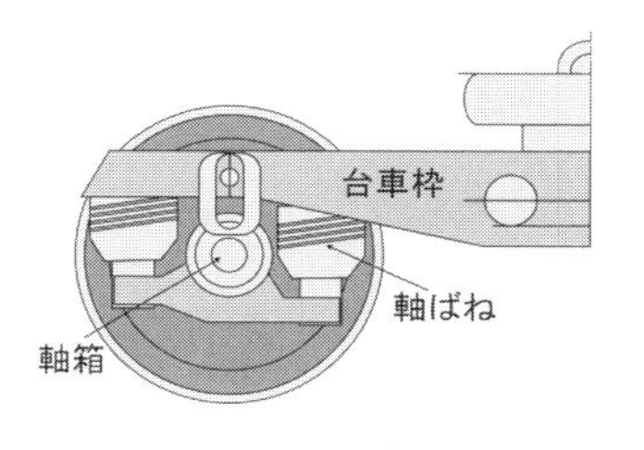


(g) 円錐積層ゴム式

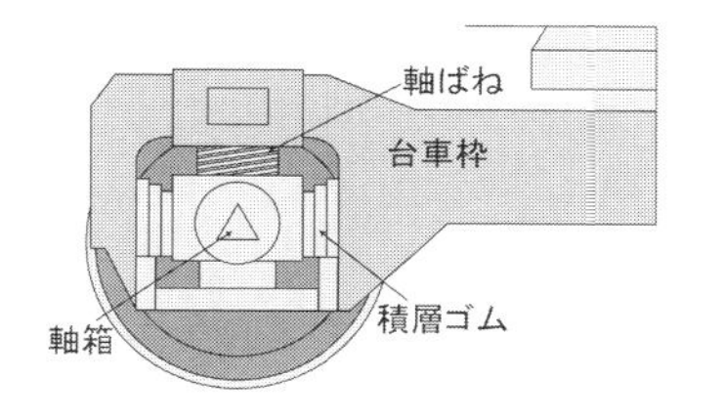


(h) 緩衝ゴム（積層ゴム）式

図 1.1.11　各種軸箱支持装置の例

図 1.1.12 に示す．車輪のレール上面と接触する部位を踏面（とうめん）（wheel tread）といい，ここには踏面勾配（conicity）とよばれる傾きが付けられている．輪軸が軌道中心から左右にずれると，この踏面勾配により車輪・レール接触点での転がり半径が左右車輪で変化する．その状態で左右の車輪が同じ回転数で回転するので，輪軸は自ら軌道中心の方向に向かって転がって行く．これを輪軸の自己操舵機能（self-steering ability）という．曲線ではこの操舵機能を利用して軌道に沿って走行する．また，左右の車輪半径差だけでは回りきれない急曲線での旋回（curving）を助け，脱線（derailment）を防止するため，車輪の内面側にはフランジ（flange）が設けられている．

日本で広く使用されている車輪はリム幅が 125 mm で，踏面中心が車輪背面（はいめん）から 65 mm の位置にある．内面距離（バックゲージ，backgauge）は狭軌在来線が 990 mm，新幹線が 1360 mm，フランジ高さは 27〜30 mm，フランジ角は 60〜70° である．車輪の踏面は，かつて在来線で 1/20，新幹線で 1/40 の一定勾配としていたが，現在は，走行安定性（running stability）と曲線通過性能（curving performance）の両立を図った円弧をつないだ踏面形状（arc profile）の車輪を採用している．前者を円錐踏面，後者を円弧踏面という．車輪踏面形状，車輪とレールの接触については 2.1 節で説明する．

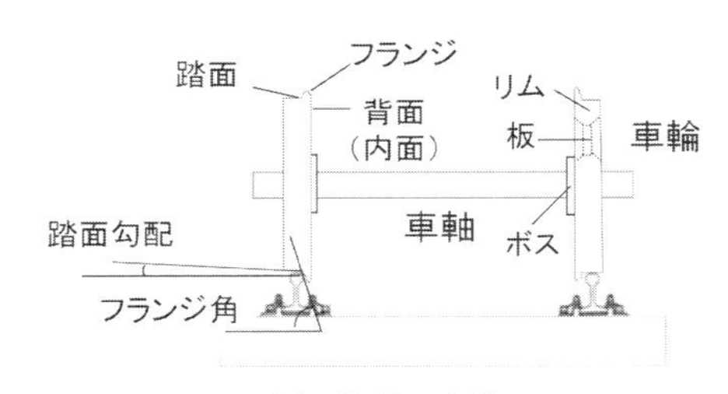


(a) 各部の名称

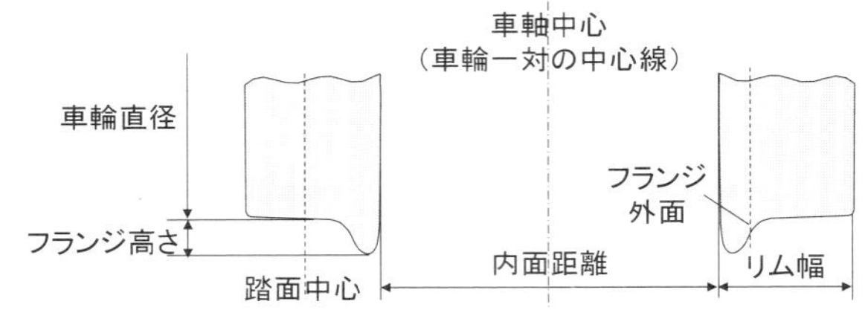


(b) 主要寸法

図 1.1.12　輪軸各部の名称と主要寸法

### 1.1.4　車体の構造と構体構造

車体の構成と構体構造について概説する(9)(10). 鉄道車両の車体は, 構体(carbody shell), 艤装品（equipment）, 内装（interior decoration, accommodation）などからなる.

構体は車体の主構造であり, 細長い箱形（六面体）の形状で車体の強度と剛性を担う構造物である（図 1.1.13）. 車内から見て上面の部位を屋根構体（roof construction）あるいは屋根構え, 左右の側面を側構体（side construction, side wall）あるいは側構え, 前後の面を妻構体 (end construction, end structure) あるいは妻構えと呼んでいる. また, 床を構成する部分を床構体（floor construction, floor structure）あるいは床構えと呼び, そのうちはり状の部材で構成された骨組み部分を台枠（under frame）という[1].

現在の鉄道車両の構体は, 張殻構造（モノコック構造, monocoque structure, monocoque construction）[2]の考え方を採り入れて設計されている. これは外板を主要な構造部材とし, 構体各面が一体となって荷重を分担する構造であり, 柱やはりが主に荷重を担う構造に比べ軽量化に有利である. 強度や剛性の観点から構体各面の主な役割をまとめると以下のようになる.

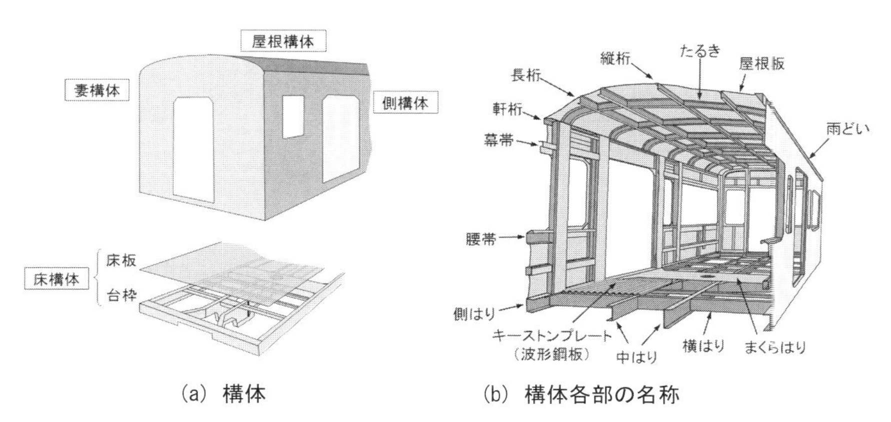


(a) 構体　　(b) 構体各部の名称

図 1.1.13　車体構体各部の名称

[1] 車体図面等では, 骨組み部分を「台枠」, 台枠に加え床板と床敷物・床詰物などから成る部分を「床構造」と呼ぶのが一般的であるが, 車体の動的解析の際の構造要素としては「台枠と床板から成る部分」が重要となるため, 本書ではそれを床構体と定義する.

[2] 鉄道車両の車体は曲げ荷重を負担するための長手方向の構造部材も持つため, 実際には半張殻構造（セミモノコック構造, semimonocoque structure, semimonocoque construction）である.

床構体は，機器や乗客の質量を含む車体質量や走行時の振動による上下荷重を支え，まくらばねを介して台車に伝えている．また，車体に作用する前後方向の圧縮と引張の荷重を側構体に分散して伝える役割や，車体のねじりに抵抗する役割もはたしている．側構体は側はり（side beam, side sill）と結合して車体の上下荷重の大部分を負担するほか，前後方向の圧縮・引張荷重も分担する．屋根構体は，屋根上の機器による垂直荷重を支えて側構体に伝えるほか，車体のねじりに対する剛性確保の役割もはたす．妻構体も車体のねじり剛性の確保に寄与している．

艤装品は，走行や保安，旅客サービス等に必要な機器や部品である．屋根上に配置されるパンタグラフや空調機，床下に配置される主回路機器やブレーキ制御装置，各種の補機やタンク，補助電源設備，配管や電線類，車内の配電盤や運転台設備，照明や放送設備，空調ダクトなど様々なものがある．

内装は，車内の床や内張板，天井板などの表面仕上げ部材のほか，腰掛，荷棚等の車内設備が該当する．

車両の走行安全性や安定性に関するシミュレーションにおいては，車体は艤装品や内装を含む一体の剛体と見なして扱う場合が多く，質量と重心位置のほか，目的に応じてローリング・ピッチング・ヨーイングに関する各回転軸まわりの回転慣性を考慮したモデル化を行う．一方，第4章で述べるような車体の弾性振動を対象とする場合には，車体を弾性体として扱う．想定する弾性振動モードに応じて，構体の剛性分布のほか艤装品と内装の質量分布も考慮したモデル化を行うこともあり，それらの設置位置における集中質量とみなして扱うことが多い．

構体の材料には，普通鋼（carbon steel），ステンレス鋼（stainless steel），アルミニウム合金（aluminum alloy, aluminium alloy）などが用いられる．軽量性や保守性の観点から，最近の構体材料の主流はアルミニウム合金やステンレス鋼となっている．また，使用する材料の特性により構体の構造は異なる．図 1.1.14 に材料による構体構造の違いを示す．以下，アルミニウム合金とステンレス鋼それぞれを用いた構体構造の特徴を簡単に述べる．

アルミニウム合金（以下，アルミ合金）は，アルミニウム（Al）にマグネシウム（Mg），ケイ素（Si），亜鉛（Zn）等を添加したものである．アルミ合金は軽量で押出し加工可能など加工性が良く，耐食性に優れる等の特徴があり，構体材料としては，特に軽量性が大きなメリットとなる．

(a) アルミニウム合金製構体の例

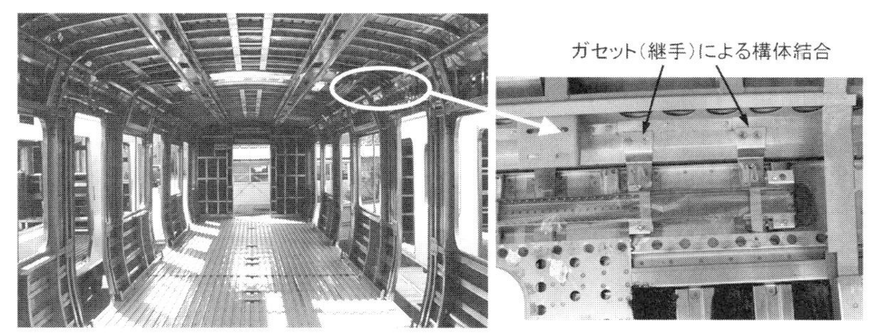


(b) ステンレス鋼製構体の例

図 1.1.14　材料による構体構造の違い

アルミニウムは比重（specific gravity）と縦弾性係数（ヤング率，Young's modulus）がともに普通鋼の約 1/3 であり，普通鋼からアルミ合金に単純に置換すると強度や剛性が低下する．また，アルミ合金は素材および工作（特に溶接）のコストが高い．これらの課題に対応するため，高強度材料や押出性の良い材料の開発が進められ，強度向上と大型押出形材が実現した．現在では，２枚の薄板間にトラス状の補強をもつ断面形状の中空押出形材（hollow extruded aluminum alloy）を組み合わせたダブルスキンパネルを用いた構造（ダブルスキン構造）がアルミ合金製構体の主流である．ダブルスキンパネルは面外剛性（out-of-plane rigidity）が高く補強が不要なため，柱やはり状の部材を省略でき，部品点数削減と溶接の自動化率向上に寄与している．ダブルスキン構造では大型押出形材を長手方向に連続溶接[3]で接合するため，構体各面の結合は連続的で，新幹線などの高速車両で求められる気密性の確保に有利となる．

ステンレス鋼は鉄 (Fe) にクロム (Cr) やニッケル (Ni) などを添加した合金である．鉄道車両の構体には主としてオーステナイト系 (Fe-Cr-Ni) のステンレス鋼が用いられ，比重やヤング率は普通鋼と同等であるが，腐食しにくく腐食代(しろ)と塗装を省略できるため，軽量化とメンテナンス性の点で有利となる．一般に車体の部位により強度の異なる材質を使い分けるが，鉄道車両用のステンレス鋼には，組成金属が同一で成分比が異なる材料が使われるため，鋼種別に細分別せずにステンレス鋼として再資源化が可能であり，リサイクル性にも優れている[4]．

ステンレス鋼製構体は，構体を構成する六面体の各面を独立に製作し，それらを継手(つぎて)（ガセット，gusset）やスポット溶接を用いて離散的に結合することが構造上の特徴である．また，ステンレス鋼製車体は塗装を省略できるメリットがある反面，溶接による熱ひずみが目立ちやすいため，品質面から主に側構体外板の熱ひずみを目立ちにくくする工夫がなされてきた．初期の車体ではコルゲーションとよばれる波板（平板に連続する凹凸をその頂線が車体長手方向に一致するよう設けたもの）が使われた．その後，ビード加工板（平板に高さ 8 mm 程度の突起状ビードをその頂線が長手方向に一致するよう一定間隔で設けたもの）が用いられるようになり，清掃が容易になるとともに波板より軽量化された．さらに最近の車体では，外板補強の形状と配置の工夫によりビードも省略され，側外板は完全に平滑化されているものが多い．

## 1.2　鉄道線路(11)-(15)

本節には，鉄道車両が走行する線路の幾何学的な形状を中心に，鉄道車両のダイナミクスを解析するうえで必要な鉄道線路についての基本事項を記す．

### 1.2.1　線路一般

鉄道線路とは列車を走らせる通路の全体をいい，日本工業規格・鉄道線路用語(11)では「列車または車両を走らせるための通路，軌道 (track) およびこれを支持するために必要な路盤 (roadbed)，構造物を包含している地帯」と定義されている(14)．軌道は道(どう)

[3] 従来からのアーク溶接のほか，最近では摩擦攪拌接合（Friction Stir Welding, FSW）と呼ばれる接合技術が用いられている．
[4] アルミ合金製構体でも同様に部位ごとに強度の異なる材料が使われるため，組成金属を同一とするモノアロイ化が進められているが，荷重や速度の条件が厳しい新幹線などでは実現していない．

床（ballast，track bed），まくらぎ（sleeper），レールとその付属品からなる．一般的な軌道構造の例を図 1.2.1 に示す(14)．日本では，左右２本のレールはタイプレート角とよばれる 1/40 の敷設傾斜角を付けてまくらぎに締結されている．また，レールとまくらぎの間やタイプレートとまくらぎの間には軌道パッドとよばれる硬いゴムパッドが挿入されている．バラスト道床にまくらぎを敷設した軌道が一般的であるが，近年は，保守の省力化を図ったスラブ軌道，弾性まくらぎ直結軌道なども敷設延長が延びてきている．

### (1) 軌間

左右レールの間隔は鉄道のもっとも基本的な設計基準であり，これを軌間（gauge）という．軌間は，レール頭頂面より下方の所定距離以内（14～16 mm とする場合が多い）における左右レール内面間の最短距離と定義されている．日本の鉄道で用いられている代表的な軌間を表 1.2.1 に示す．例えば，JR の在来線は狭軌（narrow gauge）1067 mm，新幹線は標準軌（standard gauge）1435 mm を採用している．

### (2) 軌道中心間隔

複線で列車がすれ違うときの鉄道車両のダイナミクスを解析する場合には，上下線の軌道中心間隔（track spacing）が影響を及ぼす．軌道中心間隔は列車の行き違いに支障がなく，乗客や乗員に危険がないこと，保線などに従事する人々が退避する余裕を持つことなどを考慮して定められている．

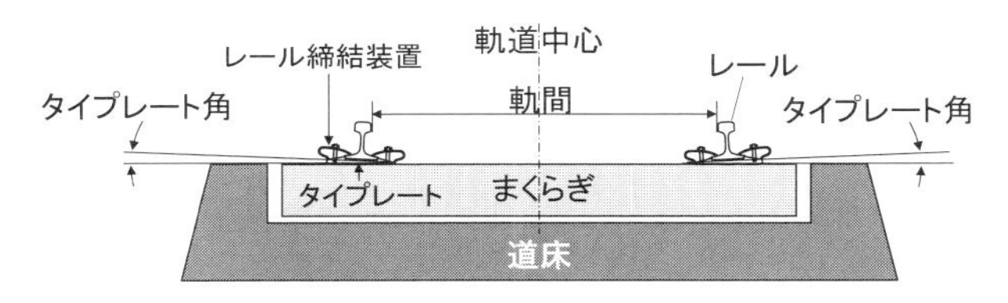


図 1.2.1　一般的な軌道構造

表 1.2.1　日本の鉄道の代表的な軌間

| 呼称 | 俗称 | 軌間 (mm) | 軌間 (ft) | 適用線区 |
|---|---|---|---|---|
| 標準軌 | | 1435 | 4ft 8.5in | JR新幹線，民鉄 |
| 狭軌 | 馬車軌間 | 1372 | 4ft 6in | 一部民鉄 |
| | 三六軌間 | 1067 | 3ft 6in | JR在来線，民鉄 |
| | 特殊狭軌 | 762 | 2ft 6in | 一部民鉄 |

軌道中心間隔は，停車場外では3.8 m以上（止むを得ない場合には3.6 m以上）としている．また，新幹線では4.2 m以上となっている．

### 1.2.2　線形

#### (1) 曲線

曲線（curve）の線路を敷設する場合，この曲線には一般に円曲線（circular curve）を用い，その曲りの程度を軌道中心の曲線半径 $R$（単位：m）で R600 などと表現する．

曲線半径（curve radius）が小さくなるほど高速での走行が困難になり，脱線の危険性が増すことから，一般的には列車速度，車両構造などに応じて最小曲線半径が決められている．国の基準では，最小曲線半径を在来線160 m，新幹線400 mとしており，さらに小さい半径の曲線は，車両の走行性能や脱線防止ガード等の安全設備を考慮して許容されている．なお，新幹線は高速走行を可能とするために曲線半径を大きくする必要があり，本線における最小曲線半径を，東海道新幹線では2500 m，山陽新幹線以降は4000 mとした．

#### (2) カント

列車が曲線を通過する際には車両に遠心力が作用し，速度が高くなると車両は曲線外方に転倒しようとする．そこで，この遠心力を重力成分で打ち消すように本線上の曲線では，内側レール（以下，内軌（ないき）という．low rail，inner rail）に対して外側レール（以下，外軌（がいき）という．high rail，outer rail）を高くしている．この内外軌の高低差をカント（cant，superelevation）という（図1.2.2）．

曲線中で停車したときに車両の転覆に対して十分に安全であり，乗客が不快感を覚えないようにする必要があることから，カントの最大量（最大カント）には限度値が定められている．最大カントは，軌間1067 mmの狭軌在来線で105 mm（傾斜角5.6°），軌間1435 mmの標準軌在来線で140 mm（傾斜角5.6°），一部民鉄で160 mm（傾斜角6.4°），新幹線で200 mm（傾斜角7.9°）である．

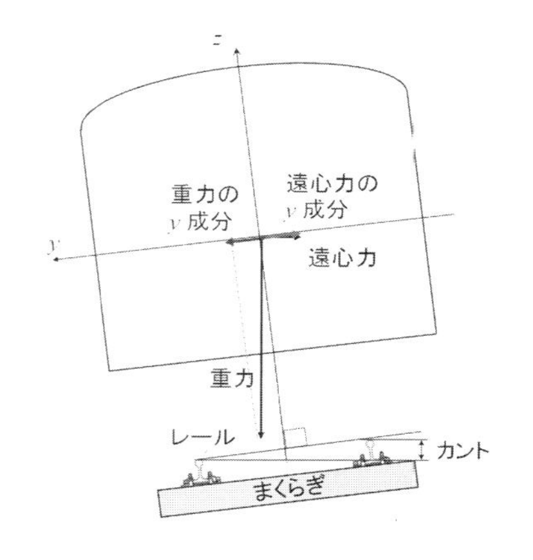


図1.2.2　曲線のカント

在来線では，内軌を直線区間と同じ高さにしたまま，外軌を扛上(こうじょう)してカントを設定する．したがって，図 1.2.3(a)に示すように，直線と曲線の間に挿入される緩和曲線（transition curve）に縦断線形としての勾配を生じ，軌道中心が入口緩和曲線では徐々に上昇，出口緩和曲線では徐々に下降する．一方，新幹線では，図 1.2.3(b)のように軌道中心の高さを変えずに内軌を下げ，外軌を上げてカントを設定するため，緩和曲線中でも軌道中心には勾配を生じない．なお，図 1.2.3 に示すように，緩和曲線の始点を BTC（beginning of transition curve），緩和曲線の終点を ETC（end of transition curve），円曲線の始点を BCC（beginning of circular curve），円曲線の終点を ECC（end of circular curve）という．

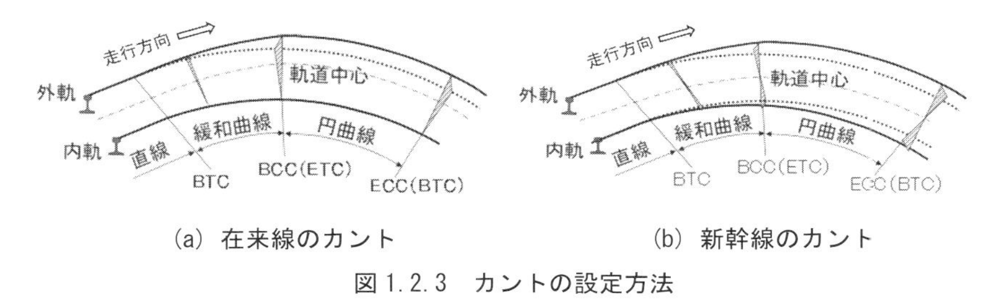


(a) 在来線のカント　　(b) 新幹線のカント

図 1.2.3　カントの設定方法

### (3) 緩和曲線

直線と円曲線を直接つなぐと，鉄道車両が直線から円曲線に進入したり，その逆の場合に急激に遠心力（centrifugal force）が働き，走行安全性（running safety）や乗り心地（ride quality）を著しく害することになる．これを防ぐために直線と円曲線の間には通常，緩衝のための緩和曲線が挿入される．

#### a. 緩和曲線長

緩和曲線の長さ（以下，緩和曲線長という．length of transition curve）は，車両の走行性能に応じて脱線に対する安全性や乗り心地の観点から定められる．しかし，緩和曲線が短すぎると，構造的な平面性変位，すなわち，軌道面のねじれが大きくなって乗り上がり脱線が発生しやすくなるため，国の基準で緩和曲線長の最小値が定められている．緩和曲線長を $L$ [m]，円曲線の実カントを $C_m$ [m]とするとき，カント取付勾配（cant gradient，transition gradient）の逆数 $L / C_m$ をカント逓減(ていげん)倍率と称し，これを用いて緩和曲線長を表すと，新幹線を除く普通鉄道では，

① 当該曲線を走行する車両の最大固定軸距が 2.5 m を超える区間では，カント逓減倍率 400 倍以上

② 当該曲線を走行する車両の最大固定軸距が 2.5 m 以下の区間では，カント逓減倍率 300 倍以上

とされている．なお，緩和曲線でのカント逓減を直線逓減ではなく曲線逓減とする場合には，当該曲線を走行する車両の最大固定軸距が 2.5 m を超える区間ではカントの最急勾配が 1/400 以下，それ以外の区間では 1/300 以下となる緩和曲線長とする．

### b. 緩和曲線の線形

日本の鉄道では緩和曲線の平面線形として，在来線で３次放物線緩和曲線（cubic parabolic transition curve），新幹線でサイン半波長逓減緩和曲線（half sine wave shape transition curve）が用いられている．これらについて以下に説明を加える．

#### b. 1. ３次放物線緩和曲線

３次放物線緩和曲線は，直線から半径 $R$ [m]の円曲線に入る際，その曲率を線形接続しようというものである（図 1.2.4）．曲率を直線逓減した緩和曲線の終端 $x=L$ における曲線半径を $R$，$x$ における曲線半径を $r$ とするとき，$x=0$，$x=L$ でそれぞれ

$$\left.\frac{d^2y}{dx^2}\right|_{x=0}=0,\quad \left.\frac{d^2y}{dx^2}\right|_{x=L}=\frac{1}{R}$$

であるから，座標 $x$，$y$ は次の微分方程式を満たす．

$$\frac{d^2y}{dx^2}=\frac{1}{r}=\frac{1}{R}\cdot\frac{x}{L} \quad\cdots\cdots (1.2.1)$$

ここで，緩和曲線は極めて緩であるから $\left(\dfrac{dy}{dx}\right)^2=0$ とみなし，曲率 $1/r$ の曲線の方程式を，

$$\frac{1}{r}=\frac{d^2y}{dx^2}\left\{1+\left(\frac{dy}{dx}\right)^2\right\}^{-\frac{3}{2}}\approx\frac{d^2y}{dx^2}$$

と近似している．

$x=0$ で $\dfrac{dy}{dx}=0$，$y=0$ であることを考慮して式(1.2.1)を解くことにより，

$$\frac{dy}{dx}=\frac{x^2}{2RL},\qquad \therefore\ y=\frac{x^3}{6RL} \quad\cdots\cdots (1.2.2)$$

の３次放物線を得る．

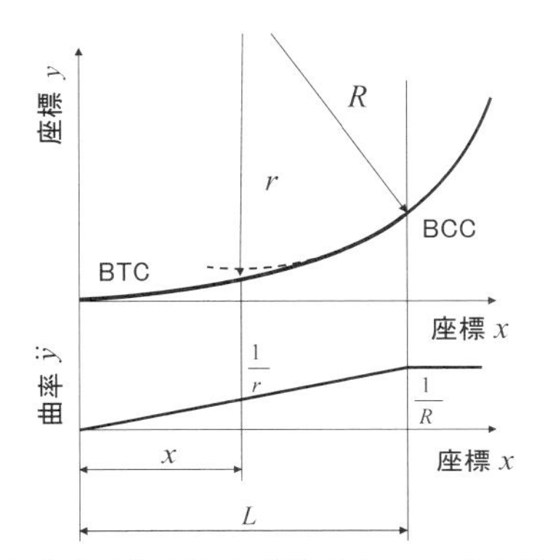


図 1. 2. 4　曲率を直線逓減した緩和曲線（３次放物線緩和曲線）

在来線では曲率に合わせてカント $C$ も直線逓減しており，緩和曲線の両端でカント勾配 $\frac{dC}{dx}$ が零から一定値，または一定値から零へと不連続に変化して，高速走行時の乗り心地を悪化させる．緩和曲線の終端 $x=L$ におけるカントを $C$ とするとき，$x$ におけるカント $C(x)$は次式で表される．

$$C(x)=\frac{C}{L}x \quad \cdots\cdots (1.2.3)$$

## b. 2.　サイン半波長逓減緩和曲線

新幹線では，高速走行時の乗り心地を確保するため，緩和曲線の両端でカント勾配が不連続にならないサイン半波長逓減緩和曲線が採用された．緩和曲線の終端 $x=L$ におけるカントを $C$ とするとき，$x$ におけるカント $C(x)$を次式のように曲線逓減させたものがサイン半波長逓減緩和曲線である．

$$C(x)=\frac{C}{2}\left(1-\cos\frac{\pi x}{L}\right) \quad \cdots\cdots (1.2.4)$$

曲率を式(1.2.4)で表されるカントに比例してとることにより，これにつり合った緩和曲線の平面線形が得られる．

$x=0$，$x=L$ でそれぞれ

$$\left.\frac{d^2y}{dx^2}\right|_{x=0}=0\ ,\quad \left.\frac{d^2y}{dx^2}\right|_{x=L}=\frac{1}{R}$$

であることを考慮すると，座標 $x$，$y$ は次の微分方程式を満たす．

$$\frac{d^2y}{dx^2}=\frac{1}{2R}\left(1-\cos\frac{\pi x}{L}\right) \quad \cdots\cdots (1.2.5)$$

$x=0$ で $\frac{dy}{dx}=0$，$y=0$ であることを考慮して上式を解くと次式が得られる．

$$y=\frac{1}{2R}\left\{\frac{x^2}{2}+\frac{L^2}{\pi^2}\left(\cos\frac{\pi x}{L}-1\right)\right\} \quad \cdots\cdots (1.2.6)$$

サイン半波長逓減緩和曲線は，緩和曲線の両端でカント取付勾配が連続的に変化するため高速走行時の車両動揺[5]防止に有利である．しかし逆に，同じ緩和曲線長の場合には，直線逓減と比較して緩和曲線中央部でのカントの最急勾配が大きく，緩和曲線を長くしないと平面性変位が増大する．したがって現状では，サイン半波長逓減緩和曲線は主に新幹線で採用され，十分な緩和曲線の長さを確保することが難しい在来線ではあまり用いられていない．

### (4) スラック

半径の小さい曲線および分岐器において，車両の走行をスムーズにするために軌間を拡大している．これをスラック（slack）といい，曲線では緩和曲線全長でスラックを取り付け，外軌を基準に内軌を拡幅することで実現している（図 1.2.5）．

かつては固定軸距の大きい動力車等の３軸台車が幾何学的に通過し得る最小限の余裕と過大な横圧（おうあつ）(lateral force) を生じさせないための余裕を考慮してスラックが設定されたが，その後，車両動揺や軌間拡大の防止のためにスラックを縮小した時期もあった．現在は，円弧踏面の車輪を装荷した２軸のボルスタレス台車が広く使用されるようになり，内外軌側車輪の回転半径差を得ることで輪軸の自己操舵機能を発揮させることが，スラックを設定する主な目的となっている．実軌道のスラック量は，軸距の長い大型の蒸気機関車が走行しない狭軌在来線の R200 曲線で 15 mm，R300 曲線で 10 mm，R400 曲線で 5 mm である．スラックは，1.2.1 項(1)に述べた軌間を測定して確認する．

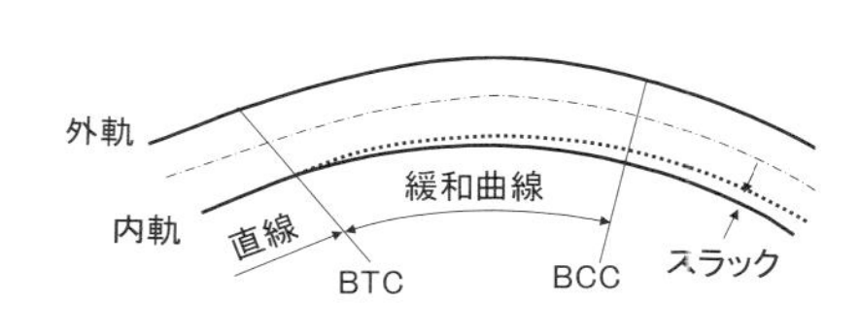


図 1.2.5　スラックの付け方

[5] 車体が剛体運動をし，在来線では概ね 2 Hz 以下，新幹線では 5 Hz 以下の低い振動数で車両が振れることを特に車両動揺という．

### (5) 分岐器

車両を一つの軌道から二つ以上のいずれかの軌道に転移させる装置を分岐器（turnout, switch）という．分岐器はその構造上，車両に大きな振動を発生させたり，脱線を引き起こしやすい鉄道の弱点箇所となっており，鉄道車両のダイナミクス解析を必要としている対象の一つである．一般的な片開き（かたびら）分岐器（simple turnout）は，図1.2.6に示すようにポイント（point），リード（lead area），クロッシング（crossing）の三つの部分からなる．基準線と分岐線のなす角度を分岐器の番数で表し，番数 $N$ とクロッシング角 $\theta$ の関係は，$2N = \cot(\theta/2)$ である．レール頭頂面の形状が一定でないトングレール（tongue rail），クロッシングの欠線部やガードといった分岐器の特徴を厳密にモデル化することは難しいが，分岐器通過時の車両動揺やリード曲線での乗り上がり脱線など，比較的低周波の車両運動を解析する場合には，スラックを考慮した曲線区間のモデルに軌道変位を加えることで，十分な精度の解析結果を得ることが可能である．

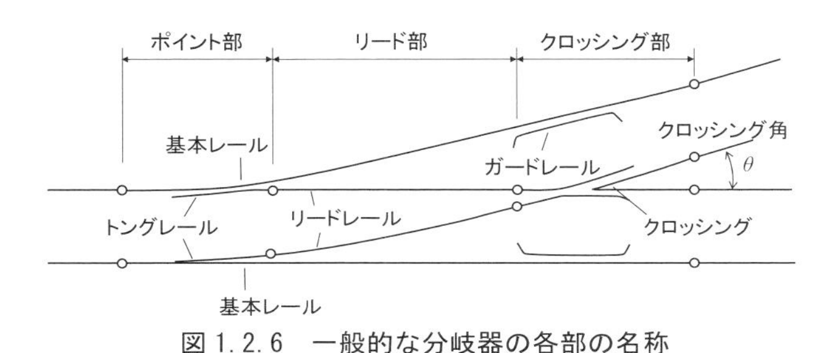


図1.2.6　一般的な分岐器の各部の名称

## 1.3　車両振動を誘起する外乱

### 1.3.1　軌道変位

### (1) 軌道変位の種類と検測法

鉄道線路は，列車の繰り返し走行などによって各部が変位，変形し，定められた線形に対して誤差を生じる．これを軌道変位（track irregularity），または軌道不整という．軌道変位として図 1.3.1 に示すような5項目が測定・管理されている[14]．高低変位（longitudinal level irregularity）は上下の不整，通り変位（alignment）は左右の不整，水準変位（irregularity of cross level）は左右レールの高さの差，平面性変位（twist）は軌道面のねじれ，軌間変位（irregularity of gauge）はレール間隔の不整をそれぞれ表す．

各変位の検測（track measurement）方法を図 1.3.2 に示す．水準変位はレール頭頂面の高さの差を測定し，現場の測定では曲線の場合，内軌を基準としたカントに対する増減を±で表す．直線の場合は，在来線では起点を背にして左側レールを基準に，新幹線では基準杭[6]側を基準に各々大きいものを＋，小さいものを－で表す．

軌道検測車（track inspection car）による測定データは現場の測定と基準が異なる場合があるので，解析に用いる際には測定値の±の定義を確認する必要がある．軌間変位は通り変位とともにレール頭頂面から 14 mm 下の位置で測定し，基本寸法に設定スラックを加えた値より拡大しているものを＋，縮小しているものを－と定義している．

水準と軌間は左右両側レールの相対値なので，その絶対量を測定することができるが，高低と通りは，その場所の絶対線形を知り，測定値からこれを取り除くことが困難であるため，車両の走行に有害な不整の波長特性を持ったフィルタを用いて測定される．このようなフィルタとして従来から用いられてきたのが 10 m 弦正矢（せいや）（versine）である．

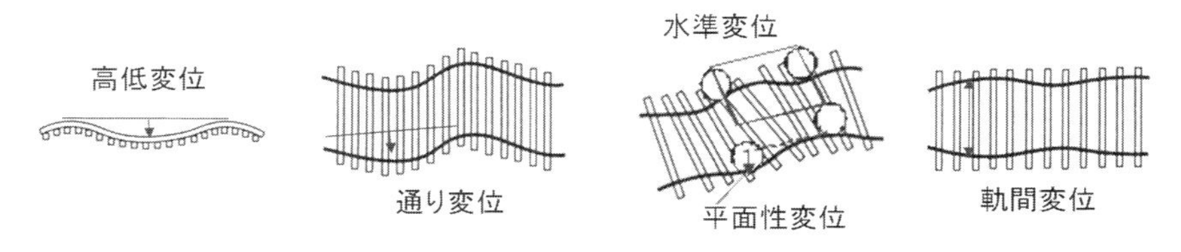


図 1.3.1　軌道変位（軌道不整）

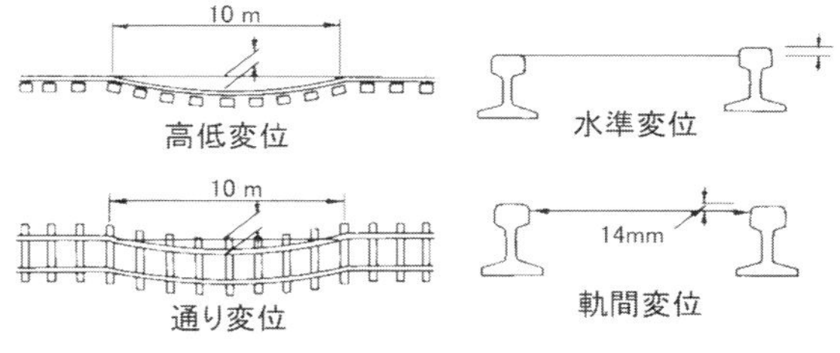


図 1.3.2　軌道変位の検測方法

[6] 軌道の曲線線形を形成するための基準となる杭のこと．

### (2) 正矢法による検測と変位の復元

高低変位，通り変位の検測に用いる正矢法では，図 1.3.3 に示すように絶対形状 $P(x)$ のレール長手方向に一定長さ $2l$ の弦を張り，その中央点 $x$ でのレールとの隔たり $Q(x)$ を測定する．10 m 弦正矢の場合には，$2l=10$ m である．この弦をレールに沿って移動させていくと，$Q(x)$を連続的に測定することができる．振幅 $a$，波長 $\lambda$ の正弦波で表される軌道の絶対形状 $P(x)$の正矢法による測定結果 $Q(x)$は次式のように表される．

$$Q(x) = a\sin\left(\frac{2\pi}{\lambda}x\right) - \frac{1}{2}\left[a\sin\left\{\frac{2\pi}{\lambda}(x+l)\right\} + a\sin\left\{\frac{2\pi}{\lambda}(x-l)\right\}\right]$$

$$= A(\lambda)\cdot a\sin\left(\frac{2\pi}{\lambda}x\right) \quad \cdots\cdots (1.3.1)$$

$$A(\lambda) = 1-\cos\left\{\frac{2\pi}{(\lambda/l)}\right\} \quad \cdots\cdots (1.3.2)$$

この $A(\lambda)\cdot a$ が正矢法で測定される振幅である．弦長に対する波長の比 $\lambda/2l$ と測定感度 $A(\lambda)$との関係を図 1.3.4 に示す. 軌道変位の波長が弦より長くなると測定感度が低下し，２倍を超えると測定感度が 1.0 を下まわる．

鉄道車両のダイナミクス解析には，定められた線形とともに絶対的な軌道変位 $P(x)$ が必要である．したがって，10 m 弦正矢法による軌道検測データ $Q(x)$を入手した場合は，$Q(x)$から $P(x)$への変換操作を行うことになる．この作業を軌道変位の復元，得られた波形を軌道変位の復元原波形（げんはけい）（restored track irregularity）と称している．復元操作の基本的な考え方は，$Q(x)$を波長成分ごとに分解し，それぞれの振幅を図 1.3.4 の感度で割って各波長の絶対振幅を求め，それらを再度合成するというものである．これらの処理を行うソフトウエアがすでに各種市販されており，例えば，公益財団法人鉄道総

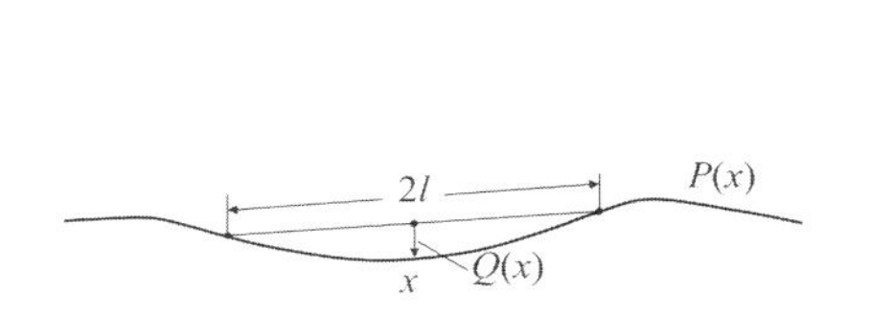


図 1.3.3　正矢法による変位測定

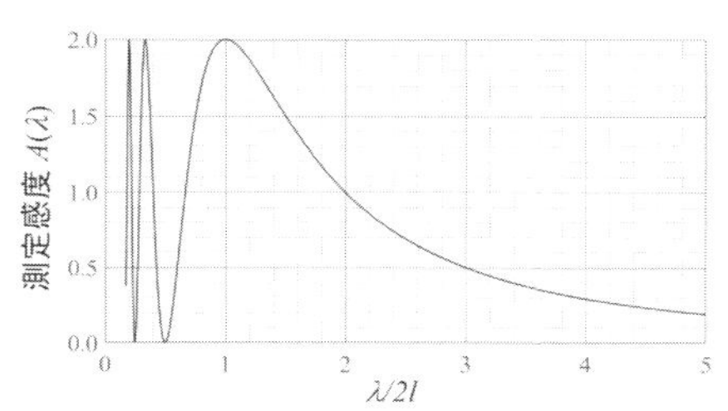


図 1.3.4　正矢法の測定感度

合技術研究所（以下，鉄道総研）の開発した軌道保守管理データベースシステム「マイクロ LABOCS」を用いれば，必要な復元波長領域を指定して簡便に軌道変位の復元原波形を得ることができる．

### 1.3.2　車両に働く空気力

車両の上下系および左右系のダイナミクスに関わる外乱として，軌道変位のほかに空気力（aerodynamic force）がある．通常走行では影響が小さいため無視するが，特別な状況下での走行安全性を検討する際などに考慮される，横風（side wind）を受けたときとすれ違い（passing each other）のとき，およびトンネル内を走行するときに車両が受ける空気力について概説する．

#### (1) 横風による空気力

鉄道車両のダイナミクスを解析する際，通常は微小な空気力の影響を無視するが，強風時には車両転覆（overturn）の危険性が増すため，風により車両に作用する空気力を考慮して転覆に対する安全性を評価する．車両転覆に影響を及ぼすのは車両の側方から横に吹き付ける風であるので，これを特に横風と称して前方からの風や走行風と区別している．一般に自然風の風向や風速は時々刻々変化するが，風速が 20 m/s を超える非常に強い風になると，風向，風速がほぼ一定の範囲に収束してくるといわれている．そこで，横風により車両に働く空気力は，風洞内に風向角（angle of wind direction）や迎角（angle of attack：AoA）を設定して縮尺模型を置き，一定風速の定常風下で車両模型に働く力を計測することにより調べられてきた．最近は，乱流境界層（turbulent boundary layer）を生成して地表面の影響を含む自然風を模擬した風洞試験も行われている．横風による空気力は風速の２乗に比例し，空気力諸係数（横力係数 $C_{\mathrm{S}}$，揚力係数 $C_{\mathrm{L}}$，モーメント係数 $C_{\mathrm{MR}}$）を用いて表すことができる．これらの力が車体側面の１点に作用するとしたとき，横風による横力（side force）$F_{\mathrm{S}}$ [N]，揚力（lift）$F_{\mathrm{L}}$ [N]，風圧中心高さ（空気力作用点のレール頭頂面からの高さ）$h_{\mathrm{BC}}$ [m]は次式で与えられる（図 1.3.5）[16][17]．

$$\left.\begin{aligned} &\text{横力：} F_{\mathrm{S}} = \frac{1}{2} C_{\mathrm{S}} \rho U^2 S_{\mathrm{A}} \\ &\text{揚力：} F_{\mathrm{L}} = \frac{1}{2} C_{\mathrm{L}} \rho U^2 S_{\mathrm{A}} \\ &\text{風圧中心高さ：} h_{\mathrm{BC}} = h_{\mathrm{B1}} + \frac{C_{\mathrm{MR}}}{C_{\mathrm{S}}} h_{\mathrm{B2}} \end{aligned}\right\} \qquad (1.3.3)$$

$\rho$：空気密度 [kg/m$^3$]，$U$：風速 [m/s]，$S_A$：車体側面積 [m$^2$]，$h_{B2}$：車体高さ [m]
$h_{B1}$：車体中心高さ（レール頭頂面から車体高さの半分の位置までの高さ）[m]

空気力諸係数の詳細な説明は省略するが，風洞試験結果から，これらの係数は車両形状のみならず，築堤（ちくてい）（embankment）や橋梁（きょうりょう）（bridge）などの地上構造物にも大きく影響され，車両に対する風向角にも影響されることがわかってきた(16)．車両は横風によって風上側から押されるだけでなく，風下側にできる負圧によって引っ張られる（図1.3.6）．また，築堤や橋梁上を走行する先頭車両には，真横からの風よりも斜め前方からの風の方が大きな横力が作用する場合がある．

横風による空気力を受けた車両の挙動は，車体重心に横力$F_S$と揚力$F_L$，車体重心まわりにローリングやヨーイングのモーメントを時系列の外力として入力すれば解析できる．鉄道車両の転覆に対する安全性を評価する方法については，第2章に詳しく述べる．

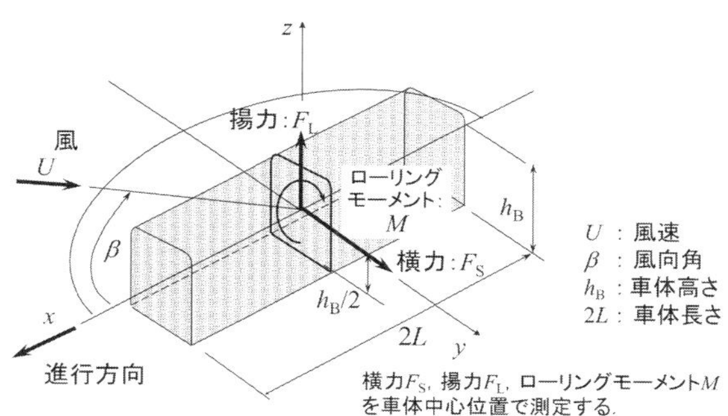


図1.3.5　風洞試験での空気力測定位置と座標系

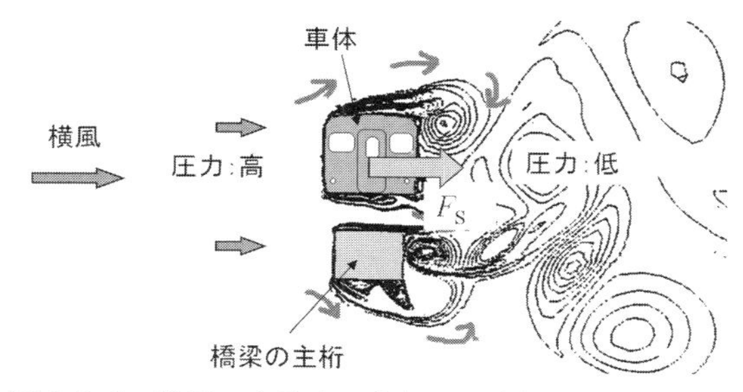


図1.3.6　横風による車両まわりの空気の流れと横力

### (2) すれ違い時の空気力変動

新幹線の速度域になると，列車がすれ違う際に大きな空気力変動（aerodynamic force fluctuation）が発生し,この力を受けて車両が動揺する．この空気力は長手方向に車体断面形状が変化する先頭車両（head car）と後尾(こうび)車両（tail car）が真横を通過するときに発生する風圧力の変化によるもので，自列車（one's own train）が対向の高速列車（oncoming high-speed train）に一度押されてから引っ張られるような正負に変動する横力となる[18]．図 1.3.7 に示すように，自列車から見ると三角形に近似できる形状の風圧パルス（pressure pulse）が車体側面を通過するということがこれまでの測定結果からわかっている．すれ違い風圧（wind pressure induced by train passage）は次の性質を持つ．

- 形と大きさは対向列車の先頭形状に依存する．
- 大きさは対向列車の速度の２乗に比例する．
- 大きさは車両間距離に反比例する．
- トンネル内よりも明かり区間の方が大きい．
- 作用時間，変動周波数は対向列車と自列車の相対速度に依存する．

自列車の車体を押す方向の圧力を正とすると，正の圧力最大値 $P_{y+max}$ [Pa]と負の圧力最小値 $P_{y-min}$ [Pa]は，対向列車の速度が $v$ [m/s]のとき，圧力係数 $C_{p+}$ と $C_{p-}$ を用いて次式で表される．

$$\left.\begin{aligned} P_{y+max} &= \frac{1}{2}\rho v^2 C_{p+} \\ P_{y-min} &= \frac{1}{2}\rho v^2 C_{p-} \end{aligned}\right\} \quad \cdots\cdots (1.3.4)$$

$\rho$：空気密度 [kg/m³]，$v$：対向列車の速度 [m/s]

自列車の車体側面に作用する風圧は，鉛直方向に一定でなく低い位置の方がやや大きい傾向にある．その圧力分布を考慮して車両に働く空気力を算定することも可能であるが，すれ違い時の走行安全性を検討する場合にはより厳しい評価を行うため，大きい値の圧力が均一に分布するとして変動空気力を計算する場合が多い．

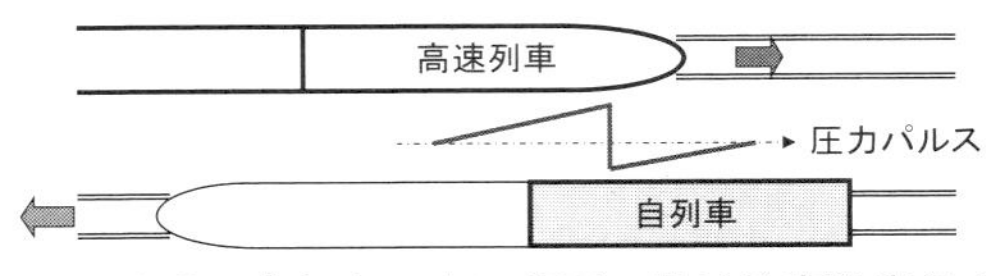


図 1.3.7　すれ違い時に車両の受ける変動空気力

高速ですれ違うときの車両の挙動は，横風の場合と同じように，車体重心に横力，車体重心まわりにローリングとヨーイングのモーメントを時系列の外力として入力すれば解析できる．車両に働く横力とモーメントは鉛直方向に均一に分布すると仮定した圧力を車体側面に沿って進行方向に積分すれば得られる．進行方向に車体重心を原点 O とする $x$ 座標をとり，風圧力パルスが車体側面に掛かっている長さを $X$ [m]とする（図 1.3.8）．ノーズの長い新幹線電車の場合，正負の圧力パルスの進行方向長さ $a$ [m]，$b$ [m]は車体長 $2L$ [m]より短く，$a+b$ は車体長 $2L$ より長いので，図 1.3.9 に示す各場合に応じて空気力とモーメントが変化する．図 1.3.9(1)～(5)の条件における空気力とモーメントの計算式を付録 A 1 に示す．

例えば，$0 \leqq X \leqq a$ のときは，自列車が $x$ の位置で受ける圧力は，

$$P_{\mathrm{y}}(x) = \frac{1}{2}\rho v^2 C_{\mathrm{p+}} \frac{X - L + x}{a}$$

であるから（図 1.3.9(1)），

$$\left.\begin{aligned} &\text{横力：} F_{\mathrm{y}}(x) = h_{\mathrm{B}} \int_{L-X}^{L} P_{\mathrm{y}}(x)dx = \frac{1}{2}\rho v^2 C_{\mathrm{p+}} \frac{h_{\mathrm{B}}}{a} \frac{X^2}{2} \\ &\text{ロールモーメント：} M_{\mathrm{x}}(x) = -(h_{\mathrm{BC}} - h_{\mathrm{GB}}) F_{\mathrm{y}}(x) \\ &\text{ヨーモーメント：} M_{\mathrm{z}}(x) = \int_{L-X}^{L} h_{\mathrm{B}} P_{\mathrm{y}}(x) x dx = \frac{1}{2}\rho v^2 C_{\mathrm{p+}} \frac{h_{\mathrm{B}}}{a} \frac{X^2}{2}\left(L - \frac{X}{3}\right) \end{aligned}\right\} \cdots\cdots(1.3.5)$$

$\rho$：**空気密度** [kg/m³]，$v$：**対向列車の速度** [m/s]

$C_{\mathrm{p\pm}}$：**圧力係数**，$h_{\mathrm{B}}$：**車体高さ** [m]

$h_{\mathrm{BC}}$：**風圧中心高さ（レール頭頂面から空気力作用点までの高さ）**[m]

$h_{\mathrm{GB}}$：**車体重心高さ（レール頭頂面から車体重心までの高さ）**[m]

である．

対向列車の先頭部が横を通過したときに自列車の車両に働く横力とモーメントの例（相対速度 560km/h）を図 1.3.10 に示す．かなりいびつな波形ではあるが，横力とロールモーメントは正負の 1 周期，ヨーモーメントは 1.5 周期の変動となる．対向列車の走行速度が高くなると，式(1.3.4)，式(1.3.5)からわかるように，その速度の 2 乗に比例して力とモーメントの最大値は大きくなる．しかし，自列車も高速で走行していると，相対速度は力とモーメントの最大値に影響せず，風圧力パルスの通過時間が短くなって作用力変動の振動数が高くなるので，新幹線の速度域で互いにすれ違う場合は，自列車が駅に停車していて追い越されるときよりもむしろ車両動揺は小さくなる．

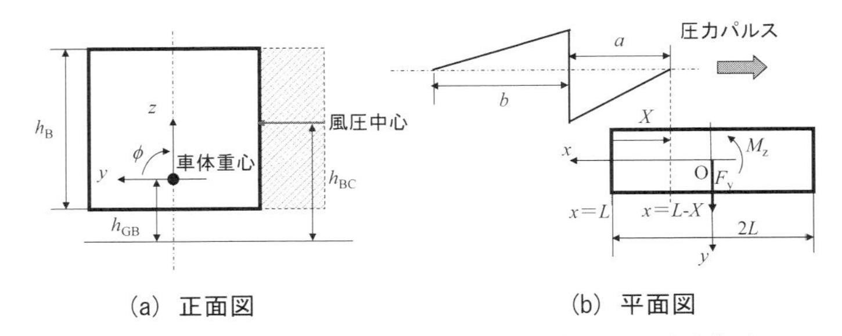


図 1.3.8　すれ違い時の風圧力パルスと車両に働く空気力

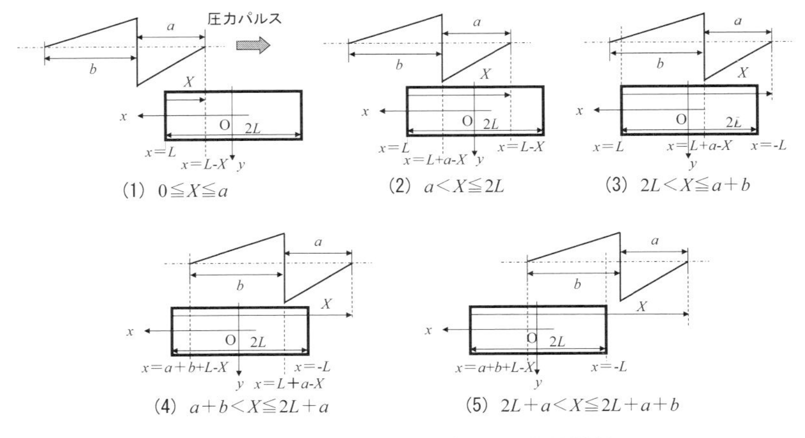


図 1.3.9　車体と圧力パルスの位置関係

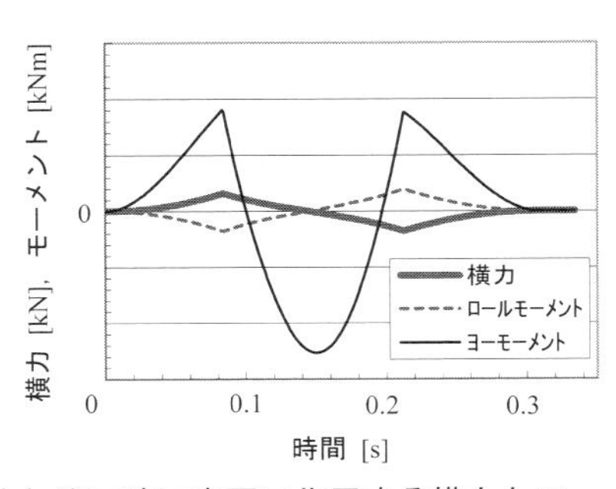


図 1.3.10　すれ違い時に車両に作用する横力とモーメントの計算例

### (3) トンネル内走行時の空気力変動

新幹線がトンネル内を走行するとき，車両とトンネル壁との間に気流の乱れが生じ，空気力変動による車両の左右動揺が発生し，乗り心地が悪化することがある(19)．この空気力変動には以下のような特徴がある(20)．

- 空気力変動は，主にトンネル壁に面した車両側面での周期的な圧力変動に起因している．
- 車両側面で観察される圧力波形は，一定のパターンを維持しながら編成車両の先頭から後尾に向かって，相対流速（列車に対する気流速度．トンネルに対する車両の断面積比等によって変わるが，列車速度の１～２割増し程度．トンネル内に対向列車があるとさらに増加．）の 70 %程度で移動していく（図 1.3.11）．
- 圧力変動の振幅は，相対流速のほぼ２乗に比例して大きくなる．

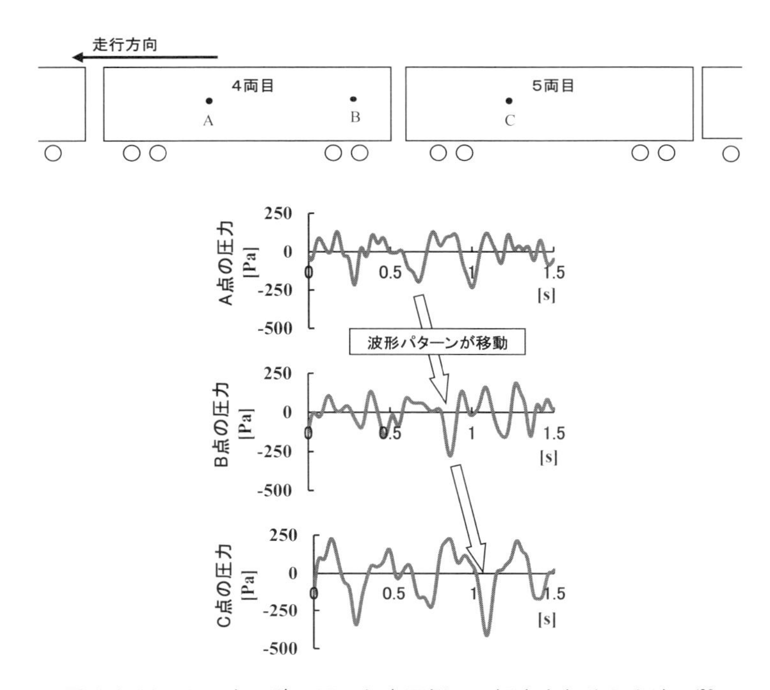


図 1.3.11　トンネル壁に面した車両側面で観察される圧力波形(20)

・編成全体でみた場合，車両側面での圧力変動の大きさは，先頭車両から６～８両目程度まで増大し，その後，後尾車両までほぼ一定のまま推移し，最後尾部で急激に大きくなる．また，圧力変動のピーク振動数は，６～８両目ぐらいにかけて振動数が下がってきて，その後一定のまま推移する．

トンネル内走行時の車両の左右動揺の主な原因は，空気力による強制振動であると考えられており，ダイナミクス解析では以下のように推定した空気力を外力として扱った例がある．

### a. 空気力変動を正弦波でモデル化する方法[21]

空気力は先頭から後尾に向かって移動していく周期的な圧力変動によって生じているため，中間車両の単位長さに働く左右方向の空気力 $F_{\mathrm{EX}}$ [N]を次のように正弦波と仮定する（図 1.3.12）．

$$F_{\mathrm{EX}}(x,t,U)=F_{\mathrm{E}}(U)\cos(kx-\omega_{\mathrm{E}}t) \qquad (1.3.6)$$

ここで，$x$ は先頭からの距離 [m]，$t$ は時間 [s]，$U$ は相対流速 [m/s]，$F_{\mathrm{E}}$ [N]は $U$ の２乗に比例する空気力の振幅，$k=2\pi/\lambda_{\mathrm{E}}$ は空気力の波数，$\lambda_{\mathrm{E}}$ は波長 [m]，$\omega_{\mathrm{E}}$ は角振動数 [rad/s]，$V_{\mathrm{E}}=\omega_{\mathrm{E}}/k$ [m/s]は空気力の移動速度である．いま，$x$ を先頭から $j$ 両目の車両の車両中心を原点とした局所座標 $\xi$ で表すと，

$$x=L_j+\xi \qquad (1.3.7)$$

となる．ただし，$L_j$ [m]は先頭から同車両の車両中心までの距離である．$\xi$ を用いて $F_{\mathrm{EX}}$ を表すと，

$$F_{\mathrm{EX}}=F_{\mathrm{E}}(U)\cos\{k(L_j+\xi)-\omega_{\mathrm{E}}t\} \qquad (1.3.8)$$

となる．上式を積分することで，車両に加わる空気力の左右成分 $F_{\mathrm{y}}$ が以下のように求まる．

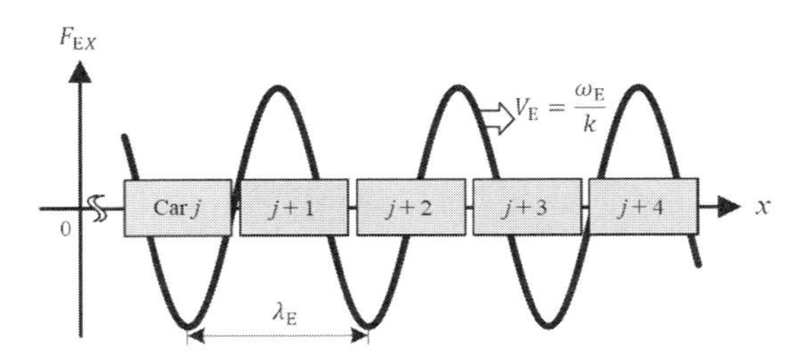


図 1.3.12　先頭から後尾に向かって移動する空気力変動モデル[22]

$$F_y(t)=\int_{-l_j}^{l_j} F_{\mathrm{EX}}d\xi = A_1\cos\left(\frac{2\pi L_j}{\lambda_{\mathrm{E}}}-\omega_{\mathrm{E}}t\right) \quad \cdots\cdots (1.3.9)$$

ここで

$$A_1=\frac{\lambda_{\mathrm{E}}F_{\mathrm{E}}}{\pi}\sin\left(\frac{2\pi l_j}{\lambda_{\mathrm{E}}}\right) \quad \cdots\cdots (1.3.10)$$

である．ここで，$l_j$ は先頭から $j$ 両目の車両の全長の半分の長さである．また，ヨーイング成分は，$F_{\mathrm{EX}}$ に車両中心からの距離を掛けたものを積分することで求められる．

$$M_z(t)=\int_{-l_j}^{l_j} \xi F_{\mathrm{EX}}d\xi = A_2\sin\left(\frac{2\pi L_j}{\lambda_{\mathrm{E}}}-\omega_{\mathrm{E}}t\right) \quad \cdots\cdots (1.3.11)$$

ここで

$$A_2=\frac{\lambda_{\mathrm{E}}F_{\mathrm{E}}}{\pi}\left\{l_j\cos\left(\frac{2\pi l_j}{\lambda_{\mathrm{E}}}\right)-\frac{\lambda_{\mathrm{E}}}{2\pi}\sin\left(\frac{2\pi l_j}{\lambda_{\mathrm{E}}}\right)\right\} \quad \cdots\cdots (1.3.12)$$

である．

### b. 現車試験で空気力を推定する方法[22]

車両に加わる空気力を直接測定することは困難であるため，通常は車両の左右両側面の複数（8か所程度）の箇所で圧力を測定し，左右側面の圧力差にその周囲の面積を掛けたものを合計して空気力の左右成分を推定する．空気力のヨーイングモーメントは，左右側面の圧力差に各部の面積と車両中心からの距離をかけたものを合計して推定する．

また，空気力変動を 1.3.2 項の(3) a．の方法のように正弦波でモデル化するのではなく，車両のある一つの断面に加わる圧力を現車試験で測定し，そのデータをもとにモデル化する方法も提案されている[23]．まず，測定した左右両側の圧力差からその車両断面に加わる空気力を求め，そのパワースペクトル密度を得る．得られたパワースペクトル密度の近似定式化を行い，それを逆フーリエ変換して時刻歴波形を得る．この波形を用い，空気力の移動速度と編成位置に応じた倍率を仮定し，編成中の各車両に加わる空気力を推定する．

## 第1章の参考文献


(1) 鉄道総研編：鉄道技術用語辞典，第3版，丸善，2016.

(2) 鉄道の百科事典編集委員会編：鉄道の百科事典，丸善，2012.

(3) 日本機械学会編：鉄道車両のダイナミクス －最新の台車テクノロジー，電気車研究会，pp.7-13，126-246，1994

(4) 丸山弘志，景山允男：機械技術者のための鉄道工学，丸善，pp.24-113，1981.

(5) 日本機械学会編：機械工学便覧，応用システム編γ6，丸善，pp.66-102，2006.

(6) 日本機械学会編：車両システムのダイナミクスと制御，養賢堂，pp.106-112，2008.

(7) 車両関係技術基準調査研究会編：解説 鉄道に関する技術基準（車両編）改訂版，日本鉄道車両機械技術協会，2006.

(8) Orlova, A. and Boronrnko, Y. : The anatomy of railway vehicle running gear, Handbook of Railway Vehicle Dynamics, CRC Press, pp.39-83, 2006.

(9) 近藤圭一郎編：鉄道車両技術入門，オーム社，pp.27-36，2013.

(10) 松山晋作編：鉄道の「鉄」学－車両と軌道を支える金属材料のお話－，オーム社，pp.20-35，2015.

(11) 日本工業規格：鉄道－線路用語，JISE1001，2001.

(12) 高速鉄道研究会編：新幹線－高速鉄道技術のすべて－，山海堂，pp.53-83，2003.

(13) 土木関係技術基準調査研究会編：解説 鉄道に関する技術基準（土木編）日本鉄道施設協会，2002.

(14) 佐藤吉彦，梅原利之：線路工学，日本鉄道施設協会，pp.58-116，235-277，1987.

(15) 佐藤吉彦：新軌道力学，鉄道現業社，1997.

(16) 種本勝二，鈴木実，前田達夫：横風に対する車両の空気力学特性風洞試験，鉄道総研報告，Vol.13，No.12，pp.47-52，1999.

(17) 今井俊昭：強風から列車を守る，第24回鉄道総研講演会要旨集「巨大な自然災害に備える-鉄道の安全性の更なる向上-」，pp.37-42，2011.

(18) 前田達夫：空気力学に関する解析技術，第17回鉄道総研講演会要旨集「次世代の飛躍に向けて-基礎研究が支える鉄道技術-」，pp.47-56，2004.

(19) 藤本裕，宮本昌幸，島本洋一：新幹線電車の左右振動とその振動対策，鉄道総研報告，Vol. 9，No.1，pp. 19-24，1995.

(20) Suzuki, M., Ido, A., Sakuma, Y. and Kajiyama, H. : Full-scale measurement and numerical simulation of flow around high-speed train in tunnel, Journal of Mechanical Systems for Transportation and Logistics, Vol.1, No.3, pp. 281-292, 2008.

(21) Sakuma, M., Paidoussis, M. P., Price, S. J. and Suzuki, M. : Aerodynamic forces acting on and lateral translational and rotational motions of intermediate cars travelling in a tunnel, Journal of System Design and Dynamics, Vol.2, No.1, pp. 240-250, 2008.

(22) Ishihara, T., Utsunomiya, M., Okumura, M., Sakuma, Y. and Shimomura, T. : An investigation of lateral vibration caused by aerodynamic continuous force on high-speed train running within tunnels, Proceedings of World Congress on Railway Research, Vol. E, pp. 531-538, 1997.

(23) 谷藤克也，亀甲智，坂上啓，難波広一郎：トンネル内変動空気力のモデル化と列車としての乗り心地解析，日本機械学会論文集C編，Vol.72，No.720，pp.2426-2432，2006.

# 第２章　車両のダイナミクス

自動車や航空機・船舶の運動と比較し，鉄道車両には輪軸を用いているがゆえの特徴的なダイナミクスが存在する．具体的には，輪軸は曲線通過時の自己操舵機能を備えつつ，蛇行動と呼ばれる自励振動の特性を有している点である．鉄道車両台車の設計においては，営業最高速度においても自励振動が発散しないように走行安定性を十分確保しつつ，輪軸が本来備えている曲線通過時の自己操舵機能を引き出すことが望まれる．本章では，輪軸の運動方程式の導出から始まり，軸箱支持剛性と輪軸の蛇行動安定性の関連を説明する．運動方程式に基づいたダイナミクス解析として，固有値解析（eigenvalue analysis）による車両の走行安定性解析（running stability analysis）について例題を用いながら説明する．さらに，走行安全性に関わる車両転覆のモデルや，車両が急曲線を通過するときの輪重横圧推定式について述べる．

## 2.1　車輪とレールの接触

### 2.1.1　クリープ力

鉄道車両のダイナミクス，特に左右系の運動は，レール上を転がる車輪とレールの接触面に作用するクリープ力（creep force）の影響を大きく受ける．このクリープ力は転走する車輪とレールの間の微小なすべりにより生じる接線力で，その力の大きさはクリープ率（すべり率，creepage）に依存する[1][2]．クリープ率については 2.1.2 項に詳述する．車輪・レールの接触面（wheel/rail contact area，contact patch）に作用するクリープ力を図 2.1.1 に，クリープ率とクリープ力の関係を図 2.1.2 に示す．車両のダイナミクス解析には，クリープ力のモデルとしてカルカー（Kalker）の３次元弾性転がり接触の理論‘Three-Dimensional Elastic Bodies in Rolling Contact’[3][4]が広く利用される．

図 2.1.1 に示すように，接触面は水平面に対して角度を有し，その状態で車輪が回転している．この角度を接触角（contact angle）という．接触面には法線力（ncrmal force）のほかに，接触面に平行なすべりにより生じる縦・横クリープ力の合力と回転すべりにより生じる法線軸まわりのスピンモーメント（spin moment）が作用する．ただし，接触面は図 2.1.2 に示すように進行方向前側が固着（こちゃく）して弾性変形しており，スピンの軸が接触面の中心より前方に寄るため，横クリープとスピンクリープが相互に影響を及ぼしあう．

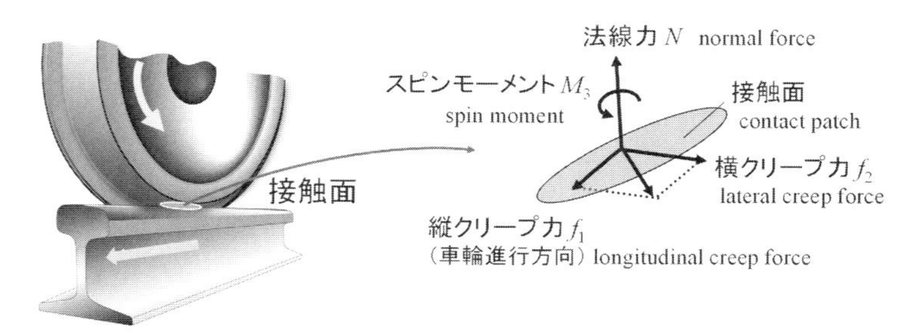


図 2.1.1　車輪とレールの接触面に作用するクリープ力

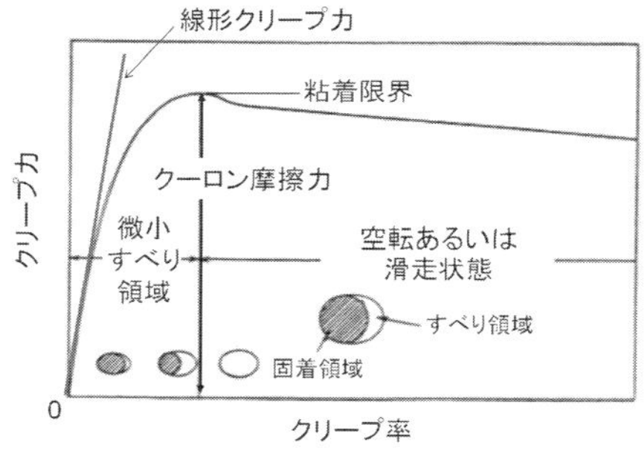

クリープ率が小さい範囲では，クリープ力がクリープ率にほぼ比例して増加する（図 2.1.2）．この範囲を特に線形クリープの領域といい，車両の走行安定性解析を行うときなどには線形クリープ力を使用する(5)(6)．

図 2.1.2　車輪・レール間のクリープ率とクリープ力の関係

線形クリープ力は次式で計算される．

$$
\left.
\begin{aligned}
&\text{縦クリープ力：} f_1 = -\kappa_{11}\nu_1 \\
&\text{横クリープ力：} f_2 = -\kappa_{22}\nu_2 - \kappa_{23}\omega_3 \\
&\text{スピンモーメント：} M_3 = \kappa_{23}\nu_2 - \kappa_{33}\omega_3
\end{aligned}
\right\} \quad \cdots\cdots (2.1.1)
$$

$\kappa_{11}$，$\kappa_{22}$，$\kappa_{23}$，$\kappa_{33}$：カルカーの線形クリープ係数

$\nu_1$，$\nu_2$，$\omega_3$：縦，横，スピンのクリープ率

なお，スピンモーメント $M_3$[Nm]は，輪軸に働くクリープ力によるモーメントに比べて十分に小さいため，車両のダイナミクスを解析する際には無視することが多い(5)．また，横クリープ力のスピンの項 $-\kappa_{23}\omega_3$ [N]も，フランジ直線部がレールと接触してスピンが大きくなる乗り上がり脱線の解析では考慮するが，それ以外の通常の直線・曲線走行解析では，横クリープによる項 $-\kappa_{22}\nu_2$ [N]に比べて十分小さいため，無視する場合が多い．すなわち大抵の場合，車両運動解析には以下の式(2.1.1)'が用いられる．

$$\begin{rmatrix} \text{縦クリープ力：} f_1 = -\kappa_{11}\nu_1 \\ \text{横クリープ力：} f_2 = -\kappa_{22}\nu_2 \end{rmatrix} \quad \cdots\cdots (2.1.1)'$$

$\kappa_{11}$, $\kappa_{22}$ : **カルカーの線形クリープ係数** [N]

$\nu_1$, $\nu_2$ : **縦および横クリープ率**

### 2.1.2　クリープ率

この項ではまず，カルカーの定義に従い，クリープ率を定式化する．車輪・レールの接触部付近が二次曲面の場合，両者が接触して弾性変形すると，その接触面は一般に楕円形状となる．この接触面の形状，接触圧力（contact pressure）の分布はヘルツ（Hertz）の弾性接触理論により求めることができ(7)，一般的な鉄道車両の車輪が踏面でレールと接触しているときには接触面が長径 10 mm 程度の楕円になる．そこで車輪・レールの接触面を接触楕円（contact ellipse）とも呼んでいる．

接触楕円の大きさや接触圧力はクリープ係数（creep coefficient）に影響を及ぼす．クリープ率を計算するときには，接触楕円の中心にあたる接触点（contact pcint）に着目し，その点のすべりで接触面全体を代表させる．すなわち，接触点における車輪とレール各々の物質速度[1]を算出しその速度差からクリープ率を求める．クリープ率の定義，定式化の手順と結果を次に記す．

輪軸を剛体とし，角速度 $\Omega$ [rad/s]で回転しながら軌道中心に沿って $v$ [m/s]なる速度で移動しているものとする．座標系は，進行方向を $x$ 軸，鉛直上向きを $z$ 軸にとった右手系とし図 2.1.3 に示す以下の二つの座標系を考える(8)．

O－$xyz$　　慣性座標系：$v$ なる速度で $x$ 方向に移動する．

O'－$x'y'z'$　輪軸に固定された座標系：輪軸重心を原点とし，各軸は重心を通る慣性主軸に一致する．

さらに車輪・レール接触点に原点を有する座標系 O″－$x''y''z''$を考え，$x''y''$平面が車輪・レール接触面に一致し，$x''$軸はレールの長さ方向に一致するものとする．レール長さ方向は輪軸の進行方向に一致しているとすると，$x''$軸は一定速度 $v$ で $x$ 方向に移動

[1] 車輪が一定速度 $v$ でレール上を転走するとき，速度 $v$ で移動する慣性座標系で接触面を眺めると，回転する車輪の物質と並進するレールの物質が各々接触面の中を通過していくと考えることができる．カルカー（Kalker）は転がり接触をこのように捉え，接触面内を移動する２物体の物質の速度（velocities with which the rail and wheel material would pass through the contact zone, if the surfaces did not deform elastically but were free to slide over each other）を用いてクリープ率を定義した．本書ではこれを物質速度と記す．

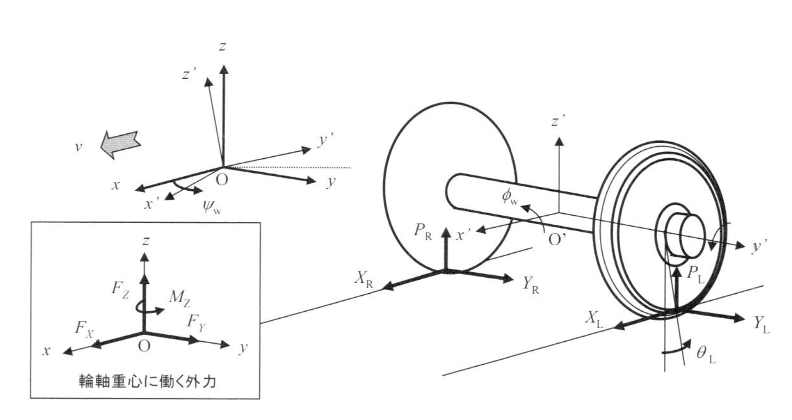


図 2.1.3　輪軸の運動を記述する座標系と輪軸に作用する力

する慣性座標系 O－$xyz$ の $x$ 軸に平行であり，$y''$軸は O－$xyz$ 座標系の $y$ 軸に対し角度 $\alpha$（接触角）[rad]だけ傾いている．車輪・レール接触点における O″－$x''y''z''$系の車輪の物質速度ベクトルを $\mathbf{v}_W''$，物質回転速度ベクトルを $\boldsymbol{\omega}_W''$，レールの物質速度ベクトルを $\mathbf{v}_G''$，物質回転速度ベクトルを $\boldsymbol{\omega}_G''$ とし，その成分を

$$\left.\begin{aligned}
\mathbf{v}_W'' &= \begin{bmatrix} v''_{Wx} & v''_{Wy} & v''_{Wz} \end{bmatrix}^T \\
\mathbf{v}_G'' &= \begin{bmatrix} v''_{Gx} & v''_{Gy} & v''_{Gz} \end{bmatrix}^T = \begin{bmatrix} -v & 0 & 0 \end{bmatrix}^T \\
\boldsymbol{\omega}_W'' &= \begin{bmatrix} \omega''_{Wx} & \omega''_{Wy} & \omega''_{Wz} \end{bmatrix}^T \\
\boldsymbol{\omega}_G'' &= \begin{bmatrix} \omega''_{Gx} & \omega''_{Gy} & \omega''_{Gz} \end{bmatrix}^T = \begin{bmatrix} 0 & 0 & 0 \end{bmatrix}^T
\end{aligned}\right\} \quad \cdots\cdots (2.1.2)$$

で表すとき，文献(5)，(6)に基づく線形クリープ力の計算式(2.1.1)に対応したクリープ率 $\nu_1, \nu_2, \omega_3$ は次式で定義される．

$$\left.\begin{aligned}
&\text{縦クリープ率：} \nu_1 = -(v''_{Gx} - v''_{Wx})/v \\
&\text{横クリープ率：} \nu_2 = -(v''_{Gy} - v''_{Wy})/v \\
&\text{スピン：} \quad \omega_3 = -(\omega''_{Gz} - \omega''_{Wz})/v
\end{aligned}\right\} \quad \cdots\cdots (2.1.3)$$

輪軸が一定角速度 $\Omega$ で回転しながら速度 $v$ で前方へ移動し，$z$ 軸まわりに $\psi_W$ [rad]，$x'$軸まわりに $\phi_W$ [rad]回転したとき，$y''$軸が $y$ 軸に対して接触角 $\alpha$ [rad]だけ傾いていること，車輪がレールから離れないこと（$v''_{Wz} = 0$）を考慮すると，クリープ率は次式で表される．

$$\left.\begin{aligned}
\text{左車輪：}\ \nu_{1\mathrm{L}} &= (-r_{\mathrm{L}}\Omega - b_{\mathrm{L}}\dot{\psi}_{\mathrm{W}} + \dot{x}_{\mathrm{W}})/v + 1 \\
\nu_{2\mathrm{L}} &= \{-r_{\mathrm{L}}\Omega\psi_{\mathrm{W}} + (\dot{y}_{\mathrm{W}} + r_{\mathrm{L}}\dot{\phi}_{\mathrm{W}})\}/v\cos\alpha_{\mathrm{L}} \\
\omega_{3\mathrm{L}} &= \{\Omega\,(-\sin\alpha_{\mathrm{L}} + \phi_{\mathrm{W}}\cos\alpha_{\mathrm{L}}) + \dot{\psi}_{\mathrm{W}}\cos\alpha_{\mathrm{L}}\}/v
\end{aligned}\right\} \quad \cdots\cdots (2.1.4)$$

$$\left.\begin{aligned}
\text{右車輪：}\ \nu_{1\mathrm{R}} &= (-r_{\mathrm{R}}\Omega + b_{\mathrm{R}}\dot{\psi}_{\mathrm{W}} + \dot{x}_{\mathrm{W}})/v + 1 \\
\nu_{2\mathrm{R}} &= \{-r_{\mathrm{R}}\Omega\psi_{\mathrm{W}} + (\dot{y}_{\mathrm{W}} + r_{\mathrm{R}}\dot{\phi}_{\mathrm{W}})\}/v\cos\alpha_{\mathrm{R}} \\
\omega_{3\mathrm{R}} &= \{\Omega\,(\sin\alpha_{\mathrm{R}} + \phi_{\mathrm{W}}\cos\alpha_{\mathrm{R}}) + \dot{\psi}_{\mathrm{W}}\cos\alpha_{\mathrm{R}}\}/v
\end{aligned}\right\} \quad \cdots\cdots (2.1.5)$$

$b$：車軸中心～接触点間の距離 [m]，$r$：接触点での車輪回転半径 [m]

$y_{\mathrm{W}}$：輪軸左右変位 [m]，$\phi_{\mathrm{W}}$：輪軸ロール角変位 [rad]

$\psi_{\mathrm{W}}$：輪軸ヨー角変位 [rad]

ただし，式(2.1.4), (2.1.5)は$\dot{\psi}_{\mathrm{W}}$, $\dot{\phi}_{\mathrm{W}}$が$\Omega$に比べて微小であるとして近似した式である．また，添字L，Rは各々左車輪，右車輪（以下，前後左右は進行方向を基準とする．）を表し，接触角$\alpha_{\mathrm{L}}, \alpha_{\mathrm{R}}$を踏面が水平面となす角として，左車輪は$\alpha = \alpha_{\mathrm{L}}$．右車輪は$\alpha = -\alpha_{\mathrm{R}}$と置いた．

車両のダイナミクス解析には，一定速度での走行を仮定し，$v = r_0\Omega$（$r_0$：中立位置での車輪回転半径 [m]）と置いて$\dot{x}_{\mathrm{W}}$を省略した次の式がよく用いられる[6]．

$$\left.\begin{aligned}
\text{左車輪：}\ \nu_{1\mathrm{L}} &= -\frac{r_{\mathrm{L}} - r_0}{r_0} - \frac{b_{\mathrm{L}}\dot{\psi}_{\mathrm{W}}}{v} \\
\nu_{2\mathrm{L}} &= \left(-\frac{r_{\mathrm{L}}}{r_0}\psi_{\mathrm{W}} + \frac{\dot{y}_{\mathrm{W}} + r_{\mathrm{L}}\dot{\phi}_{\mathrm{W}}}{v}\right)/\cos\alpha_{\mathrm{L}} \\
\omega_{3\mathrm{L}} &= \frac{-\sin\alpha_{\mathrm{L}} + \phi_{\mathrm{W}}\cos\alpha_{\mathrm{L}}}{r_0} + \frac{\dot{\psi}_{\mathrm{W}}}{v}\cos\alpha_{\mathrm{L}}
\end{aligned}\right\} \quad \cdots\cdots (2.1.6)$$

$$\left.\begin{aligned}
\text{右車輪：}\ \nu_{1\mathrm{R}} &= -\frac{r_{\mathrm{R}} - r_0}{r_0} + \frac{b_{\mathrm{R}}\dot{\psi}_{\mathrm{W}}}{v} \\
\nu_{2\mathrm{R}} &= \left(-\frac{r_{\mathrm{R}}}{r_0}\psi_{\mathrm{W}} + \frac{\dot{y}_{\mathrm{W}} + r_{\mathrm{R}}\dot{\phi}_{\mathrm{W}}}{v}\right)/\cos\alpha_{\mathrm{R}} \\
\omega_{3\mathrm{R}} &= \frac{\sin\alpha_{\mathrm{R}} + \phi_{\mathrm{W}}\cos\alpha_{\mathrm{R}}}{r_0} + \frac{\dot{\psi}_{\mathrm{W}}}{v}\cos\alpha_{\mathrm{R}}
\end{aligned}\right\} \quad \cdots\cdots (2.1.7)$$

なお，これらのクリープ率から求められた接触面内に働く縦・横クリープ力$f_{1\mathrm{L,R}}$ [N]，$f_{2\mathrm{L,R}}$ [N]を用いて，慣性座標系O−$xyz$で輪軸の運動を記述する場合の３軸方向に作用する力$X$ [N]，$Y$ [N]，$P$ [N]は各々次式で計算される．

$$\text{左車輪：}\left.\begin{aligned} X_L &= f_{1L} \\ Y_L &= f_{2L}\cos\alpha_L - N_L\sin\alpha_L \\ P_L &= f_{2L}\sin\alpha_L + N_L\cos\alpha_L \end{aligned}\right\} \quad \cdots\cdots (2.1.8)$$

$$\text{右車輪：}\left.\begin{aligned} X_R &= f_{1R} \\ Y_R &= f_{2R}\cos\alpha_R + N_R\sin\alpha_R \\ P_R &= -f_{2R}\sin\alpha_R + N_R\cos\alpha_R \end{aligned}\right\} \quad \cdots\cdots (2.1.9)$$

$N$ [N]は法線力，添字 L，R は各々左車輪，右車輪を表す．踏面接触時のように接触角$\alpha_{L,R}$が微小な場合は，$\sin\alpha_{L,R}=\alpha_{L,R}$，$\cos\alpha_{L,R}=1$と近似した式を用い，$\omega_3$を無視する場合が多い．

### 2.1.3　車輪とレールの接触幾何学

前項 2.1.2 で求めた車輪・レール接触点でのクリープ率計算式(2.1.4)～(2.1.7)を見るとわかるように，車両のダイナミクスを解析するために車輪・レール間に作用するクリープ力を算出するには，左右車輪の車軸中心から接触点間の距離$b_{L,R}$，接触点での車輪回転半径$r_{L,R}$，接触角$\alpha_{L,R}$が必要である．すなわち，輪軸が左右に移動したり，ヨー変位やロール変位したときの車輪とレールの接触位置を知り，その接触点における接触情報$b_{L,R}$，$r_{L,R}$，$\alpha_{L,R}$がわかっていなければならない．このように左右のレールに拘束されながら移動する輪軸の車輪・レール接触点と接触情報を求める問題を接触幾何学（wheel/rail contact geometry）と称している．この幾何解析では，輪軸が変位した際，車軸に圧入された左右の車輪が左右のレールと同時に接触する点を求めることになる．計算手法はいくつかあるが[9][10]，３次元空間での幾何学の問題なので，例えば図 2.1.4 に示すように，輪軸重心の左右変位$y_W$ [m]とヨー角変位$\psi_W$ [rad]が与えられたときの車輪側の接触点とレール側の接触点を位置ベクトルで表し，両者が一致する条件を使って相対距離が左右ともに最短となる位置を逐次計算で求める方法がよく用いられる．その際，接触点では両者の接触面に対する法線が平行になるので，各々車輪周方向と左右方向の接線ベクトルの外積として法線ベクトルを求め，車輪側，レール側の二つの法線ベクトルの外積が零となる条件をあわせて利用する[10]．

解析結果の例を図 2.1.5 に示す．この例では，輪軸左右変位$y_W$が 10 mm に達した辺りからフランジがレール肩部（かたぶ）（gauge corner）に接触し始め，車輪半径差$\Delta r$が急激に増加している．

車輪踏面とレールが接触し，輪軸の変位が微小な範囲では，クリープ力を含めて線形化した運動方程式を導いておくと，車両の運動特性を理解するうえで便利である．そのためには，クリープ率の式(2.1.6)，(2.1.7)と線形クリープ力の式(2.1.1)，左右車輪に作用する力の式(2.1.8)，(2.1.9)より，以下の三つを輪軸左右変位 $y_W$ の関数として表すことができる，線形化定数 $\gamma$，$\varepsilon$，$\sigma$ を求めておけばよいことがわかる[(5)(6)]．

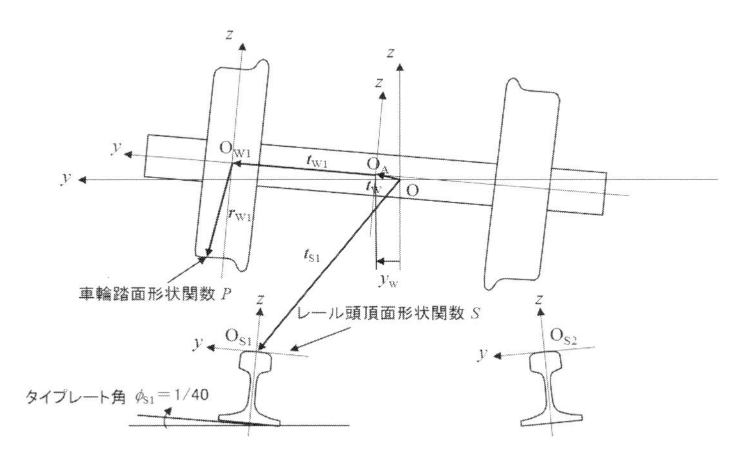


図 2.1.4　車輪・レールの３次元接触幾何解析

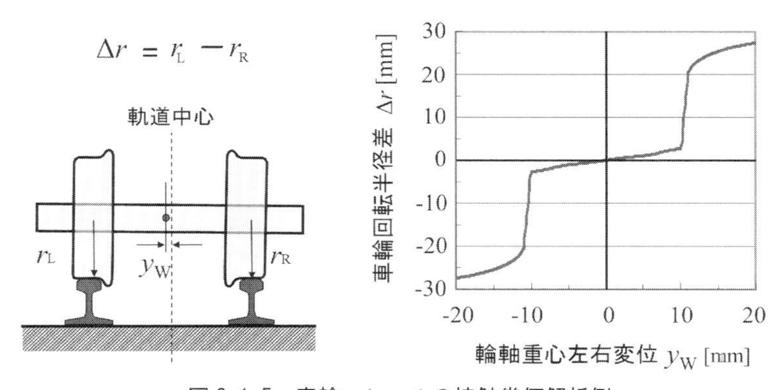


図 2.1.5　車輪・レールの接触幾何解析例
（輪軸左右変位と左右車輪の半径差）

$$
\left.
\begin{aligned}
&\text{車輪回転半径差}: \Delta r = r_{\mathrm{L}} - r_{\mathrm{R}} = 2\gamma y_{\mathrm{W}} \\
&\text{接触角差}: \Delta\alpha = \alpha_{\mathrm{L}} - \alpha_{\mathrm{R}} = 2\frac{\varepsilon}{b_0} y_{\mathrm{W}} \\
&\text{ロール角}: \phi_{\mathrm{W}} = \frac{\sigma}{b_0} y_{\mathrm{W}}
\end{aligned}
\right\} \qquad \cdots\cdots (2.1.10)
$$

$\alpha$：車輪とレールの接触角 [rad]，$b$：車軸中心〜接触点間の距離 [m]
$r$：車輪回転半径 [m]，$y_{\mathrm{W}}$：輪軸左右変位 [m]，$\phi_{\mathrm{W}}$：輪軸ロール角変位 [rad]
添字 L，R，0：各々左，右，中立位置を表す．

輪軸左右変位による左右車輪回転半径差の 1/2 を表す$\gamma = (r_{\mathrm{L}} - r_{\mathrm{R}})/(2y_{\mathrm{W}})$が輪軸の蛇行動特性に大きな影響を及ぼすため，鉄道車両のダイナミクス解析でよく利用される．この$\gamma$を特に等価踏面勾配（equivalent conicity）と呼んでいる．

最近の新品車輪の踏面形状（wheel profile）は曲率の異なる円弧の組み合わせとなっており，新品レールの頭頂面形状（rail profile）も同様である（図 2.1.6）．この場合，図 2.1.7 のように輪軸が中立位置にあるときの接触点における車輪踏面の曲率半径を $R$

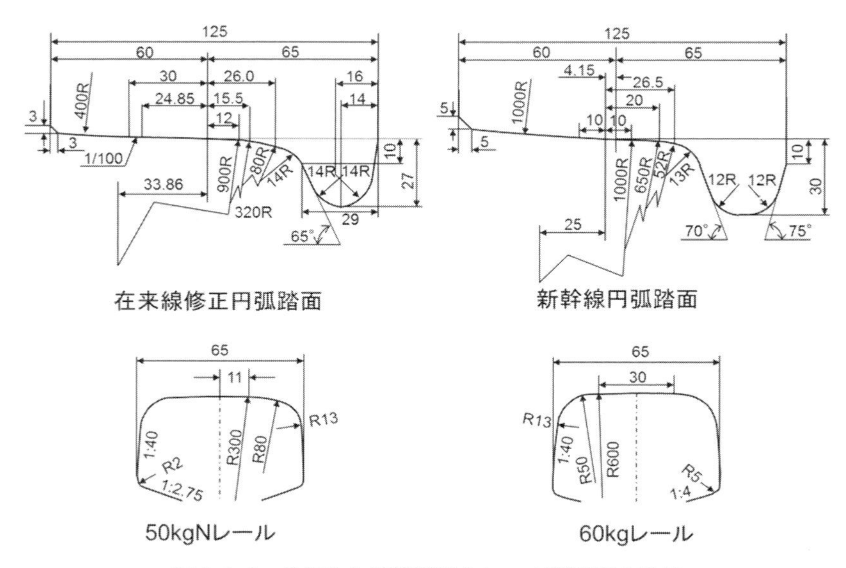


図 2.1.6　代表的な車輪踏面とレール頭頂面の形状

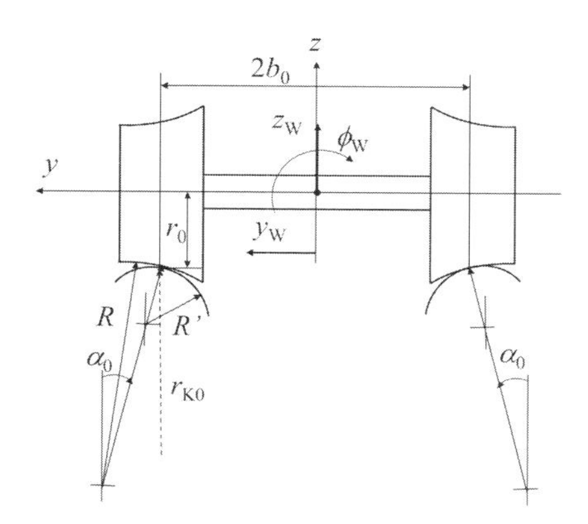


図 2. 1. 7　車輪・レールの接触幾何（円弧踏面車輪と円弧レール）

[m]，レール頭頂面の曲率半径を $R'$ [m]，車輪半径を $r_0$ [m]，接触角を $\alpha_0$ [rad]，左右接触点間隔を $2b_0$ [m]とすると，線形化定数は次式で表される．

$$\text{等価踏面勾配：}\gamma = \frac{(b_0 + R'\sin\alpha_0)\tan\alpha_0}{\left(1-\dfrac{R'}{R}\right)(b_0 - r_0\tan\alpha_0)} \quad \cdots\cdots (2.1.11)$$

$$\text{接触角差}\times b_0/(2y_W)\text{：}\varepsilon = \frac{b_0\left(\sin\alpha_0 + \dfrac{b_0}{R}\right)}{\left(1-\dfrac{R'}{R}\right)(b_0 - r_0\tan\alpha_0)} \quad \cdots\cdots (2.1.12)$$

$$\text{ロール角}\times b_0/y_W\text{：}\sigma = \frac{\tan\alpha_0}{1-\dfrac{r_0}{b_0}\tan\alpha_0} \quad \cdots\cdots (2.1.13)$$

レールが回転半径 $r_{K0}$ [m]を持つ軌条輪（きじょうりん）（roller rig）の場合，等価踏面勾配 $\gamma'$ は次式で表され，軌条輪半径の影響により，等価踏面勾配はレール上を転走するときよりも大きくなる(10)(11)．

軌条輪上の等価踏面勾配：

$$\gamma' = \frac{(b_0 + R'\sin\alpha_0)\tan\alpha_0}{\left(1-\dfrac{R'}{R}\right)(b_0 - r_0\tan\alpha_0)}\left[1 + \frac{R'(b_0 + R\sin\alpha_0)}{R(b_0 + R'\sin\alpha_0)}\cdot\frac{r_0}{r_{K0}}\right] \quad \cdots\cdots (2.1.14)$$

一般に中立位置での接触角 $\alpha_0$ は小さいので，走行安定性の解析などでは，式(2.1.11)〜式(2.1.13)を $\sin\alpha_0 = \tan\alpha_0 = \alpha_0$，$\cos\alpha_0 = 1$ と近似した線形化定数の式が用いられる．$\alpha_0 << 1$ のときには，以下の近似式が使われることもある．

$$\text{等価踏面勾配：} \gamma \approx \frac{\alpha_0}{1-\dfrac{R'}{R}} \quad \cdots\cdots (2.1.15)$$

$$\text{接触角差} \times b_0/(2y_\mathrm{W})\text{：} \varepsilon \approx \frac{1}{1-\dfrac{R'}{R}}\frac{b_0}{R} \quad \cdots\cdots (2.1.16)$$

$$\text{ロール角} \times b_0/y_\mathrm{W}\text{：} \sigma \approx \alpha_0 \quad \cdots\cdots (2.1.17)$$

### 2.1.4　クリープ係数の算出

輪軸の運動解析に入る前に，クリープ係数の導出方法[12]について説明する．2.1.1 項で説明したとおり，車輪とレールは接触点において弾性接触し接触楕円が形成される．図 2.1.8 に示す，接触点における車輪・レールの 4 つの曲率半径を用い，以下の式で定義される曲率に関するパラメータ $A$，$B$ を算出する．

$$\left.\begin{aligned} A &= \frac{1}{2}\left(\frac{1}{R_\mathrm{wy}} + \frac{1}{R_\mathrm{ry}}\right) \\ B &= \frac{1}{2}\left(\frac{1}{R_\mathrm{wx}} + \frac{1}{R_\mathrm{rx}}\right) \end{aligned}\right\} \quad \cdots\cdots (2.1.18)$$

$R_\mathrm{wx}, R_\mathrm{wy}$：車輪の $x$ 軸方向，$y$ 軸方向の曲率半径 [m]

$R_\mathrm{rx}, R_\mathrm{ry}$：レールの $x$ 軸方向，$y$ 軸方向の曲率半径 [m]

$R_\mathrm{wx}$，$R_\mathrm{wy}$，$R_\mathrm{rx}$，$R_\mathrm{ry}$ は，各物体の内部に曲率中心がある場合を正と定義する．例えば，前項の図 2.1.7 の定義に従えば

$R_\mathrm{wx} = r_0$，$R_\mathrm{wy} = -R$，$R_\mathrm{rx} = \infty$，$R_\mathrm{ry} = R'$

となる．これらの式を用いるとヘルツの弾性接触理論に基づいて接触楕円の長径，短径の半分 $a$ [m]，$b$ [m]は以下の式で与えられる．

$$\left(\frac{a}{m}\right)^3 = \left(\frac{b}{n}\right)^3 = \frac{3N(1-\nu^2)}{2E(A+B)} \quad \cdots\cdots (2.1.19)$$

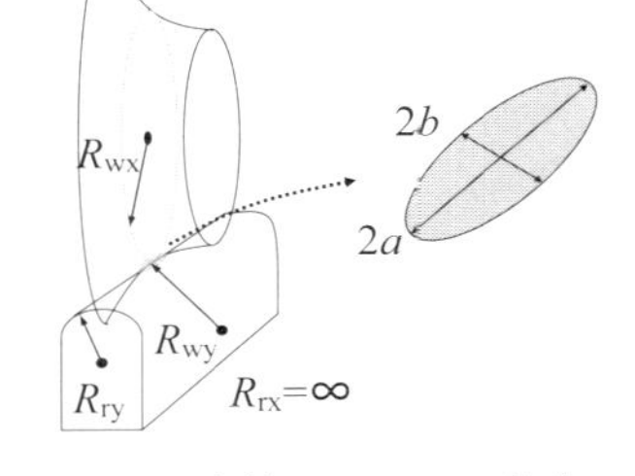


図 2.1.8　車輪・レールの曲率

$E$：車輪・レールのヤング率 [N/m²]，$\nu$：ポアソン比，$N$：接触楕円に作用する法線力 [N]

ここで $m$, $n$ は

$$\cos\eta = \frac{B-A}{B+A} \quad \cdots\cdots (2.1.20)$$

により定まる $\eta$ を用いて，図 2.1.9 より求められる定数である．$\cos\eta$ が正の場合 $a$ はレールの左右方向を表し，$\cos\eta$ が負の場合 $a$ はレールの前後方向を表す．

次に $a/b$ の値からカルカーの無次元係数 $C_{11}, C_{22}, C_{23}, C_{33}$ を図 2.1.10 から算出する．ここで $a<b$ のとき $a/b$ の値を用い，$a>b$ のとき $b/a$ の値を用いる．図 2.1.10 から表引きした無次元係数を用いてクリープ係数は以下の式により与えられる．

$$\left.\begin{aligned} \kappa_{11} &= EabC_{11} \\ \kappa_{22} &= EabC_{22} \\ \kappa_{23} &= E(ab)^{3/2}C_{23} \\ \kappa_{33} &= E(ab)^2 C_{33} \end{aligned}\right\} \quad \cdots\cdots (2.1.21)$$

付録 Ａ２に接触楕円やクリープ係数を計算するサンプルプログラムを準備しているので利用いただきたい．

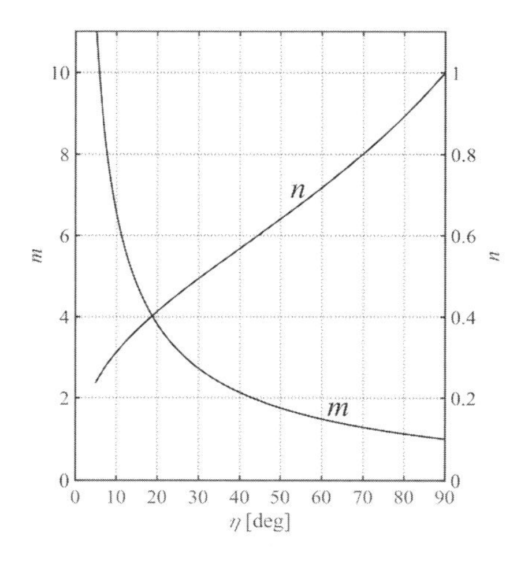


図 2.1.9　接触楕円定数 $m$, $n$

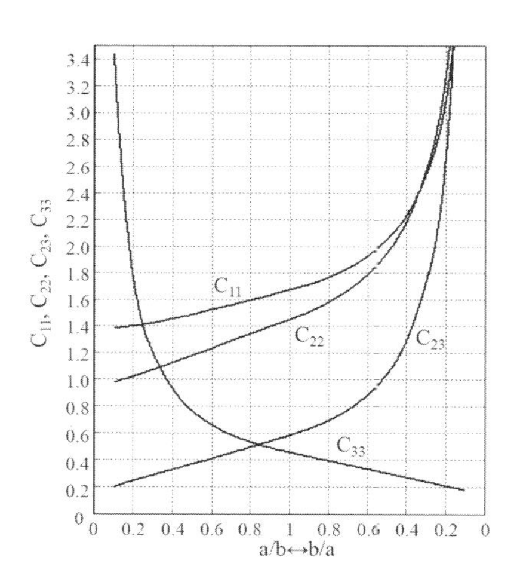


図 2.1.10　カルカーの無次元係数

## 2.2 輪軸の運動

### 2.2.1 輪軸の運動方程式の導出

前節において，車輪・レールの座標系から車輪・レール間に作用するクリープ力を導出した．通常，車輪とレール形状は複雑な曲線形状を有しているため，クリープ率やクリープ係数は接触状態の変化に伴い複雑に変化する．ここでは見通しよく運動を理解するために，図 2.2.1 に示す円錐踏面（conical tread）の車輪を考え，線形化した運動方程式[13]を導出する．

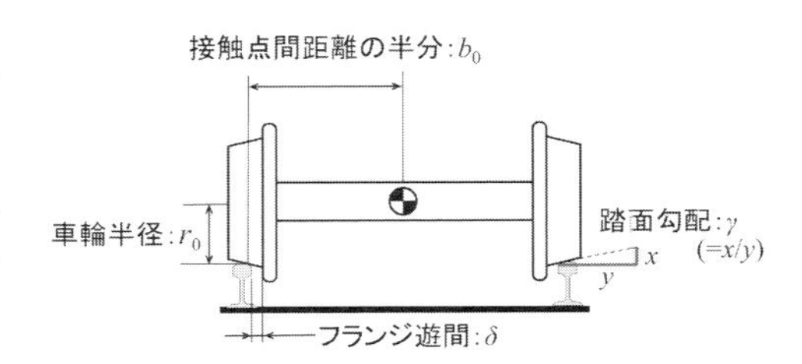


図 2.2.1　輪軸のパラメータ

前節における輪軸の接触角 $\alpha_0$ を小さな値とみなし，スピンモーメントが縦クリープ力によるモーメントと比較し，十分無視できることを想定する．また，左右車輪の車軸中心から接触点までの距離 $b_{L,R}$ についてもそれぞれの変化が微小とすれば $b_0$ に置き換えられる．このとき左車輪，右車輪のクリープ率はそれぞれ以下となる．

左車輪：

$$\left.\begin{aligned} \nu_{1L} &= -\frac{\gamma}{r_0} y_W - \frac{b_0}{v}\dot{\psi}_W \\ \nu_{2L} &= -\psi_W + \frac{\dot{y}_W}{v} \end{aligned}\right\} \quad \cdots\cdots (2.2.1)$$

右車輪：

$$\left.\begin{aligned} \nu_{1R} &= \frac{\gamma}{r_0} y_W + \frac{b_0}{v}\dot{\psi}_W \\ \nu_{2R} &= -\psi_W + \frac{\dot{y}_W}{v} \end{aligned}\right\} \quad \cdots\cdots (2.2.2)$$

したがって，式(2.1.1)'により左右車輪のクリープ力を計算すると，式(2.1.8)，(2.1.9)より，輪軸に作用する横クリープ力 $Y$ と縦クリープ力による輪軸重心まわりのヨーモーメント $M_\psi$ は次式で表される．

横クリープ力：$Y = f_{2L} + f_{2R} = 2\kappa_{22}\left(\psi_W - \dfrac{\dot{y}_W}{v}\right)$

ヨーモーメント：$M_\psi = -b_0 f_{1L} + b_0 f_{1R} = -2\kappa_{11}\left(\dfrac{\gamma b_0}{r_0} y_W + \dfrac{b_0^2}{v}\dot{\psi}_W\right)$

これにより左右変位とヨー角の2自由度で記述した輪軸の運動方程式は，以下により記述される．

$$\left.\begin{aligned} m_W\ddot{y}_W + \frac{2\kappa_{22}}{v}\dot{y}_W - 2\kappa_{22}\psi_W = 0 \\ m_W i_W^2\ddot{\psi}_W + \frac{2\kappa_{11}b_0^2}{v}\dot{\psi}_W + \frac{2\kappa_{11}b_0\gamma}{r_0}y_W = 0 \end{aligned}\right\} \quad \cdots\cdots (2.2.3)$$

$m_W$ ：輪軸質量 [kg]，$i_W$ ：輪軸のヨー慣性半径 [m]

このように導出した式をもう少し詳しく見てみよう．式(2.2.3)をブロック線図（block diagram）によって記述(14)したものを図 2.2.2 に示す．

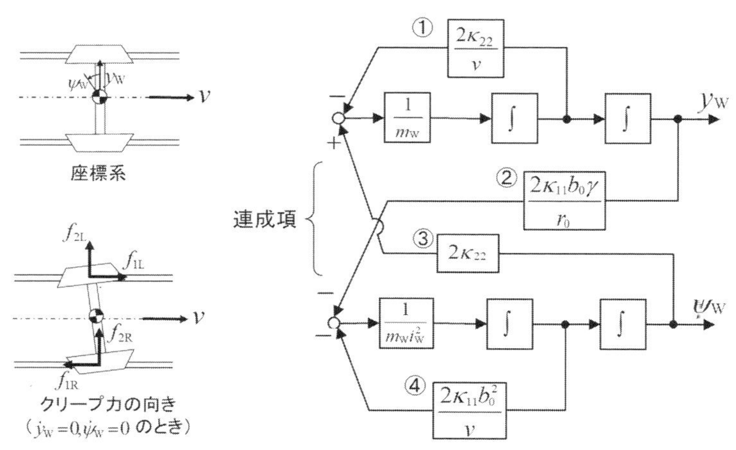


図 2.2.2　ブロック線図で表現した輪軸のダイナミクス

この線図を見ると，まず2自由度系であるため左右とヨーのダイナミクスにわけることができる．クリープ力はダンパのような減衰力として図中の①，④に示すように，左右とヨーのダイナミクスの中に存在している．車輪・レール間にダンパが付いているわけはなく，車輪・レール間のクリープ力が，エネルギーを散逸する役割を担っている．この二つの項は，走行速度が大きくなるとエネルギーを散逸する役割が小さくなる．図中の③を見るとヨー角が左右方向の力に変換されている．これは自動車のタイヤや船舶の舵と同様のメカニズムであり，ヨー角によって左右変位は発散する方向に単調に増大する．また，図中の②を見ると，左右変位がヨーモーメントに変換される項が存在し，この項は中立位置に輪軸を戻そうとする復元力となっている．この項は，踏面勾配による車輪径差に関連しており，この項が，輪軸の自己操舵機能と蛇行動という特徴的なダイナミクスに大きな影響を与えている．このブロック線図を見ると，一度左右変位が発生するとそれがヨーイングを励起し，ヨー角の発生によって再び左右運動を発生させる力に変換される様子がよくわかる．ちなみに左右亘輪を独立に回転可能とした独立回転車輪輪軸（independently rotating wheelset）であれば，縦クリープ係数 $\kappa_{11}$ を零とみなすことができ，図中の②の連成項（coupling term）の一つと④の項が存在しなくなる．②の項がなくなるとダイナミクスの連成が切れ，自己操舵機能と蛇行動の両方の性質がなくなることを理解できる．なお，独立回転車輪であっても，操舵リンクによって操舵する特性を持たせたものや，車輪とレールの接触角による重力復元力（gravity restoring force）を利用した自己操舵台車（self-steering bogie, self-steering truck）が存在するので，興味のある読者は参考文献(15)-(18)などを参照いただきたい．

### 2.2.2　輪軸の蛇行動(19)

前項の運動方程式にもとづいて固有値解析を行うことで解の安定性を判別できるが，ここでは基本的な特性をみるために，さらに式を簡略化しながら解析を進める．式(2.2.3)の運動方程式について，輪軸をゆっくり転がした運動，つまり準静的運動（quasi-static motion）を考える．このとき，輪軸の慣性力はクリープ力に比して十分無視できるものと考えることができるため，運動方程式は以下のように簡略化できる．

$$\left.\begin{aligned}&\frac{2\kappa_{22}}{v}\dot{y}_{\mathrm{W}}-2\kappa_{22}\psi_{\mathrm{W}}=0\\&\frac{2\kappa_{11}b_0^2}{v}\dot{\psi}_{\mathrm{W}}+\frac{2\kappa_{11}b_0\gamma}{r_0}y_{\mathrm{W}}=0\end{aligned}\right\}\quad\cdots\cdots\cdots\cdots(2.2.4)$$

この式は，１階２変数の微分方程式である．式(2.2.4)の上の式から

$$\dot{y}_{\mathrm{W}}=v\psi_{\mathrm{W}}\quad\cdots\cdots\cdots\cdots(2.2.5)$$

という関係式に基づき，これを時間で微分すると $\ddot{y}_{\mathrm{W}}=v\dot{\psi}_{\mathrm{W}}$ となる．これを式(2.2.4)の下の式の $\dot{\psi}_{\mathrm{W}}$ に代入すると

$$\ddot{y}_{\mathrm{W}}+\frac{v^2\gamma}{b_0r_0}y_{\mathrm{W}}=0\quad\cdots\cdots\cdots\cdots(2.2.6)$$

と一本の式にまとめることができる．同様にヨー角に着目した式であれば，

$$\ddot{\psi}_{\mathrm{W}}+\frac{v^2\gamma}{b_0r_0}\psi_{\mathrm{W}}=0\quad\cdots\cdots\cdots\cdots(2.2.7)$$

となる．式(2.2.6)の解は

$$y_W = A\sin\left(\sqrt{\frac{\gamma}{b_0 r_0}}vt\right) \quad \cdots\cdots (2.2.8)$$

となり，輪軸の準静的運動は単振動となる．このとき周期 $T$ [s]は

$$T = \frac{2\pi}{v}\sqrt{\frac{b_0 r_0}{\gamma}} \quad \cdots\cdots (2.2.9)$$

となる．この運動を図で示すと図 2.2.3 となる．図示される振動の一周期の時間軸を，距離軸に変換したものを幾何学的蛇行動波長（kinematic hunting wave-length）と呼び，以下となる．

$$S_1 = Tv = 2\pi\sqrt{\frac{b_0 r_0}{\gamma}} \quad \cdots\cdots (2.2.10)$$

この波長 $S_1$ [m]を見ると，踏面勾配 $\gamma$ の値が大きいほど波長が短くなり，高い振動数の蛇行動となる．一方，踏面勾配を仮に零とした円筒踏面であれば，波長が無限大となり振動しない[2].

ここでは慣性項を無視した式となっているが，慣性項を考慮した場合は，蛇行動波長は走行速度の増大により長くなる傾向にある．また，慣性項の影響により，輪軸単体の運動は時間経過とともに振幅が増大する（発散する）傾向にあり，実際に式(2.2.3)の固有値解析を実施すると，走行速度によらず常に不安定な系であることを確かめられる．

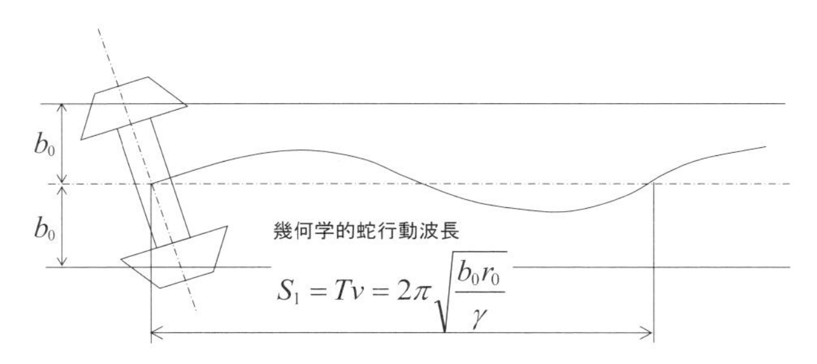


**図 2.2.3　輪軸の幾何学的蛇行動波長**

[2] 振動はしないが初期角度を与えると単調に発散する．式(2.2.4)において $\gamma=0$ を代入すればわかるとおり，零となる固有値を含んだ系である．

### 2.2.3 軸箱支持剛性の影響

次に軸箱支持剛性の付加による，輪軸の安定性の変化について説明する．ここで，軸箱支持剛性を付加した場合として，図 2.2.4 に示すモデルを考える．

このモデルでは，ばね定数 $k_y/2$ [N/m]の左右支持された軸ばねにより，左右方向の復元力が発生する．また，ばね定数 $k_x/2$ [N/m]の前後支持された軸ばねにより，ヨー方向の復元モーメントが発生する．この場合の運動方程式は以下となる．

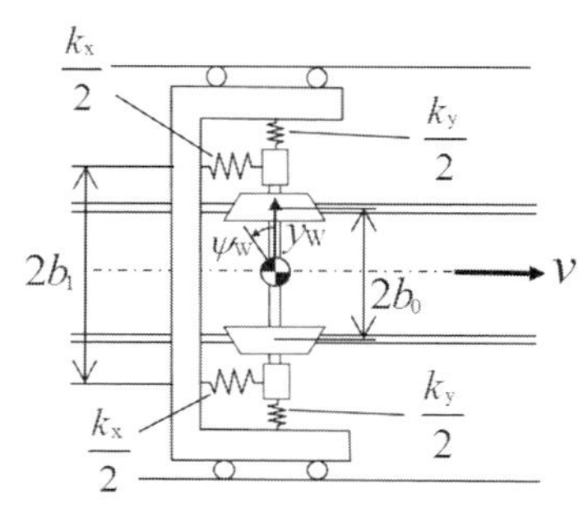


図 2.2.4 輪軸の軸ばね支持モデル

$$\left.\begin{aligned} m_W\ddot{y}_W + \frac{2\kappa}{v}\dot{y}_W - 2\kappa\psi_W + k_y y_W = 0 \\ m_W i_W^2\ddot{\psi} + \frac{2\kappa b_0^2}{v}\dot{\psi}_W + \frac{2\kappa b_0\gamma}{r_0}y_W + k_\psi\psi_W = 0 \end{aligned}\right\} \quad \cdots\cdots (2.2.11)$$

ここで $k_\psi = b_1^2 k_x$ [Nm/rad]であり，ヨー角変位に対する支持剛性となる．またクリープ係数については，後に続く式展開を簡略化するため縦・横クリープ係数を同一の値として $\kappa$ で与えている．このとき式(2.2.11)の特性方程式は以下となる．

$$m_W^2 i_W^2 s^4 + \frac{2\kappa\left(m_W b_0^2 + m_W i_W^2\right)}{v}s^3 + \left(m_W i_W^2 k_y + m_W k_\psi + \frac{2\kappa^2 b_0^2}{v}\right)s^2 + \frac{2\kappa\left(k_y b_0^2 + k_\psi\right)}{v}s + \left(k_y k_\psi + \frac{4\kappa^2 b_0\gamma}{r_0}\right) = 0 \quad \cdots\cdots (2.2.12)$$

この特性方程式は 4 次式であるが，例えばラウス・フルビッツの安定判別法（Routh-Hurwitz stability criterion）によって，各係数の関連性から安定性を判別できる．結果から述べると，ある走行速度に対し，解を安定化できる支持剛性 $k_y, k_\psi$ の組み合わせが存在する．一方，走行速度 $v$ が増大することで再び解が不安定となる場合もある．そこで，走行速度を無限大とし，それでもなお解が発散しない支持剛性の組み合わせについて考えてみる．走行速度を無限大とすることで式(2.2.12)の特性方程式は次のように簡略化される．

$$m_W^2 i_W^2 s^4 + \left(m_W i_W^2 k_y + m_W k_\psi\right) s^2 + \left(k_y k_\psi + \frac{4\kappa^2 b_0 \gamma}{r_0}\right) = 0 \qquad \cdots\cdots (2.2.13)$$

この式は $s^2$ をひとまとまりで見ると二次方程式であり，その解を求めると

$$s^2 = \frac{-\left(m_W i_W^2 k_y + m_W k_\psi\right) \pm \sqrt{\left(m_W i_W^2 k_y + m_W k_\psi\right)^2 - 4 m_W^2 i_W^2 \left(k_y k_\psi + \frac{4\kappa^2 b_0 \gamma}{r_0}\right)}}{2 m_W^2 i_W^2} \qquad \cdots\cdots (2.2.14)$$

となる．この式に関して，平方根の中身が正，つまり

$$\left(m_W i_W^2 k_y + m_W k_\psi\right)^2 - 4 m_W^2 i_W^2 \left(k_y k_\psi + \frac{4\kappa^2 b_0 \gamma}{r_0}\right) \geq 0 \qquad \cdots\cdots (2.2.15)$$

となれば $s^2$ は常に負の実数となり，これを $s$ について解くと純虚数となるため，運動は発散せず臨界安定（critically stable）となる．式(2.2.15)を $k_y, k_\psi$ に関して整理すると

$$\left|\frac{k_y}{m_W} - \frac{k_\psi}{m_W i_W^2}\right| \geq \frac{4\kappa}{m_W i_W}\sqrt{\frac{b_0 \gamma}{r_0}} \qquad \cdots\cdots (2.2.16)$$

となる．これを左右・ヨーの支持剛性 $k_y, k_\psi$ の平面で図示したものが図 2.2.5 である．

図示されるように，左右またはヨーの支持剛性のどちらかを大きくすることにより，輪軸の安定性を保つことができる．ここで特徴的なことは，左右と前後の両方の軸ばねを硬くしても，安定性が低い場合が存在することである．このように，輪軸は自励振動系であるがゆえに，支持剛性の組み合わせに対し複雑な安定・不安定の特性を示す．安定性をさらに詳しく解析する場合は，2.3 節や 2.4 節で述べる，台車モデル・車両モデルを用いた固有値解析を実施することとなる．

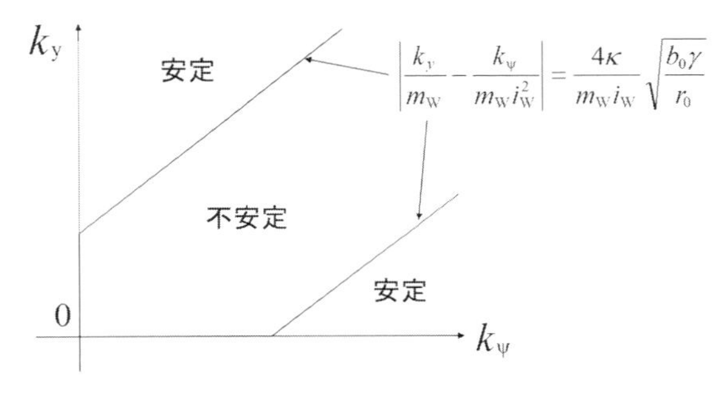


図 2.2.5　支持剛性と輪軸の安定性の関係

### 2.2.4　輪軸の曲線通過

輪軸は左右変位することで縦クリープ力を発生し，それがヨーモーメントとなる．この効果は曲線通過中の自己操舵機能という大きなメリットを生み出す．まず，図 2.2.6 に示すように，曲線走行する輪軸を考える．曲線では内軌と外軌の長さが異なるが，この上を滑らかに輪軸が転がるためには，内軌側と外軌側の車輪で半径差が生じ，縦クリープ力が発生しないことが求められる．このとき内軌側（図 2.2.6 では進行方向左側）車輪接触点の周方向の速度 $v_L$ [m/s]は

$$v_L = (R - b_0)\dot{\psi} = (r_0 - \gamma y_0)\Omega \qquad (2.2.17)$$

ここで $\Omega$ [rad/s]は車輪の転がり角速度，$\dot{\psi}$ [rad/s]は曲線中心から見た輪軸のヨー角速度，$y_0$ [m]は外軌側への輪軸左右変位量であり，後述する純粋転がり変位である．一方，外軌側（図 2.2.6 では右側）車輪接触点の周方向の速度 $v_R$ [m/s]は

$$v_R = (R + b_0)\dot{\psi} = (r_0 + \gamma y_0)\Omega \qquad (2.2.18)$$

となる．図 2.2.6 に示すように，車輪がクリープ力を発生させずに転がる，すなわち純粋転がり（pure rolling）する場合は

$$v_L : v_R = (R - b_0) : (R + b_0) \qquad (2.2.19)$$

の関係を満たす．この関係式から，純粋転がり変位 $y_0$ は

$$y_0 = \frac{b_0 r_0}{R\gamma} \qquad (2.2.20)$$

と求まる．純粋転がり変位は，曲線を走行する輪軸の左右運動の平衡点（equilibrium point）であり，この平衡点から左右変位するときに縦クリープ力が発生する．この純粋転がり変位の軌跡が純粋転がり線である．純粋転がり線を基準とした相対座標系から車輪の運動をみることによって，輪軸の運動方程式は直線走行の場合から，曲線走行の場合へ拡張できる．

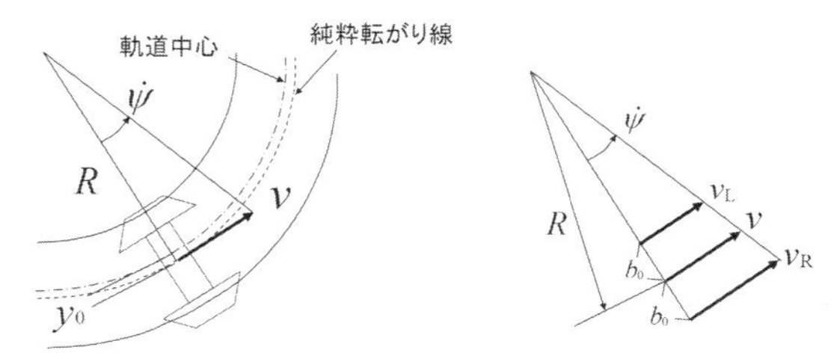


図 2.2.6　曲線通過中の輪軸

### 2.2.5　ブロック線図に基づく輪軸のダイナミクス

ブロック線図を用いて輪軸の曲線通過，フランジ接触，通り変位等を含め説明する．曲線を走行する輪軸は，純粋転がり線を基準とした相対座標系の運動として記述できる．このとき輪軸に作用する外力としては，曲線走行中の遠心力がある．カントが敷設されている場合，軌道面に平行な左右方向の力は超過遠心力（unbalanced centrifugal force）といい，以下で表される．

$$F_c = m_W\left(\frac{v^2}{R} - \frac{C}{G}g\right) \quad \cdots\cdots (2.2.21)$$

$R$：曲線半径 [m]，$C$：カント [m]，$G$：軌間 [m]，$g$：重力加速度 [m/s$^2$]

また，輪軸にはレールからの逸脱防止のためにフランジが設けられており，フランジ遊間（flange clearance）$\delta$ [m]をこえた左右変位に対し，レールの横剛性がばね力として作用する．以上のメカニズムを簡易的にブロック線図に表したものが図2 2.7である．

このようなブロック線図を用いれば，力学現象を図的に理解することが可能である．また，例えばMATLAB/Simulinkによって，積分や比例，入力信号を表すブロック，各種の非線形要素を配置することで，数値シミュレーションを比較的容易に実行できる．

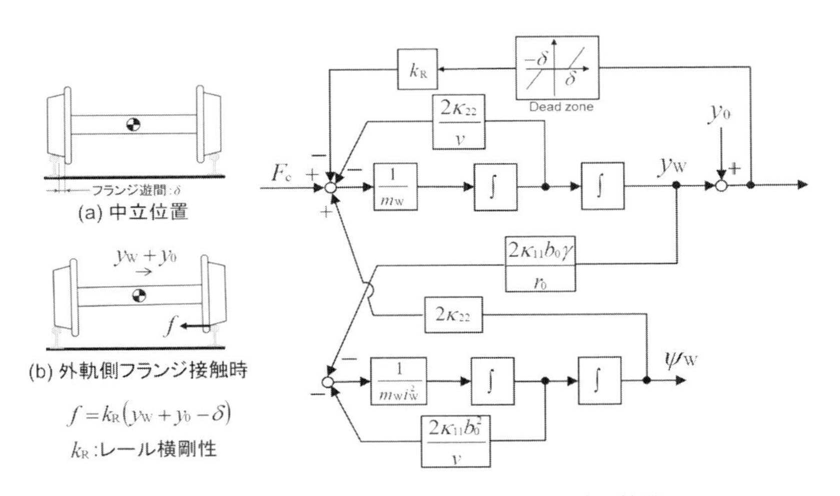


図 2.2.7　ブロック線図による曲線通過時の輪軸

軌道変位は輪軸の運動方程式に外乱として入力される．通り変位や軌間変位のようにレールが左右に $y_G$ だけ変位する場合，その外乱は車輪・レール間に作用するクリープ力を介して輪軸に与えられる．その際，車輪・レール間の横クリープ率に $y_G$ の時間微分の項 $\dot{y}_G$ を入れる間違いが論文等で見受けられる場合があるが，これはダイナミクスの解析者が陥りやすい誤りであるので注意が必要である．通り変位や軌間変位はレールの左右位置がずれている状態であって，転走する車輪に対してレールが左右方向の速度を持っているわけではない．踏面勾配のない円筒踏面の車輪が転走している場合を想像してみれば，通り変位や軌間変位があっても，その輪軸は左右に移動することなく真っ直ぐ転がっていくことは明らかである（図 2.2.8）．すなわち，横クリープ力は零で，車輪・レール間に左右のすべりは生じていない．このように，通り変位や軌間変位によって車輪とレールの接触点は時々刻々変化するが，レールは車輪に対して左右方向の相対速度を持たないのである．

レールが左右方向速度 $\dot{y}_G$ を持つのは，振動する吊り橋上の走行，地震により振動する軌道上の走行，車両試験装置での左右に加振した軌条輪上の走行などの場合である．

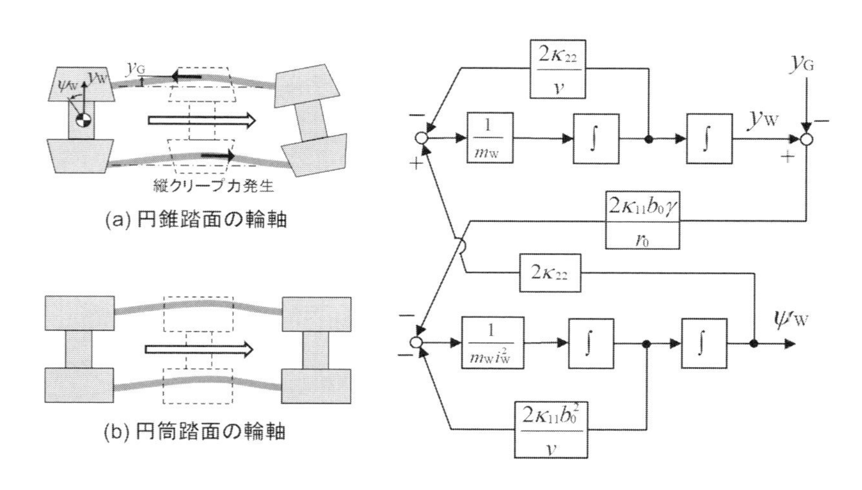


図 2.2.8　通り変位のある軌道上を転走する輪軸のブロック線図

## 2.3　台車の運動方程式

前節では輪軸単体を取り扱い，その特徴的なダイナミクスとして蛇行動と自己操舵機能について説明した．実際の車両運動解析では輪軸単体で曲線通過や走行安定性を定量的には議論できないため，台車や一車両にモデルを拡張する必要がある．ここでは典型的な台車として図 2.3.1 に示す二軸台車を取り上げ，運動方程式の構築と走行安定性解析，剛体台車の幾何学的蛇行動について述べる．

### 2.3.1　台車モデルの構成

二軸台車の場合，走行安定性を議論する際のモデル自由度としては，前後二つの輪軸および台車枠の左右変位・ヨー角を考慮した６自由度モデルで解析を行う．台車の運動方程式を構築する手順について説明する．モデル自由度が多い場合，クリープ力やばね力のつり合いから運動方程式を求めることはやや労力を要するため，ラグランジュ (Lagrange) の方法により運動方程式を導出する．しかしながら，車輪・レール間のクリープ力はエネルギー保存系ではないため，単純にラグランジュの方法を適用できない．そこでまず，車輪・レール間にクリープ力が発生しない状態（台車を空中に持ち上げた場合）を考える．このときの二軸台車の前軸，後軸，台車枠の運動エネルギーは以下となる．

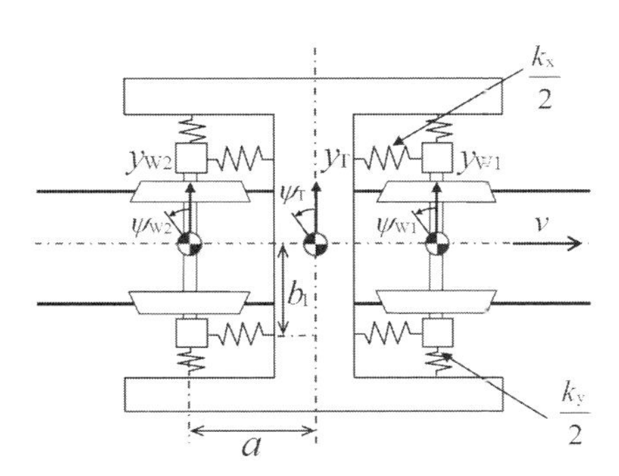


図 2.3.1　６自由度二軸台車モデル

$$T=\frac{1}{2}m_W\dot{y}_{W1}^2+\frac{1}{2}m_Wi_W^2\dot{\psi}_{W1}^2+\frac{1}{2}m_W\dot{y}_{W2}^2+\frac{1}{2}m_Wi_W^2\dot{\psi}_{W2}^2+\frac{1}{2}m_T\dot{y}_T^2+\frac{1}{2}m_Ti_T^2\dot{\psi}_T^2 \quad \cdots\cdots\cdots (2.3.1)$$

ここで $m_T$：台車枠質量 [kg]，$i_T$：台車枠の重心まわりヨー慣性半径 [m]を表す．

軸ばねによるポテンシャルエネルギーは

$$U=\frac{1}{2}k_x\left(b_1\psi_{W1}-b_1\psi_T\right)^2+\frac{1}{2}k_x\left(b_1\psi_{W2}-b_1\psi_T\right)^2$$
$$+\frac{1}{2}k_y\left(y_{W1}-y_T-a\psi_T\right)^2+\frac{1}{2}k_y\left(y_{W2}-y_T+a\psi_T\right)^2 \quad \cdots\cdots\cdots (2.3.2)$$

ここで $a$ [m]は台車軸間距離の半分である．式(2.3.1)，(2.3.2)よりラグランジュ関数 $L=T-U$ を求め，ラグランジュの運動方程式として

$$\frac{d}{dt}\left(\frac{\partial L}{\partial \dot{\mathbf{x}}}\right)-\frac{\partial L}{\partial \mathbf{x}}=\mathbf{0} \quad \cdots\cdots (2.3.3)$$

を計算することで運動方程式を導出できる．ただし，ここでは一般化座標（generalized coordinate）として

$$\mathbf{x}=\begin{bmatrix} y_{\mathrm{W1}} & \psi_{\mathrm{W1}} & y_{\mathrm{W2}} & \psi_{\mathrm{W2}} & y_{\mathrm{T}} & \psi_{\mathrm{T}} \end{bmatrix}^{\mathrm{T}}$$

と定義する．式(2.3.3)を具体的に計算すると以下の運動方程式を得る．

$$\mathbf{M}\ddot{\mathbf{x}}+\mathbf{K}\mathbf{x}=\mathbf{0} \quad \cdots\cdots (2.3.4)$$

ここで

$$\mathbf{M}=diag\left(m_{\mathrm{W}}, m_{\mathrm{W}}i_{\mathrm{W}}^2, m_{\mathrm{W}}, m_{\mathrm{W}}i_{\mathrm{W}}^2, m_{\mathrm{T}}, m_{\mathrm{T}}i_{\mathrm{T}}^2\right)$$

$$\mathbf{K}=\begin{bmatrix} k_{\mathrm{y}} & 0 & 0 & 0 & -k_{\mathrm{y}} & -k_{\mathrm{y}}a \\ 0 & k_{\mathrm{x}}b_1^2 & 0 & 0 & 0 & -k_{\mathrm{x}}b_1^2 \\ 0 & 0 & k_{\mathrm{y}} & 0 & -k_{\mathrm{y}} & k_{\mathrm{y}}a \\ 0 & 0 & 0 & k_{\mathrm{x}}b_1^2 & 0 & -k_{\mathrm{x}}b_1^2 \\ -k_{\mathrm{y}} & 0 & -k_{\mathrm{y}} & 0 & 2k_{\mathrm{y}} & 0 \\ -k_{\mathrm{y}}a & -k_{\mathrm{x}}b_1^2 & k_{\mathrm{y}}a & -k_{\mathrm{x}}b_1^2 & 0 & 2k_{\mathrm{x}}b_1^2+2k_{\mathrm{y}}a^2 \end{bmatrix}$$

である．次に車輪・レール間のクリープ力に起因する項を考える．輪軸単体の運動方程式(2.2.3)から，クリープ力の減衰行列$\mathbf{C}_{\mathrm{c}}$，復元力の行列$\mathbf{K}_{\mathrm{c}}$は以下となる．

$$\mathbf{C}_{\mathrm{c}}=\frac{1}{v}\begin{bmatrix} 2\kappa_{22} & 0 & 0 & 0 & 0 & 0 \\ 0 & 2\kappa_{11}b_0^2 & 0 & 0 & 0 & 0 \\ 0 & 0 & 2\kappa_{22} & 0 & 0 & 0 \\ 0 & 0 & 0 & 2\kappa_{11}b_0^2 & 0 & 0 \\ 0 & 0 & 0 & 0 & 0 & 0 \\ 0 & 0 & 0 & 0 & 0 & 0 \end{bmatrix}$$

$$\mathbf{K}_{\mathrm{c}}=\begin{bmatrix} 0 & -2\kappa_{22} & 0 & 0 & 0 & 0 \\ \frac{2\kappa_{11}b_0\gamma}{r_0} & 0 & 0 & 0 & 0 & 0 \\ 0 & 0 & 0 & -2\kappa_{22} & 0 & 0 \\ 0 & 0 & \frac{2\kappa_{11}b_0\gamma}{r_0} & 0 & 0 & 0 \\ 0 & 0 & 0 & 0 & 0 & 0 \\ 0 & 0 & 0 & 0 & 0 & 0 \end{bmatrix}$$

これら行列を式(2.3.4)と合成した

$$\mathbf{M}\ddot{\mathbf{x}}+\mathbf{C}_{\mathrm{c}}\dot{\mathbf{x}}+(\mathbf{K}+\mathbf{K}_{\mathrm{c}})\mathbf{x}=\mathbf{0} \quad \cdots\cdots (2.3.5)$$

が６自由度台車モデルの運動方程式となる．以上のように，クリープ力に関する項をわけ，ラグランジュの方法から求めたばね・ダンパを記述する行列と組み合わせることで簡単に運動方程式を構築できる．運動方程式が構築できれば，数値解析ソフトウエアを利用し固有値解析によって走行安定性を確認できる．

### 2.3.2　台車の曲線通過

台車の曲線通過においては，軌道の曲線半径が運動方程式にどのように取り込まれるか，また支持剛性がどのように輪軸の運動や台車姿勢に影響を与えるかに注目しなければならない．このとき，曲線軌道に沿った相対座標系で運動を記述することで台車の運動を平易に表現できる．

輪軸単体の場合，純粋転がり変位を左右変位の基準（平衡点）とすることで直線軌道における輪軸と同様に運動を記述できた．台車の場合，それに加えて前軸，後軸のヨー角に関する座標系を考慮しなければならない．前軸，後軸のヨー角の平衡点は，図 2.3.2(a)にあるように前軸・後軸それぞれの軌道法線方向に存在する．このとき，台車枠重心を基準に見ると前軸，後軸のヨー角は，曲率による座標系の変化によって

$$\left.\begin{aligned}\psi_{W1} &\to \psi_{W1} - \frac{a}{R}\\ \psi_{W2} &\to \psi_{W2} + \frac{a}{R}\end{aligned}\right\} \quad \cdots\cdots (2.3.6)$$

となり，これにより台車枠を介したばね力が作用する．このときのばね力は

$$\mathbf{K}\begin{bmatrix} y_{W1} \\ \psi_{W1} - \frac{a}{R} \\ y_{W2} \\ \psi_{W2} + \frac{a}{R} \\ y_T \\ \psi_T \end{bmatrix} = \mathbf{Kx} - \mathbf{K}\begin{bmatrix} 0 \\ \frac{a}{R} \\ 0 \\ -\frac{a}{R} \\ 0 \\ 0 \end{bmatrix} \quad \cdots\cdots (2.3.7)$$

となり，式(2.3.5)の運動方程式に，曲線半径 $R$ に反比例する外力項が付加される．

次に曲線中の輪軸・台車枠の姿勢について考察する．円曲線の走行を考える場合，式(2.3.5)の運動方程式の左辺における加速度・速度ベクトルを零と考え，以下の力の釣り合い式を得る．

$$(\mathbf{K} + \mathbf{K}_c)\mathbf{x} = \mathbf{K}\boldsymbol{\psi}_\rho + \mathbf{F}_c \quad \cdots\cdots (2.3.8)$$

ここで $\boldsymbol{\psi}_\rho$ は式(2.3.7)の一部

$$\boldsymbol{\psi}_{\rho} = \frac{a}{R} \cdot \begin{bmatrix} 0 & 1 & 0 & -1 & 0 & 0 \end{bmatrix}^{\mathrm{T}} \quad \cdots\cdots (2.3.9)$$

である．また$\mathbf{F}_{\mathrm{c}}$は輪軸や台車枠に作用する超過遠心力の項であり

$$\mathbf{F}_{\mathrm{c}} = \left( \frac{v^2}{R} - \frac{C}{G} g \right) \cdot \begin{bmatrix} m_{\mathrm{W}} & 0 & m_{\mathrm{W}} & 0 & m_{\mathrm{T}} & 0 \end{bmatrix}^{\mathrm{T}} \quad \cdots\cdots (2.3.10)$$

となる．式(2.3.8)から状態$\mathbf{x}$は

$$\mathbf{x} = \left( \mathbf{K} + \mathbf{K}_{\mathrm{c}} \right)^{-1} \left( \mathbf{K} \boldsymbol{\psi}_{\rho} + \mathbf{F}_{\mathrm{c}} \right) \quad \cdots\cdots (2.3.11)$$

と求まる．これを具体的に求めると輪軸，台車枠左右変位やヨー角が算出でき，台車姿勢を求めることができる．このとき輪軸の左右変位は純粋転がり変位を基準とした変位であり，軌道中心からの変位ではないことに注意する．また，輪軸のヨー角はアタック角（angle of attack）に等しい．アタック角とは，車輪進行方向と軌道の接線方向の成す角度であり，この角度が大きくなることで横圧の増大につながる．

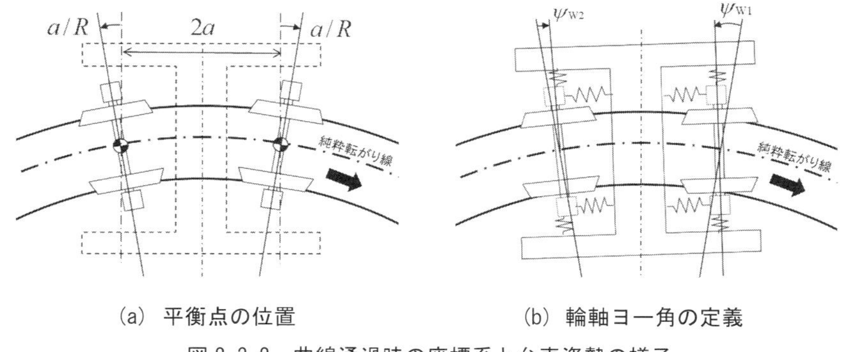


(a) 平衡点の位置　　(b) 輪軸ヨー角の定義

図 2.3.2　曲線通過時の座標系と台車姿勢の様子

軸ばねの前後支持剛性を，前後軸で非対称とすることで輪軸ヨー角（アタック角）が曲線半径によらず零となる条件が存在する．これは，前軸と後軸のそれぞれの左右変位による縦クリープ力をうまくつり合わせ，アタック角零を実現するパーフェクトステアリング条件（perfect steering condition）である．この特性を活用した，須田らの提案する軸箱支持剛性を前後非対称とした自己操舵台車[20]が有名であり，理論のみでなく実用化に至っている．また，アタック角低減を実現しつつ，走行安定性向上を狙

った前後軸ばね・ダンパ直列の前後支持機構[21]や，一体輪軸と独立回転輪軸を組み合わせた前後非対称操舵台車[22]，急曲線通過性能と走行安定性を踏面形状の工夫で両立する研究[23]についても報告がある．

本項に述べた考察は線形システムを対象にしたものであり，実際の急曲線では台車前軸の左右変位によりフランジ接触がおきる．また，輪径差やアタック角が大きくなるとクリープ率が増大し，クリープ力の飽和や無視できないスピンモーメントが発生する．そのため，急曲線においては線形クリープ力を仮定した理論は成り立たず，このような曲線走行で定量的な議論を行う場合は，第３章で説明するマルチボディ・ダイナミクスを活用した数値解析を実施することとなる．また，本章の 2.6 節では急曲線走行時の台車が発生する力について詳述しているので，そちらでさらに理解を深めてほしい．

### 2.3.3　台車の幾何学的蛇行動

台車のダイナミクスをより深く理解するために，台車モデルを簡略化し，台車の蛇行動特性について説明する．台車モデルの簡略化として，前後・左右の軸ばね剛性を無限大とした剛体台車モデルを扱う．軸ばね剛性を無限大とすることによって，台車枠重心の左右変位 $y_T$ [m]，ヨー角 $\psi_T$ [rad]に対して前軸，後軸それぞれの左右変位，ヨー角は以下となる．

前軸の左右変位 $y_{W1}$ [m]，ヨー角 $\psi_{W1}$ [rad]

$$\left.\begin{aligned} y_{W1} &= y_T + a\psi_T \\ \psi_{W1} &= \psi_T \end{aligned}\right\} \qquad (2.3.12)$$

後軸の左右変位 $y_{W2}$ [m]，ヨー角 $\psi_{W2}$ [rad]

$$\left.\begin{aligned} y_{W2} &= y_T - a\psi_T \\ \psi_{W2} &= \psi_T \end{aligned}\right\} \qquad (2.3.13)$$

４輪に作用するクリープ力の左右方向の合力，台車中心まわりのモーメントを算出することで，剛体台車の運動方程式は以下により記述される．

$$\left.\begin{aligned} & m_T\ddot{y}_T + \frac{4\kappa}{v}\dot{y}_T - 4\kappa\psi_T = 0 \\ & I_T\ddot{\psi}_T + \frac{4(a^2+b_0^2)\kappa}{v}\dot{\psi}_T + \frac{4\kappa b_0\gamma}{r_0}y_T = 0 \end{aligned}\right\} \qquad (2.3.14)$$

$m_T$：台車（台車枠と輪軸）の質量 [kg]，$I_T$：台車重心まわり慣性モーメント [kg・m$^2$]

この運動方程式は，式(2.2.3)で説明した輪軸単体の運動方程式とよく似た形となっている．準静的運動を考え，慣性項を無視すると以下の式となる．

$$\left.\begin{aligned}&\frac{4\kappa}{v}\dot{y}_{\mathrm{T}}-4\kappa\psi_{\mathrm{T}}=0\\&\frac{4\left(a^2+b_0^2\right)\kappa}{v}\dot{\psi}_{\mathrm{T}}+\frac{4\kappa b_0\gamma}{r_0}y_{\mathrm{T}}=0\end{aligned}\right\}\qquad\text{(2.3.15)}$$

この式から，左右変位の式を導出すると以下となる．

$$\ddot{y}_{\mathrm{T}}+\frac{v^2\gamma b_0}{(a^2+b_0^2)r_0}y_{\mathrm{T}}=0\qquad\text{(2.3.16)}$$

この式に示すとおり，剛体台車の運動は単振動となる．このときの台車の幾何学的蛇行動波長は以下となる．

$$S_2=S_1\sqrt{1+\frac{a^2}{b_0^2}}\qquad\text{(2.3.17)}$$

この式が示すとおり，輪軸単体の幾何学的蛇行動波長 $S_1$ [m]が，台車の幾何学的蛇行動波長 $S_2$ [m]に関連していることがわかる．また，例えば軸距を拡大することにより，波長が長くなるため，より安定性が高くなるといった知見を得ることもできる．ここでは慣性項を省略した運動に基づく知見ではあるが，これら性質は，より複雑なモデルであっても定性的に一致する場合が多い．

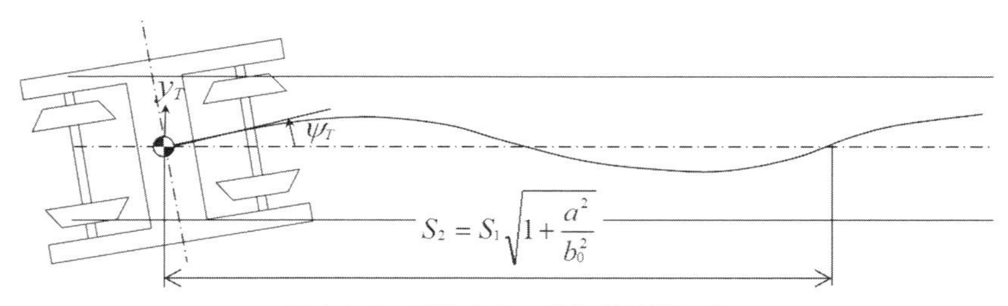


図 2. 3. 3　剛体台車の幾何学的蛇行動

## 2. 4　車両モデルの運動方程式

車両モデルの走行安定性解析として，二軸ボギー車両を例として扱う．一車両モデルの運動方程式は自由度が多く複雑なものと考えられるが，前節で説明した方法を使えば比較的容易に運動方程式を導出できる．導出した運動方程式に基づき，実際に走行安定性解析の例を示しながら説明する．

### 2.4.1　車両の運動方程式の導出

一車両の運動自由度として台車のモデル自由度に加え，車体の左右，ヨー，ロールの３自由度を加えた 17 自由度モデル（図 2.4.1）を考える．これら運動自由度の詳細は表 2.4.1 に示すとおりである．

この運動自由度は，車両の蛇行動安定性を解析することを目的としたものであり，例えば軌道の高低変位等に対する乗り心地評価を実施する場合は，車体や台車の上下

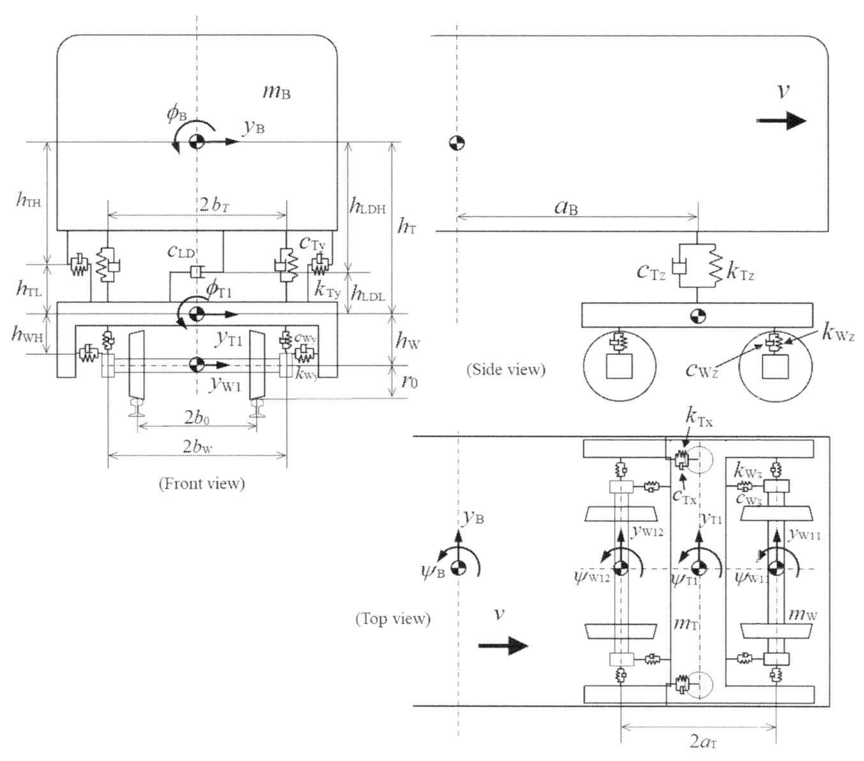


図 2.4.1　車両モデル

（車体前後中心線に対し対称に台車を有している）

表 2.4.1　一車両 17 自由度モデルの剛体毎の自由度

| 呼名 | 自由度 | | | 剛体別自由度 | 剛体数 | 自由度（合計） |
|---|---|---|---|---|---|---|
| 車体 | 左右 : $y_{\mathrm{B}}$ | ロール : $\phi_{\mathrm{B}}$ | ヨー : $\psi_{\mathrm{B}}$ | 3 | 1 | 3 |
| 台車枠 | 左右 : $y_{\mathrm{T}i}$ | ロール : $\phi_{\mathrm{T}i}$ | ヨー : $\psi_{\mathrm{T}i}$ | 3 | 2 | 6 |
| 輪軸 | 左右 : $y_{\mathrm{W}ij}$ | | ヨー : $\psi_{\mathrm{W}ij}$ | 2 | 4 | 8 |
| | | | | | 合計 | 17 |

＊下付き添え字の W は輪軸，T は台車枠，B は車体を示す．
$i$=1 は前台車，$i$=2 は後台車，$j$=1 は台車の前軸，$j$=2 は台車の後軸を示す．

並進，ピッチの自由度を考慮しなければならない．モデル自由度が増えた場合であっても，運動方程式導出の考え方は 2.3.1 項と同様の手順であり，クリープ力の部分と，ばね・ダンパによる剛性行列・減衰行列をわけて考えると効率的である．

なお，図 2.4.1 の軸ばね剛性 $k_{\mathrm{Wx}}, k_{\mathrm{Wy}}, k_{\mathrm{Wz}}$ は軸箱あたりの剛性であり，前節と表現が異なることに注意してほしい．また，下付き添え字の T1 は前台車，T2 は後台車，W11 は前台車前軸，W12 は前台車後軸，W21 は後台車前軸，W22 は後台車後軸を示す[3]．

台車の 1 次ばね系のばねのポテンシャルエネルギーは

$$
\begin{aligned}
U_{\mathrm{T}i} &= 2\cdot\frac{1}{2}k_{\mathrm{Wx}}\left(b_{\mathrm{w}}\psi_{\mathrm{T}i} - b_{\mathrm{w}}\psi_{\mathrm{W}i1}\right)^2 + 2\cdot\frac{1}{2}k_{\mathrm{Wx}}\left(b_{\mathrm{w}}\psi_{\mathrm{T}i} - b_{\mathrm{w}}\psi_{\mathrm{W}i2}\right)^2 \\
&\quad + 2\cdot\frac{1}{2}k_{\mathrm{Wy}}\left(y_{\mathrm{T}i} + a_{\mathrm{T}}\psi_{\mathrm{T}i} - h_{\mathrm{WH}}\phi_{\mathrm{T}i} - y_{\mathrm{W}i1}\right)^2 \\
&\quad + 2\cdot\frac{1}{2}k_{\mathrm{Wy}}\left(y_{\mathrm{T}i} - a_{\mathrm{T}}\psi_{\mathrm{T}i} - h_{\mathrm{WH}}\phi_{\mathrm{T}i} - y_{\mathrm{W}i2}\right)^2 \\
&\quad + 2\cdot\frac{1}{2}k_{\mathrm{Wz}}\left(b_{\mathrm{w}}\phi_{\mathrm{T}i} - b_{\mathrm{w}}\phi_{\mathrm{W}i1}\right)^2 + 2\cdot\frac{1}{2}k_{\mathrm{Wz}}\left(b_{\mathrm{w}}\phi_{\mathrm{T}i} - b_{\mathrm{w}}\phi_{\mathrm{W}i2}\right)^2 \qquad \cdots\cdots (2.4.1)
\end{aligned}
$$

である．ここで $i$=1 は前台車，$i$=2 とすれば後台車となる．また，輪軸のロール角は第 2 章の 2.1.3 項で説明した線形化定数 $\sigma$ を用いて以下のようになる．

$$
\phi_{\mathrm{W}ij} = \frac{\sigma}{b_0} y_{\mathrm{W}ij} \qquad \cdots\cdots (2.4.2)
$$

二つの台車と車体間の 2 次ばね系のばねのポテンシャルエネルギーは

[3] 二軸ボギー車両における軸の呼び方については，車両の進行方向前側から順に第 1 軸～第 4 軸と呼ぶ場合も多い．また，このときの第 3 軸を後台車第 1 軸，第 4 軸を後台車第 2 軸というように，台車単位で進行方向にそって第 1 軸（前軸），第 2 軸（後軸）ということもある．さらに車両の第 1 軸を先頭軸ということもある．

$$
\begin{aligned}
U_2 &= 2\cdot\frac{1}{2}k_{\mathrm{Tx}}\left(b_{\mathrm{T}}\psi_{\mathrm{B}}-b_{\mathrm{T}}\psi_{\mathrm{T1}}\right)^2+2\cdot\frac{1}{2}k_{\mathrm{Tx}}\left(b_{\mathrm{T}}\psi_{\mathrm{B}}-b_{\mathrm{T}}\psi_{\mathrm{T2}}\right)^2\\
&+2\cdot\frac{1}{2}k_{\mathrm{Ty}}\left(y_{\mathrm{B}}-h_{\mathrm{TH}}\phi_{\mathrm{B}}+a_{\mathrm{B}}\psi_{\mathrm{B}}-y_{\mathrm{T1}}-h_{\mathrm{TL}}\phi_{\mathrm{T1}}\right)^2\\
&+2\cdot\frac{1}{2}k_{\mathrm{Ty}}\left(y_{\mathrm{B}}-h_{\mathrm{TH}}\phi_{\mathrm{B}}-a_{\mathrm{B}}\psi_{\mathrm{B}}-y_{\mathrm{T2}}-h_{\mathrm{TL}}\phi_{\mathrm{T2}}\right)^2\\
&+2\cdot\frac{1}{2}k_{\mathrm{Tz}}\left(b_{\mathrm{T}}\phi_{\mathrm{B}}-b_{\mathrm{T}}\phi_{\mathrm{T1}}\right)^2+2\cdot\frac{1}{2}k_{\mathrm{Tz}}\left(b_{\mathrm{T}}\phi_{\mathrm{B}}-b_{\mathrm{T}}\phi_{\mathrm{T2}}\right)^2
\end{aligned}
\quad\cdots\cdots(2.4.3)
$$

となる．１次ばね系および２次ばね系のダンパの減衰力に関しては，以上に示したばねのポテンシャルエネルギーを参考に，ばね定数$k$を減衰係数$c$に置き換え 変位・角度をそれぞれ速度・角速度にして散逸関数を定義できる．そのため，ここではばねと並列のダンパの散逸関数については記述を省略する．

ばねと並列になっていない，左右動ダンパ（前台車側と後台車側の計２本）の散逸関数については以下となる．

$$
\begin{aligned}
D_{\mathrm{LD}} &= \frac{1}{2}c_{\mathrm{LD}}\left(\dot{y}_{\mathrm{B}}-h_{\mathrm{LDH}}\dot{\phi}_{\mathrm{B}}+a_{\mathrm{B}}\dot{\psi}_{\mathrm{B}}-\dot{y}_{\mathrm{T1}}-h_{\mathrm{LDL}}\dot{\phi}_{\mathrm{T1}}\right)^2\\
&+\frac{1}{2}c_{\mathrm{LD}}\left(\dot{y}_{\mathrm{B}}-h_{\mathrm{LDH}}\dot{\phi}_{\mathrm{B}}-a_{\mathrm{B}}\dot{\psi}_{\mathrm{B}}-\dot{y}_{\mathrm{T2}}-h_{\mathrm{LDL}}\dot{\phi}_{\mathrm{T2}}\right)^2
\end{aligned}
\quad\cdots\cdots(2.4.4)
$$

以上に定義したエネルギーから，支持機構による減衰行列，剛性行列を算出し，前節の手順に従ってクリープ力の項と合成することで運動方程式を導出できる．

数値解析ソフトウエア MATLAB の Symbolic Math Toolbox を利用することで，上記で定義したエネルギーから運動方程式を生成できる．付録 A３に在来線車両を想定した解析諸元（表 A3.1）とサンプルプログラムを用意したので活用いただきたい．

### 2.4.2　車両の固有値解析

前項で導出した一車両モデルの運動方程式について，固有値解析を実施する．前項で説明した支持機構によるばね力・減衰力およびクリープ力を反映した運動方程式を以下とする．

$$
\mathbf{M}\ddot{\mathbf{x}}+\mathbf{C}\dot{\mathbf{x}}+\mathbf{K}\mathbf{x}=\mathbf{0}\quad\cdots\cdots(2.4.5)
$$

これを状態方程式

$$
\frac{d}{dt}\begin{bmatrix}\dot{\mathbf{x}}\\ \mathbf{x}\end{bmatrix}=\begin{bmatrix}-\mathbf{M}^{-1}\mathbf{C} & -\mathbf{M}^{-1}\mathbf{K}\\ \mathbf{I} & \mathbf{0}\end{bmatrix}\begin{bmatrix}\dot{\mathbf{x}}\\ \mathbf{x}\end{bmatrix}\quad\cdots\cdots(2.4.6)
$$

に変換する．ここで$\mathbf{I}, \mathbf{0}$は単位行列，零行列であり前項の 17 自由度の車両運動モデルであれば 17×17 の正方行列となる．このとき

$$\mathbf{A} \equiv \begin{bmatrix} -\mathbf{M}^{-1}\mathbf{C} & -\mathbf{M}^{-1}\mathbf{K} \\ \mathbf{I} & \mathbf{0} \end{bmatrix} \quad \cdots\cdots (2.4.7)$$

と定義すると安定性を判別するための特性方程式は以下となる.

$$\det(s\mathbf{I} - \mathbf{A}) = 0 \quad \cdots\cdots (2.4.8)$$

走行速度をパラメータとし，固有値解析を実施した結果を図 2.4.2 に示す．図示されるように，固有値実部を見ると，走行速度約 150 m/s にて不安定化するモードが存在している．この不安定化するモードの固有値虚部を見ると，走行速度の増大により，値が増加している様子がわかる．このモードは蛇行動のモードといわれ，固有値虚部を見ると輪軸の幾何学的蛇行動，剛体台車の幾何学的蛇行動によって計算できる角速度の間に存在している.

車両の各パラメータ，特に軸箱の前後・左右支持剛性を変更することで，固有値実部が正となる速度が変化する．このときの速度を蛇行動限界速度（critical speed of hunting）という．蛇行動限界速度の向上には，例えば，踏面勾配を小さくする，軌間や軸距を大きくする，輪軸や台車の質量を小さくする，軸箱や枕ばねの支持剛性を大きくする，ヨーダンパを付与して減衰係数を大きくする，などが有効である．詳細については各種パラメータを変化させながら，固有値解析を実際におこなってみてほしい.

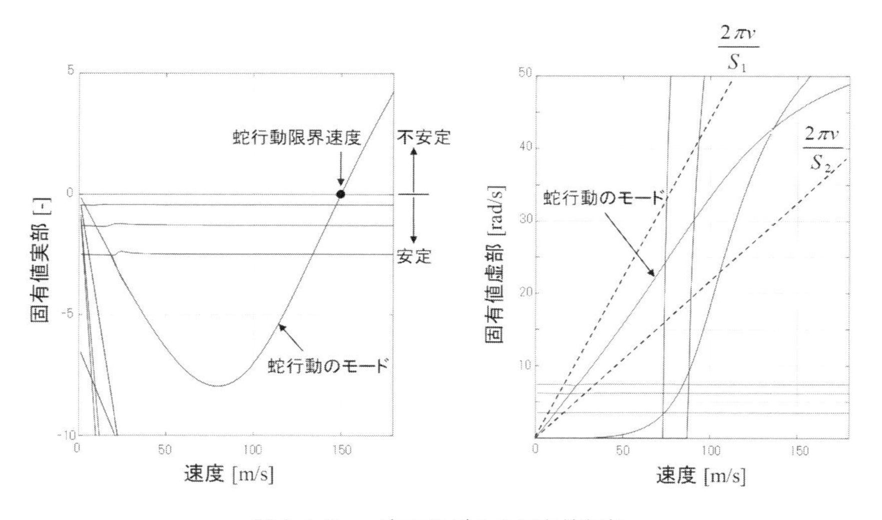


図 2.4.2　一車両モデルの固有値解析

## 2.5　車両転覆のモデル

制限を大幅に超過した速度で曲線を走行したり，強い横風を受けたとき，鉄道車両は大きな横力を受けて，まず片側の車輪がレールから離れ，さらにその車輪が上昇すると反対側の車輪のフランジがレール上に乗って，転倒する直前に軌間外へ脱線する（図 2.5.1）．このような脱線事故は，乗り上がり脱線とは原因やメカニズムが異なるため，特に転覆（overturn）と称し，脱線とは別の方法でその安全性を評価している．具体的には，評価指標として輪重減少率（2.5.1 項(1)，rate of off-loading）を用い，片側の輪重減少率が 1.0，すなわち，輪重（wheel load）が零になったときを転覆限界とする．また，横風を受けた車両の風上側輪重が零になるとき，車両は転覆を開始するか否かの限界にあると考えられることから，そのときの風速を特に転覆限界風速（critical wind speed of overturning）と呼んでいる．

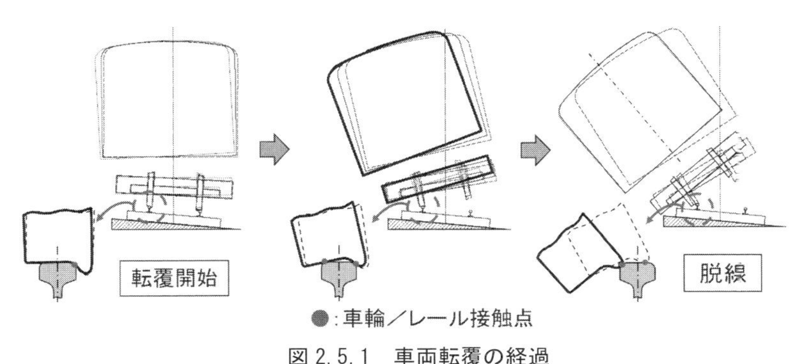


図 2.5.1　車両転覆の経過

### 2.5.1　國枝式

鉄道車両の転覆に関する力学的理論解析は最初に國枝博士によって行われ，1972 年に國枝式と呼ばれる転覆に対する安全性の評価法が提案された(24)．これは　車両に作用する外力と車輪・レール間に作用する力との静的なつり合いの関係から　車両が受ける横風の風速と風上側車輪の輪重減少率との関係を求めるものである．この計算式の特徴は，車体重心の変位に対する車両のばね系の影響を，風圧中心や車両重心の高さを 25 %増しとした有効高さを用いることで表現している点である．

基本的な考え方は剛体の転倒問題と同じであるが，鉄道車両の転覆に対する安全性を評価する場合には，特に①車両に作用する外力，②外力を受けた車体の左右変位に対する車両のばね系の影響，の二つを適切に考慮することが重要である．鉄道車両は防振のために軸ばね，まくらばねを有しているので，横力を受けると車体重心が左右に変位する（図 2.5.2）．その変位分だけ，回転中心となる車輪・レール接触点から車体に働く重力への腕の長さが減少し，転倒を防ごうとするモーメントが減るため，剛体車両よりも転覆しやすくなるのである．実際の鉄道車両では，過大な車体変位を抑える左右動ストッパ，上下動ストッパが転覆限界の向上に重要な役割を果たしている．

國枝式では，車両の転覆に大きな影響を及ぼす外力として，風による横力，曲線走行時の遠心力と重力，車体の横振動慣性力を考慮する（図 2.5.2）．

### (1) 転覆限界の計算モデル

図 2.5.3 に転覆限界風速計算モデルを示す．カントのついた曲線中では，図のように軌道面に沿った座標系を用い，軌道面に平行で車両進行方向と直角に交わる $y$ 軸，軌道面に垂直な $z$ 軸をとる．車両モデルとしては，半車両の断面モデルを用い，車体重心の左右変位 $y_B$ と車体重心まわりのロール変位 $\phi_B$ のみの 2 自由度を考慮する．また，車両内各輪の静止輪重，軸ばね・まくらばね定数は均一であると仮定し，カント角 $\theta$ と車体ロール角 $\phi_B$ は微小であるので，$\sin\theta = \theta$，$\sin\phi_B = \phi_B$，$\cos\theta = \cos\phi_B = 1$ と近似する．

図 2.5.3 に示す風下側の車輪・レール接触点 A まわりのモーメントのつり合いより，

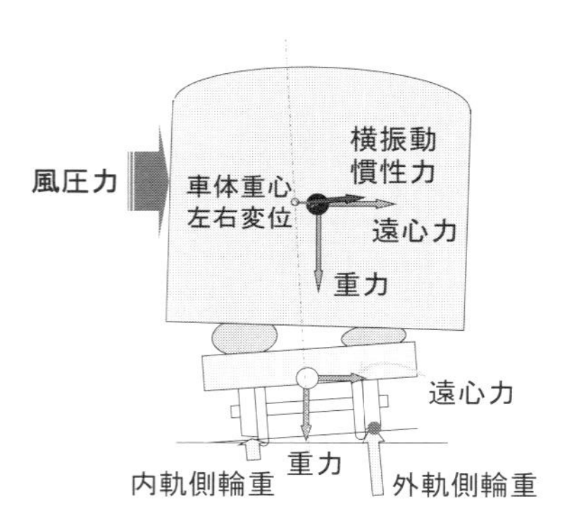


図 2.5.2　曲線を走行中に横風を受けた車両に作用する力

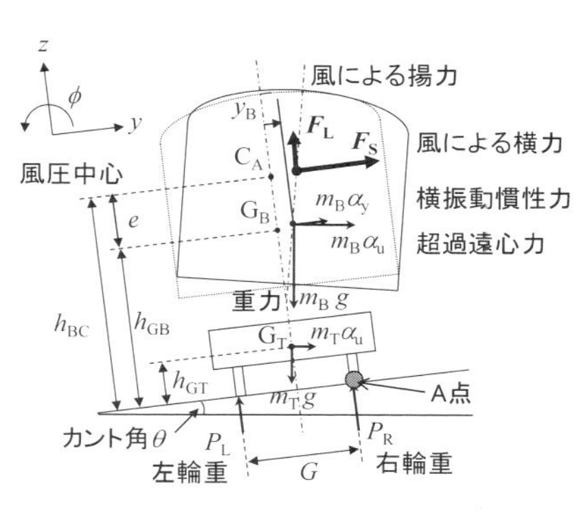


図 2.5.3　車両転覆の解析モデル

$$-GP_{\mathrm{L}} - h_{\mathrm{GT}} m_{\mathrm{T}} \alpha_{\mathrm{u}} - h_{\mathrm{GB}} m_{\mathrm{B}} (\alpha_{\mathrm{u}} + \alpha_{\mathrm{y}}) + \frac{G}{2} m_{\mathrm{T}} g$$

$$+ \left( \frac{G}{2} - y_{\mathrm{B}} \right) m_{\mathrm{B}} g - h_{\mathrm{BC}} F_{\mathrm{S}} - \left( \frac{G}{2} - y_{\mathrm{B}} + e\phi_{\mathrm{B}} \right) F_{\mathrm{L}} = 0 \quad \cdots\cdots (2.5.1)$$

$$\alpha_{\mathrm{u}} = \frac{v^2}{R} - \frac{C}{G} g, \quad C = G \tan\theta \quad \cdots\cdots (2.5.2)$$

$m_{\mathrm{B}}$：**半車体質量** [kg]，$m_{\mathrm{T}}$：**輪軸を含む台車質量** [kg]，$g$：**重力加速度** [m/s$^2$]

$\alpha_{\mathrm{u}}$ **は遠心力から重力の** $y$ **成分を除いた超過遠心加速度** [m/s$^2$]

$v$：**走行速度** [m/s]，$R$：**曲線半径** [m]，$C$：**カント** [m]

ここで，静止輪重$P_0$ [N]，輪重減少量$\Delta P$ [N]を用いて，左車輪の輪重$P_{\mathrm{L}}$ [N]を書き直すと，

$$P_{\mathrm{L}} = P_0 - \Delta P, \quad P_0 = \frac{(m_{\mathrm{B}} + m_{\mathrm{T}}) g}{2}, \quad D \equiv \frac{\Delta P}{P_0}$$

$$\therefore P_{\mathrm{L}} = \frac{(m_{\mathrm{B}} + m_{\mathrm{T}}) g}{2} (1 - D) \quad \cdots\cdots (2.5.3)$$

ただし，ここでの輪重は台車片側当たりの値である．また，輪重減少量$\Delta P$を静止輪重$P_0$で除した値$D \equiv \Delta P / P_0$を輪重減少率という．

式(2.5.3)を用いて式(2.5.1)を書き直し，輪重減少率$D$について解くと，次式が得られる．

$$D = \frac{2}{G} \cdot \frac{1}{1+\mu} y_{\mathrm{B}} + (h_{\mathrm{GB}} + \mu h_{\mathrm{GT}}) \frac{\alpha_{\mathrm{u}}}{g}$$

$$+ h_{\mathrm{GB}} \frac{\alpha_{\mathrm{y}}}{g} + h_{\mathrm{BC}} \frac{F_{\mathrm{S}}}{m_{\mathrm{B}} g} + \left( \frac{G}{2} - y_{\mathrm{B}} + e\phi_{\mathrm{B}} \right) \frac{F_{\mathrm{L}}}{m_{\mathrm{B}} g} \quad \cdots\cdots (2.5.4)$$

$\mu = \dfrac{m_{\mathrm{T}}}{m_{\mathrm{B}}}$：**台車・半車体質量比**

これが転覆に関する理論式であり，風速や超過遠心加速度，左右振動加速度等を代入することにより輪重減少率$D$を求めることができる．なお，國枝の報告では$D$を転覆の危険率と称している．また，$D=1$が転覆限界であり，このとき風上側車輪の輪重は零となる．國枝式では揚力$F_{\mathrm{L}}=0$とした次式を用いる．

$$D = \frac{2}{G} \cdot \frac{1}{1+\mu} y_{\mathrm{B}} + (h_{\mathrm{GB}} + \mu h_{\mathrm{GT}}) \frac{\alpha_{\mathrm{u}}}{g} + h_{\mathrm{GB}} \frac{\alpha_{\mathrm{y}}}{g} + h_{\mathrm{BC}} \frac{F_{\mathrm{S}}}{m_{\mathrm{B}} g} \quad \cdots\cdots (2.5.5)$$

### (2) 車両のばね系の影響

風上側の輪重が零となるまでの範囲では，車体の変位と角変位は微小であるので，式(2.5.4)において，$y_B$ [m]，$\phi_B$ [rad]は，車体重心に作用する横力 $F_B$ [N]，車体重心まわりのモーメント $M_B$ [Nm]を用いて，各々次式のように線形和の形で表すことができる．

$$\left.\begin{aligned} F_B &= F_S + m_B\alpha_u + m_B\alpha_y \\ M_B &= -eF_S \\ y_B &= C_y F_B + D_y M_B + y_{B0} \\ \phi_B &= C_\phi F_B + D_\phi M_B + \phi_{B0} \end{aligned}\right\} \quad \cdots\cdots (2.5.6)$$

ここで，$C_y, D_y, C_\phi, D_\phi$ は，左右動ストッパ，上下動ストッパに当たった後のストッパゴムを含む車両のばね系の影響を表す係数であり，以下のような意味を持つ．

$C_y$：単位横力当たりの重心の左右変位 [m/N]

$D_y$：単位モーメント当たりの重心の左右変位 [m/Nm]

$C_\phi$：単位横力当たりの重心のロール角変位 [rad/N]

$D_\phi$：単位モーメント当たりの重心のロール角変位 [rad/Nm]

$y_{B0}$ [m]，$\phi_{B0}$ [rad]はストッパ当たりを生じるまでの車体左右変位，ロール角変位にほぼ等しい．

式(2.5.6)および $C_\phi = D_y$ なる関係を用いて式(2.5.4)を整理すると次式を得る．

$$\begin{aligned} D = \frac{2}{G}\Bigg\{ & h_G^* \frac{\alpha_u}{g} + \left(h_G^* - \frac{\mu}{1+\mu}h_{GT}\right)\frac{\alpha_y}{g} + \frac{1}{1+\mu}y_{B0} + h_{BC}^* \frac{F_S}{(1+\mu)m_B g} \\ & + (-e^* + eb^*)\frac{F_S F_L}{(1+\mu)(m_B g)^2} + \left(\frac{G}{2} - y_{B0} + e\phi_{B0} - e^* \frac{\alpha_u + \alpha_y}{g}\right)\frac{F_L}{(1+\mu)m_B g}\Bigg\} \end{aligned} \quad \cdots\cdots (2.5.7)$$

ただし，

$$\left.\begin{aligned} h_G &= \frac{h_{GB} + \mu h_{GT}}{1+\mu} \\ h_G^* &= h_G + \frac{C_y}{1+\mu} m_B g \\ h_{BC}^* &= h_{BC} + (C_y - eD_y) m_B g \\ e^* &= h_{BC}^* - h_{BC} = (C_y - eD_y) m_B g \\ b^* &= (C_\phi - eD_\phi) m_B g \end{aligned}\right\} \quad \cdots\cdots (2.5.8)$$

$h_G^*$，$h_{BC}^*$ は車両のばね系の影響を等価的な車両重心高さと風圧中心高さで表したものであり，各々，有効車両重心高さ，有効風圧中心高さと呼ばれる．

### (3) 転覆限界風速

車両に作用する空気力は，1.3 節に述べたとおり，風速 $U$ を用いて次式の形で表されるので，式(2.5.7)を $D=1$ として $U$ について解けば，転覆限界風速 $U_{cr}$ が求められる．

$$\left.\begin{aligned}&\text{横力：}F_S=\frac{1}{2}C_S\rho U^2S_A\\&\text{揚力：}F_L=\frac{1}{2}C_L\rho U^2S_A\\&\text{風圧中心高さ：}h_{BC}=h_{B1}+\frac{C_{MR}}{C_S}h_{B2}\end{aligned}\right\}\qquad(2.5.9)$$

$\rho$：**空気密度** [kg/m$^3$]，$U$：**風速** [m/s]，$S_A$：**車体側面積** [m$^2$]

$h_{B1}$：**レール面上車体中心高さ** [m]，$h_{B2}$：**車体高さ** [m]

國枝式では，式(2.5.6)，式(2.5.7)で $y_{B0}=\phi_{B0}=0$，揚力 $F_L=0$ とし，有効高さを実高さの 1.25 倍としてストッパ当たりを含む車両のばね系の影響を考慮する．

$$D=\frac{2}{G}\left\{h_G^*\frac{\alpha_u}{g}+\left(h_G^*-\frac{\mu}{1+\mu}h_{GT}\right)\frac{\alpha_y}{g}+h_{BC}^*\frac{F_S}{(1+\mu)m_Bg}\right\}\qquad(2.5.10)$$

**有効車両重心高さ**：$h_G^*=h_G+\frac{1}{1+\mu}C_ym_Bg\approx1.25h_G$

**有効風圧中心高さ**：$h_{BC}^*=h_{BC}+(C_y-eD_y)m_Bg\approx1.25h_{BC}$

このとき，転覆限界風速は次式により計算できる．

$$U_{cr}=\sqrt{\frac{G(m_B+m_T)g}{h_{BC}^*\rho C_SS_A}}\cdot\sqrt{1-\frac{2h_G^*}{G}\left\{\frac{\alpha_u}{g}+\left(1-\frac{\mu}{1+\mu}\cdot\frac{h_{GT}}{h_G^*}\right)\frac{\alpha_y}{g}\right\}}\qquad(2.5.11)$$

転覆限界風速は，軌間や車両質量が大きいほど，あるいは風圧中心高さや空気力係数と車体側面積が小さいほど高くなり，各パラメータの平方根に比例または反比例することが式(2.5.11)よりわかる．

## 2.5.2　鉄道総研詳細式

國枝式による転覆限界風速の計算結果は，過去の転覆事故の推定風速値とよく一致しており，車両設計の際に転覆に対する安全性を照査する方法として広く用いられてきた．しかし，1986 年の余部橋梁転落事故以降，橋梁上などでは車両に大きな空気力が作用する場合のあることが明らかとなり，地上構造物と車両との組み合わせに応じた空気力係数が詳細に調べられると同時に，これと同程度の精度を有する転覆限界風速の計算式が必要となった．そこで，揚力 $F_L$ の影響も考慮した式(2.5.7)，(2.5.8)を用い，さらに車両の諸元やストッパ位置の違いなどが転覆限界風速に及ぼす影響が検討できるよう，代表的な構造の台車について，式(2.5.6)で定義した車両のばね系の影響を表す係数$C_y$，$D_y$，$C_\phi$，$D_\phi$，$y_{B0}$，$\phi_{B0}$を求め，これらを転覆限界風速の計算に使用する鉄道総研詳細式が提案された[(25)-(27)]．

車両のばね系の影響を表す係数を求めるにあたり，前述のとおり，車体重心の左右変位$y_B$と車体重心まわりのロール角変位$\phi_B$のみの２自由度を考慮する．図 2.5.4 にボルスタレス台車車両のばね系のモデル，図 2.5.5 に車体重心の変位図を示す．軸ばねは上下変位のみ考慮し，空気ばねは上下変位，左右変位を考慮する．軸箱は車軸中心高さの位置で前後左右に硬く弾性支持されているので，軸ばねによる車体ロール角変位を考える際の弾性中心は，軸ばね中心よりもむしろ車軸中心に近いと考えられる．したがって，外力を受けた車体は，車軸中心まわりに$-\phi_1$，空気ばね中心まわりに$-\phi_2$回転変位し，空気ばねの横剛性により$y_2$左右変位する．

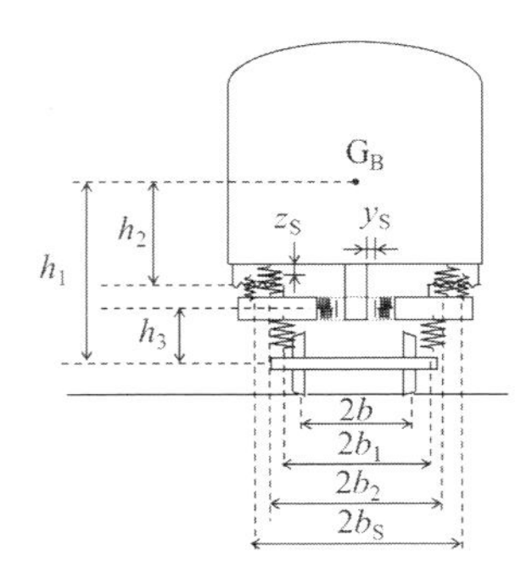


図 2.5.4　車両のばね系のモデルと記号

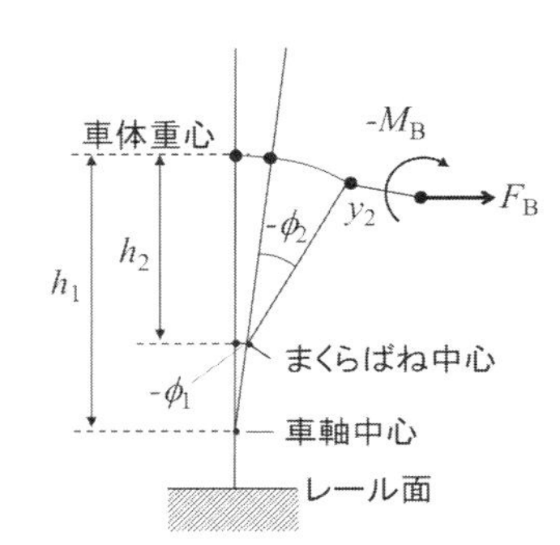


図 2.5.5　車体重心の変位図

車体重心の左右変位$y_B$，上下変位$z_B$と車体重心まわりのロール角変位$\phi_B$は近似的に次式で表される．

$$
\begin{aligned}
&y_B \approx -h_1\phi_1 - h_2\phi_2 + y_2, \quad \phi_B = \phi_1 + \phi_2 \\
&z_B \approx -\frac{1}{2}h_1\phi_1^{\,2} - \frac{1}{2}h_2\phi_2^{\,2} - h_2\phi_1\phi_2 + y_2\phi_1
\end{aligned}
\qquad (2.5.12)
$$

ストッパ当たりの条件は，図 2.5.4 の右側のストッパ当たりのみを考えれば，

左右：$y_2 + h_s'\phi_2 \geq y_s$，上下：$-b_2\phi_2 \geq z_s$　ただし，$h_s' = h_1 - h_2 - h_3$

したがって，車体重心に横力$F_B$，車体重心まわりにロールモーメント$M_B$が作用し，車体が変位することにより貯えられるポテンシャルエネルギー$U$ は，３次以上の項を省略すると以下のようになる．

$$U=\frac{1}{2}(4k_1b_1^2)\phi_1^2+\frac{1}{2}(2k_2b_2^2)\phi_2^2+\frac{1}{2}(2k_y)y_2^2 +\frac{1}{2}k_{ys}(y_2+h_s'\phi_2-y_s)^2+\frac{1}{2}k_{zs}(b_2\phi_2+z_s)^2+m_Bgz_B-M_B\phi_B-F_By_B \quad \cdots\cdots\cdots (2.5.13)$$

$k_1$：軸ばね上下ばね定数（1 軸箱あたり） [N/m]

$k_2$：空気ばね上下ばね定数（台車片側あたり） [N/m]

$k_y$：空気ばね左右ばね定数（台車片側あたり） [N/m]

$k_{ys}$：左右動ストッパゴムばね定数（台車片側あたり） [N/m]

$k_{zs}$：上下動ストッパゴムばね定数（台車片側あたり） [N/m]

系の静的なつり合い条件は,

$$\frac{\partial U}{\partial \phi_1}=\frac{\partial U}{\partial \phi_2}=\frac{\partial U}{\partial y_2}=0 \quad \cdots\cdots (2.5.14)$$

であるから，式(2.5.13), (2.5.14)より，$\phi_1$，$\phi_2$，$y_2$と$F_B$，$M_B$との関係式が得られる．それを式(2.5.12)に代入し，さらに式(2.5.6)の関係を用いて，車両のばね系の影響を表す係数$C_y$，$D_y$，$C_\phi$，$D_\phi$，$y_{B0}$，$\phi_{B0}$を求めることができる．２次以上の微小量と，実車の諸元を入力した際に影響の小さい重力復元力の項を無視し，ストッパゴム剛性がまくらばね剛性に比べて十分大きい（$k_{zs} \gg k_2,k_y,k_{ys}$）と仮定した場合の近似式は以下の式(2.5.15)のとおりである[(26)-(28)].

$$\left.\begin{aligned}
&K_1\equiv 4k_1b_1^2,\ K_2\equiv 2k_2b_2^2+k_{zs}b_s^2+k_r,\ K_y\equiv 2k_y+k_{ys}\\
&C_y=\frac{h_1^2}{K_1}+\frac{h_2^2}{K_2}+\frac{1}{K_y}+\frac{2k_{ys}h_2h_s'}{K_2K_y}\\
&C_\phi=-\frac{h_1}{K_1}-\frac{h_2}{K_2}-\frac{k_{ys}h_s'}{K_2K_y}\\
&D_y=C_\phi\\
&D_\phi=\frac{1}{K_1}+\frac{1}{K_2}\\
&y_{B0}=\frac{k_{ys}y_s}{K_y}+\left(1+\frac{k_{ys}h_s'}{K_yh_2}\right)\frac{h_2z_s}{b_s}\\
&\phi_{B0}=-\frac{z_s}{b_s}
\end{aligned}\right\} \quad \cdots\cdots (2.5.15)$$

$k_r$：アンチローリング装置の回転ばね定数 [Nm/rad]

なお，ダイレクトマウント式およびインダイレクトマウント式のボルスタ付きの台車もボルスタレス台車と同じ計算式が利用できる．これらと台車構造が異なる揺れまくらつり式台車（bogie with swing hanger），制御振子台車（bogie with tilting mechanism）については，計算式を付録 A 4 に記載する．

この結果を式(2.5.7)，式(2.5.8)に代入すれば，風洞試験により得られた空気力係数，風圧中心高さを用いて横風を受けた車両の輪重減少率や転覆限界風速が算出できる．

## 2.6 曲線通過時の輪重横圧推定式

急曲線部の出口側緩和曲線を低速で走行する車両の乗り上がり脱線に対する安全性を評価するために現在，車両の先頭軸（前台車前軸）外軌側車輪の輪重と横圧を計算する輪重横圧推定式を用いた推定脱線係数比が活用されている[29)-(31]．ここで低速とは，均衡速度（カントの付いた曲線区間を走行する車両に作用する超過遠心力が零になる速度）以下の速度をいう．曲線通過時の輪重，横圧を精度よく推定するには精微な車両運動モデルによる時刻歴シミュレーションを行う必要があるが，車両側の静止軸重，静止輪重の左右のアンバランス，軸ばねやまくらばねの硬さ，車両重心高さ，軌道側の曲線半径，カント，カント逓減倍率，軌道変位等の因子が輪重，横圧に及ぼす影響を効率的に評価し，同時に理解を深めるには，この輪重横圧推定式が有効である．本節では，静的解析モデルをベースに導かれた輪重横圧推定式を示し，その構成や考え方について記す．

### 2.6.1 輪重横圧推定式の考え方

左車輪のフランジがレールと接触してつり合っている状態の輪軸に作用する力を図 2.6.1 に示す．なお，外軌側車輪の横圧 $Q$ を輪重 $P$ で除した値を脱線係数[4]（derailment quotient, $Y/Q$ ratio，$L/V$ ratio）といい，脱線に対する安全性を評価する指標として用いられる[(32)]．本項では，外軌側に対応する内軌側の諸量に ′（ダッシュ）を付にて内軌側であることを表す．

[4] 脱線係数は脱線に対する安全性を評価する指標として世界中で広く用いられている．日本では横圧を $Q$，輪重を $P$ という記号で表すことから，脱線係数を $Q/P$（キューバイピー）と呼ぶことがある．なお，欧州では横圧を $Y$，輪重を $Q$，北米では横圧を $L$，輪重を $V$ と記す．したがって，脱線係数を欧州では $Y/Q$ ratio，北米では $L/V$ ratio という．

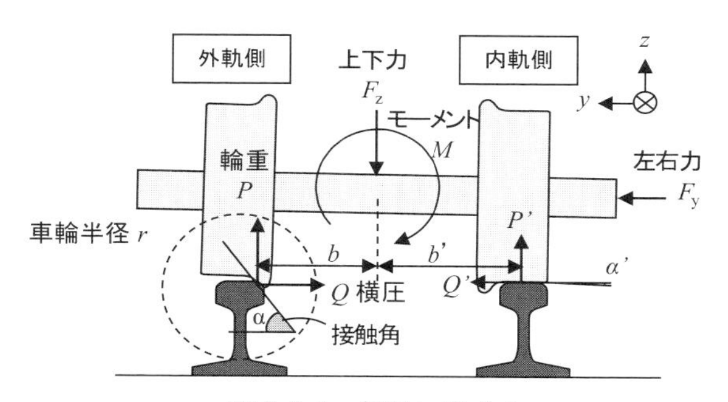


図 2.6.1　輪軸に働く力

輪軸重心に作用する左右及び上下方向の力とロールモーメントのつり合いは，次式で表される．

左右方向の力：$-Q+Q'+F_y=0$

上下方向の力：$P+P'-F_z=0$

ロールモーメント：$bP-rQ-b'P'+r'Q'+M=0$

左右および上下方向の力のつり合いより，

$$Q=Q'+F_y \quad \cdots\cdots (2.6.1)$$

$$P=F_z-P' \quad \cdots\cdots (2.6.2)$$

ここで $b\approx b'$，$r\approx r'$とすると，式(2.6.1)より得られる $Q'=Q-F_y$ をロールモーメントのつり合い式(2.6.2)に代入して

$$P=P'+\left(rF_y-M\right)/b \quad \cdots\cdots (2.6.3)$$

が得られる．

準静的なつり合い状態では，上下力 $F_z$ [N]はいわゆる軸重に等しいので，輪軸重心に作用する左右力 $F_y$ [N]と輪軸重心まわりのロールモーメント $M$ [Nm]が推定できれば，式(2.6.2)，(2.6.3)から内外軌側輪重が，さらに内軌側（踏面接触側）の横圧 $Q'$ [N]が求められれば，式(2.6.1)より外軌側横圧が各々算出できることがわかる．すなわち，輪重横圧推定式を導出するには，車両の実走行時に輪軸に作用する力とモーメントを推定すればよい．

また，式(2.6.3)からわかるように輪軸重心に働く左右力 $F_y$ は，外軌側横圧のみでなく，外軌側輪重 $P$ も増加させる．車輪・レール間の作用力を図 2.6.2 に示す．

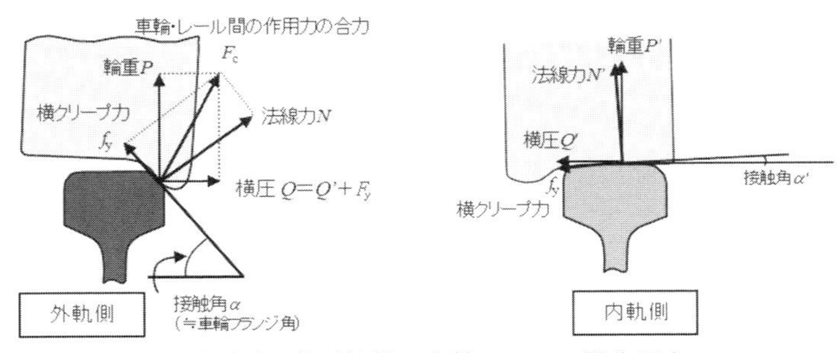


図 2.6.2　内外軌側の車輪・レール間作用力

車輪・レール間作用力のつり合いは，以下のとおりである．

**<左車輪（外軌側）>**

$$Q = N\sin\alpha - f_{\mathrm{y}}\cos\alpha\,,\quad P = N\cos\alpha + f_{\mathrm{y}}\sin\alpha$$

または，

$$f_{\mathrm{y}} = P\sin\alpha - Q\cos\alpha\,,\quad N = P\cos\alpha + Q\sin\alpha \qquad (2.6.4)$$

**<右車輪（内軌側）$\alpha'$＝1/20>**

$$Q' = N'\sin\alpha' + f'_{\mathrm{y}}\cos\alpha' \approx N'\alpha' + f'_{\mathrm{y}}$$

$$P' = N'\cos\alpha' - f'_{\mathrm{y}}\sin\alpha' \approx N' - f'_{\mathrm{y}}\alpha'$$

$$\therefore \frac{Q'}{P'} = \frac{\alpha' + (f'_{\mathrm{y}}/N')}{1-\alpha'(f'_{\mathrm{y}}/N')} \equiv \kappa \qquad (2.6.5)$$

内軌側車輪の横圧 $Q'$ [N]は，主たる成分が横クリープ力 $f'_{\mathrm{y}}$ [N]である．式(2.6.5)の $\kappa$ を内軌側横圧輪重比という．

輪軸への左右力 $F_{\mathrm{y}}$ による外軌側横圧の増分を $\Delta Q$，輪重および法線力の増分を $\Delta P$，$\Delta N$ とするとき，法線力の増加に伴うフランジ部の横クリープ力 $f_{\mathrm{y}}$ の変化を無視すると，式(2.6.4)において $\Delta f_{\mathrm{y}} = 0$ と置くことにより，次の近似式が得られる．

$$\Delta P = \Delta Q/\tan\alpha\,,\quad \Delta N = \Delta Q/\sin\alpha = \Delta P/\cos\alpha \qquad (2.6.6)$$

## 2.6.2　輪重推定式

静止輪重を $P_0$ とするとき，曲線走行中の外軌側輪重 $P$ は以下の式により，各成分の線形和として求めることができる．

$$P = P_0 - \Delta P_1 - \Delta P_2 - \Delta P_3 \qquad (2.6.7)$$

$\Delta P_1$：超過遠心力の影響 [N]，$\Delta P_2$：軌道面のねじれの影響 [N]

$\Delta P_3$：車体動揺や輪軸横圧の影響 [N]

静止輪重$P_0$ [N]は，左右車輪の平均輪重（静的軸重の半分）を$\overline{P_0}$ [N]，外軌側車輪の静止輪重比を$\gamma$とするとき，

$$P_0 = \gamma \cdot \overline{P_0} \qquad \cdots\cdots (2.6.7)'$$

である．

以下に式(2.6.7)右辺の各項の計算方法を記すが，特に断りのない限り，主な車両と軌道の諸元については次の記号を用いて表す．

$m_B$：半車体重量 [kg]，$m_T$：輪軸を含む台車質量 [kg]

$2a_T$：軸距 [m]，$2L$：台車中心間距離 [m]，

$2b$：左右接触点間隔 [m]，$2b_1$：左右軸ばね間隔 [m]，$2b_2$：左右まくらばね間隔 [m]

$k_1$：上下軸ばね定数（1 軸箱あたり） [N/m]

$k_2$：上下まくらばね定数（台車片側あたり） [N/m]

$v$：走行速度 [m/s]，$R$：曲線半径 [m]，$C$：カント [m]，$G$：軌間 [m]

### (1) 超過遠心力による輪重減少量 $\Delta P_1$

超過遠心力による輪重減少量$\Delta P_1$は2.5 節に述べた転覆のモデル(24)から導くことができる．微小な台車枠の左右変位を無視して台車を輪軸を含む剛体台車として扱い，車体，台車の超過遠心加速度を各々$\alpha_u$ [m/s$^2$]，$\alpha_{uT}$ [m/s$^2$]と表すとき，外軌側輪重の減少量$\Delta P_1$ [N]は次式で求められる．

$$\Delta P_1 = -\frac{1}{4b}\left[\left(C_y m_B g + h_{GB}\right) m_B \alpha_u + m_T h_{GT} \alpha_{uT}\right] \qquad \cdots\cdots (2.6.8)$$

$h_{GB}$：車体重心高さ（レール頭頂面から車体重心までの高さ） [m]

$h_{GT}$：台車重心高さ（レール頭頂面から台車（輪軸を含む）重心までの高さ） [m]

$\alpha_u \approx \alpha_{uT}$（円曲線上では一致）とし，車両重心高さ$h_G$ [m]を用いて式(2.6.8)を書き換えると，

$$\Delta P_1 = -\frac{1}{4b}\left(m_B + m_T\right) h_G^* \alpha_u \qquad \cdots\cdots (2.6.9)$$

$$\alpha_u = \frac{v^2}{R} - \frac{C}{G} g, \quad h_G = \frac{m_B h_{GB} + m_T h_{GT}}{m_B + m_T}, \quad h_G^* = h_G + \frac{m_B}{m_B + m_T} C_y m_B g$$

である．式(2.6.8)，式(2.6.9)には，カント超過のときに外軌側の輪重減少量$\Delta P_1$が正となるよう負号を付けた．式(2.6.9)の$h_G^*$は，式(2.5.10)と同様に，ばね系の影響を加味した等価的な車両重心高さであり，有効重心高さと呼ばれる．

上式の$C_y m_B g$は，車体重心に9.8 m/s$^2$（1.0 G）の加速度が加わったときにばね装置の変位により発生する車体重心の左右変位量を表した特性値である．この数値は計算もしくは現車試験で求めることができるが，二軸ボギー車両の場合，ゆれまくら装置を持つ車両では0.5～0.8 m，空気ばねのボルスタレス台車では0.3～0.5 mである．ばね間振子車両の場合には，ほぼ振子の長さ（振子回転中心～車体重心）になる．簡易に扱う場合には，転覆の場合と同じように有効車両重心高さを次式で定義する．

$$h_G^* = 1.25 \times h_G \quad \cdots\cdots (2.6.10)$$

式(2.6.10)を用いた計算値は，現車試験結果の平均的な値をうまく表現している場合が多い．

車両ばね系の特性値$C_y$は，以下の重力復元力等を省略した簡易式(2.6.11)，(2.6.12)から算出できる[26][28]．これらを用いれば，車両構造や諸元の相違を考慮したより詳細な推定が可能となる．

a．二軸ボギー車両の場合

$$C_y = \frac{h_0^2}{K_0} + \frac{h_1^2}{K_1} + \frac{h_2^2}{K_2} + \frac{1}{2k_y} \quad \cdots\cdots (2.6.11)$$

$$K_1 = 4k_1 b_1^2 \ \text{[Nm/rad]}, \quad K_2 = 2k_2 b_2^2 \ \text{[Nm/rad]}$$

$$K_0 = \begin{cases} m_B g(h_0' - h_0) & \text{（揺れまくらつり式台車の車両）[Nm/rad]} \\ \infty & \text{（空気ばね横剛性を利用した車両）} \end{cases}$$

$$k_y = \begin{cases} \infty & \text{（揺れまくらつり式台車の車両）} \\ k_y & \text{（空気ばね横剛性を利用した車両）[N/m]} \end{cases}$$

$h_0$：揺れまくらつり延長交点から車体重心までの距離 [m]

$h_1$：車軸中心から車体重心までの距離 [m]

$h_2$：まくらばね中心から車体重心までの距離 [m]

$h_0' = H_0' - H_G$：揺れまくらつり中立点から車体重心までの距離 [m]

$H_0' = (H_0^2 + a_0 b_0)/l$

$H_0$：揺れまくらつり下端からつり延長交点までの距離 [m]

$H_G$：揺れまくらつり下端から車体重心までの距離 [m]

$2a_0$：つりリンク下端間距離 [m]，$2b_0$：つりリンク上端間距離 [m]

$l$：リンク高さ [m]

$k_y$：空気ばね横剛性（台車片側あたりの空気ばね左右ばね定数） [N/m]

b. ばね間振子車両（付録 A4，図 A4.2）の場合

$$C_y = \frac{h_0}{m_B g} + \frac{(h_0 + h_1)^2}{K_1 - m_B g(h_0 + h_1)} \quad \cdots\cdots (2.6.12)$$

この場合の $h_0$ は，振子長さ（振子回転中心から車体重心までの距離）を表す．振子車両の場合，よく知られているように振子回転中心が高いと超過遠心力による輪重減少量が大きくなることが式(2.6.12)からもわかる．

(2) 軌道面のねじれによる輪重減少量 $\Delta P_2$

緩和曲線部ではカント逓減に伴う軌道面のねじれにより，軸ばねおよびまくらばねの伸縮による輪重増減が生じる．輪重減少量 $\Delta P_2$ は，台車内前後軸間のねじれによる軸ばねの伸び，前後台車中心間のねじれによる台車ばねの伸びによる輪重変化である（図 2.6.3）．一般に不静定（statically indeterminate）の問題となるので，台車および車体のねじり剛性を考慮して解析が行われている[33][34]．緩和曲線の構造的な平面性変位，局部的な軌道の平面性変位のほか，車体や台車枠が静的なねじれを有する場合も，同じ計算式がそのまま適用できる．計算に当たっては，以下の仮定が用いられている．

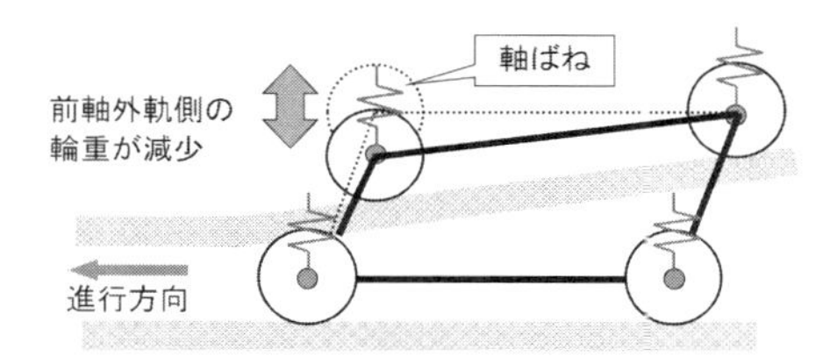


図 2. 6. 3　緩和曲線における台車の 3 点支持と軸ばね上下変位

・各位のばねは，ばね定数が均一である．

・ばねの横剛性は無限大である．

・重心高さの影響は考慮しない．

・車体および台車のねじり剛性は，長さ方向に均一である．

a. 二軸ボギー車両の場合

$$\Delta P_2 = \frac{1}{8}\left\{2 m_B g\left(\frac{e_x}{L} + \frac{e_y}{b}\right) + \frac{1}{b^2}\left(\frac{\delta'_L}{2} K_\phi + \delta'_{aT} k'_{\phi 1}\right)\right\} \quad \cdots\cdots (2.6.13)$$

$$\frac{1}{K_\phi} = \frac{1}{K_1} + \frac{1}{K_2 + k_\phi} + \frac{L}{G_{jB}}, \quad \frac{1}{k'_{\phi 1}} = \frac{2}{K_1} + \frac{1}{\dfrac{G_{jT}}{a_T} + k_\phi \dfrac{e}{2a_T}}$$

$$K_1 = 4k_1 b_1^2, \quad K_2 = 2k_2 b_2^2,$$

$$\delta'_L = \delta_{L1} + \delta_2, \quad \delta_{L1} = 2L/\lambda, \quad \delta'_{aT} = \delta_{aT1} + \delta_2, \quad \delta_{aT1} = 2a_T/\lambda$$

$e_x$：車体重心の $x$ 方向偏倚（へんい） [m]，$e_y$：車体重心の $y$ 方向偏倚 [m]

$k_\phi$：アンチローリング装置（トーションバー）の回転ばね定数 [Nm/rad]

$e$：台車中心からトーションバーまでの距離 [m]

$G_{jB}$：車体相当ねじり剛性 [Nm²/rad]，$G_{jT}$：台車相当ねじり剛性 [Nm²/rad]

$\delta'_L$：軌道の台車中心間平面性変位 [m]，$\delta_2$：軌道の局所的な水準変位 [m]

$\delta'_{aT}$：軌道の軸距平面性変位 [m]，$\lambda$：カント逓減倍率

なお，上式(2.6.13)で平面性変位をねじれ角 $\theta$ で表す場合には，$\theta=\delta/(2b)$ [rad]と置き換える．また，車体製作時のねじれ等により，台車の左右にあるまくらばね上部取付点が上下方向にずれている場合は，この影響を $\delta'_L$ に加えればよい．

b. 揺れまくらつり式二軸ボギー車両の場合

揺れまくらつり式二軸ボギー車両の場合には，式(2.6.13)において総合回転ばね定数 $K_\phi$ [Nm/rad]を以下により求める．$K_0$ [Nm/rad]は式(2.6.11)に示した揺れまくらつりリンク機構の等価ばね定数である．

$$\frac{1}{K_\phi}=\frac{1}{K_0}+\frac{1}{K_1}+\frac{1}{K_2+k_\phi}+\frac{L}{G_{jB}} \qquad (2.6.14)$$

実車の揺れまくらつり機構による等価ばね定数 $K_0$ は，軸ばねの項 $K_1$ とオーダー的に近い．すなわち，空気ばね車両のようにまくらばねが柔らかい場合には，式(2.6.14)の値がまくらばねロール剛性 $K_2$ によりほぼ決まり，揺れまくらつり機構の有無が軌道面のねじれによる輪重減少量 $\Delta P_2$ の計算結果に及ぼす影響は小さい．しかし，例えば旧型の通勤形電車のようにコイルばねをまくらばねに用いた車両では，まくらばねの上下ばね定数が大きいので，車両のロール剛性につりリンクの効果を考慮しないと，実際よりも大きい輪重減少量の計算値が得られる場合がある．

通常の二軸ボギー旅客車両では，台車相当ねじり剛性が軸ばね上下ばね定数に比べて十分大きいので，$G_{jT}=\infty$ としてよい．車体相当ねじり剛性についても，特に車体ねじれを期待した設計となっていない車両は，まくらばねに比して十分ねじり剛性が大きいので，$G_{jB}=\infty$ としても輪重減少量の計算結果はほとんど変らない．また，車体重心の前後，左右偏倚，車体や台車枠の静的なねじれに起因した左右静止輪重のアンバランスをあらかじめ式(2.6.7)'のように静止輪重比 $\gamma$ という形で考慮する場合には，$e_x=e_y=0$ とし，ねじれとして軌道面のねじれのみを入力すればよい．

### (3) 輪軸に作用する左右力（輪軸横圧）の影響による輪重減少量$\Delta P_3$

2.6.1 項に述べたとおり，輪軸に左右方向の外力が加わった場合には，外軌側車輪がフランジ反力としてこの輪軸横圧を支えるので，フランジ・レール接触点での法線力増加に伴う輪重変化が発生する．(1)で求めた超過遠心力による輪重減少量$\Delta P_1$については，剛体台車を仮定して式(2.6.8)の中に輪軸への左右力の影響を考慮しているので，それ以外の左右力$\Delta F_y$ [N]による輪重変化を考える．法線力，横圧の増加量を各々$\Delta N$ [N]，$\Delta Q$ [N]，接触角を$\alpha$ [rad]とするとき，輪重減少量$\Delta P_3$ [N]は，クリープ力の変化を無視して，式(2.6.6)と同様に以下の近似式で表される．

$$\Delta P_3 \approx -\eta \cdot \Delta F_y / \tan\alpha \quad \cdots\cdots (2.6.15)$$

上式の負号は，横圧を増加させる左右方向外力の場合，輪重も増加することを示す．式中の$\eta$は，$\Delta F_y < 0$のとき$\eta = 0$，$\Delta F_y \geqq 0$のとき$\eta = 1$とする補正係数である．ここで取り上げた輪軸への左右力$\Delta F_y$としては，ボルスタレス台車の車両が急曲線を通過する際のボギー角により発生する空気ばね前後変位を戻そうとするばね力や，台車後軸の旋回モーメントに起因した台車回転モーメントにより，台車枠が前軸を外軌に押し付ける力などがある．$\Delta F_y$の推定法については，次項 2.6.3 に述べる．

## 2.6.3　横圧推定式

曲線通過時の定常横圧は輪重に比べて車輪・レール間クリープ力の影響を大きく受けるため，理論解析式で計算した値は実車の測定値となかなか一致しない．そこで横圧推定式は，曲線通過時の輪重と台車転向横圧との関係，車体振動加速度と横圧との関係をある程度理論的に定式化し，車輪・レール間の等価的な摩擦係数（coefficient of friction : COF）や先頭軸（前台車前軸）の横圧負担割合などを現車試験データや時刻歴シミュレーション結果を用いて定めるという実用的な方法に基づいて導かれている[29][30]．

低速走行時に限り，軌道変位や台車蛇行動による衝撃的な横圧，車両動揺による横圧変動を無視すると，曲線通過中の先頭軸外軌側に発生する横圧は，次式により求められる．

$$Q = \Delta Q_1 + \Delta Q_2 + \Delta Q_3 \quad \cdots\cdots (2.6.16)$$

$\Delta Q_1$：先頭軸の転向横圧 [N]，$\Delta Q_2$：超過遠心力による横圧 [N]

$\Delta Q_3$：ボギー角（台車・車体間の相対ヨー角）により生じる輪軸横圧 [N]

### (1) 転向横圧 $\Delta Q_1$

車両が曲線を走行するとき，先頭軸がアタック角を持つため，内外軌の亘輪・レール間に曲線外方に向かう横クリープ力が発生する．2.6.1 項に述べたとおり，外軌側横圧の主たる成分は，内軌側横圧すなわち，内軌側車輪踏面・レール間の横クリープ力である．これを転向横圧 $\Delta Q_1$ と呼ぶこととすると，$\Delta Q_1$ は次式で求められる．

$$\Delta Q_1 = Q' = \kappa P' \quad \cdots\cdots (2.6.17)$$

ここで，$P'$ [N]は内軌側の輪重を，$\kappa$ は式(2.6.5)に記した内軌側横圧輪重比（inside $Y/Q$ ratio）$Q'／P'$を表す．

転向横圧あるいは内軌側横圧輪重比 $\kappa$ は，車輪・レール間の摩擦係数 $\mu$ や台車・輪軸の転向性能の影響を受ける．摩擦係数 $\mu$ が大きい場合や曲線半径が小さい場合は，内軌側横圧輪重比 $\kappa$ が増加する．このほか，内外軌の車輪回転半径差を取りにくい踏面形状であったり，台車の軸箱前後支持剛性が大きいなど，曲線通過性能の悪い車両は内軌側横圧輪重比 $\kappa$ が大きくなる傾向にある．そこで横圧推定式では，時刻歴シミュレーション結果および実測データを踏まえ，車輪踏面形状別（円錐踏面と円弧・修正円弧踏面）に，図 2.6.4 に示す $\kappa$ のモデルを用いる．

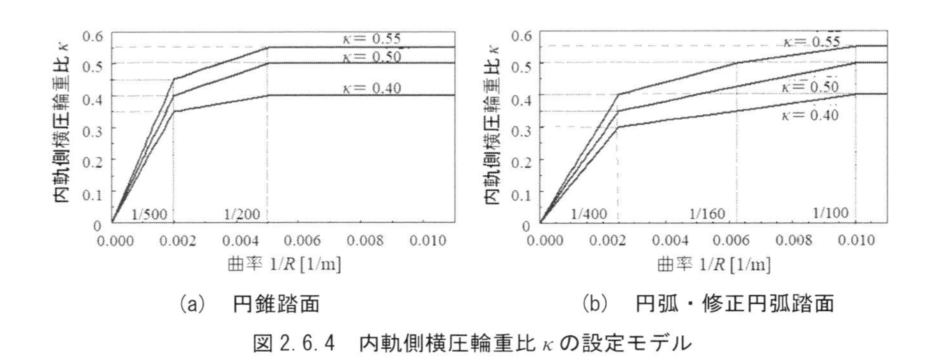


(a)　円錐踏面　　(b)　円弧・修正円弧踏面

図 2.6.4　内軌側横圧輪重比 $\kappa$ の設定モデル

### (2) 超過遠心力による横圧 $\Delta Q_2$

転覆モデルと同じ考え方で，左右方向の力のつり合いから，定常的な超過遠心力による横圧 $\Delta Q_2$ を求めることができる．輪軸を含む剛体台車として扱い，車体，台車の超過遠心加速度を $a_u$ [m/s$^2$]，$a_{uT}$ [m/s$^2$]と表すとき，

$$\Delta Q_2 = \frac{1}{2}\left(m_B\alpha_u + m_T\alpha_{uT}\right) \quad \cdots\cdots (2.6.18)$$

等価的な超過遠心加速度を改めて $a_u \approx a_{uT}$ （円曲線上では一致）とすれば,

$$\Delta Q_2 = \frac{1}{2}\left(m_B + m_T\right)\alpha_u = 2\overline{P}_0\frac{\alpha_u}{g} \quad \cdots\cdots (2.6.19)$$

$2\overline{P}_0$ ：軸重 [N], $\alpha_u = \frac{v^2}{R} - \frac{C}{G}g$ [m/s²]

である．

### (3) ボギー角による輪軸横圧 $\Delta Q_3$

曲線通過中の前台車は，図 2.6.5 のようなボギー角を取る．ボルスタレス台車では，曲線全区間走行中に空気ばね前後支持剛性による台車回転復元モーメントが，側受支持台車では，入口緩和曲線から円曲線中にかけて側受による回転抵抗モーメントが作用すると考えられる．ボギー角を $\psi_B$ [rad]と書くと，このボギー角に起因するモーメント $M_\psi$ [Nm]は次式で表される．

$$M_\psi = \begin{cases} 2k_{2x}b_2^2\psi_B & \text{（ボルスタレス台車）} \\ 2b_s\mu_s N_s & \text{（側受支持台車）} \end{cases} \quad \cdots\cdots (2.6.20)$$

ただし，側受支持台車・出口緩和曲線の場合は $M_\psi = 0$ となる．

$\psi_B \approx L/R$, $k_{2x}$：空気ばね前後ばね定数（台車片側あたり） [N/m]

$2b_2$：左右まくらばね間隔 [m], $2b_s$：左右側受間隔 [m]

$\mu_s$：側受の摩擦係数, $N_s$：側受荷重 [N]

曲線通過中には，式(2.6.20)で表される台車回転モーメント $M_\psi$ を台車の前後軸で主

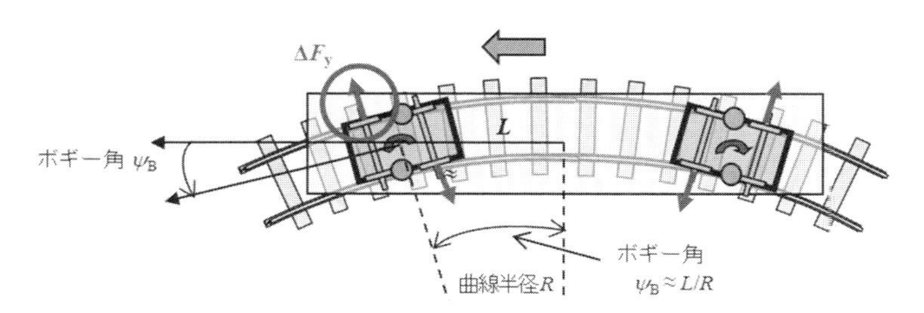


図 2.6.5　曲線通過中の車両の姿勢とボギー角

に左右力として支えるので，前軸では，外軌側横圧（フランジ反力）の増加につながると考えられる．ただし，出口緩和曲線においては曲率が徐々に減少していくので，側受支持台車の場合には円曲線中のボギー角を維持し，外軌側フランジがレールから離れていく方向と考えられ，モーメント$M_\psi$はむしろ零とする方がよい．

このような台車回転モーメントは，式(2.6.20)の成分のみでなく，前後軸の車輪・レール間に作用する前後クリープ力によっても発生し，その影響を大きく受ける．したがって，常に前後軸が$M_\psi$を均等に支持すると考えるよりも，曲線半径や台車の転向性能に応じて変化する前軸の負担率を定義しておく方が実用的である．このような前軸負担率を$\beta$とすると，ボギー角による輪軸横圧$\Delta Q_3$は，次式により求められる．

**a. ボルスタレス台車**

$$\Delta Q_3 = \beta \cdot M_\psi / a_T = \beta \cdot 2k_{2x} b_2^2 L / (a_T R) \quad \cdots\cdots (2.6.21)$$

急曲線低速走行の時刻歴シミュレーションを行った結果，前軸の負担率$\beta$は，車輪踏面形状や軸箱支持剛性の相違よりむしろ内軌横圧輪重比$\kappa$（摩擦係数$\mu$）により変化することから，次式で設定する．

**a. 1. 内軌横圧輪重比$\kappa \leqq 0.5$のとき**

$$\beta = \begin{cases} 0.7 & : R \le 200\ \mathrm{m} \\ 0.7 \times \dfrac{380 - R}{180} & : 200\ \mathrm{m} < R \le 1000\ \mathrm{m} \\ -2.4 & : 1000\ \mathrm{m} < R \end{cases} \quad \cdots\cdots (2.6.22)$$

**a. 2. 内軌横圧輪重比$\kappa > 0.5$のとき**

$$\beta = \begin{cases} 0.7 & : R \le 160\ \mathrm{m} \\ 0.7 \times \dfrac{310 - R}{150} & : 160\ \mathrm{m} < R \le 1000\ \mathrm{m} \\ -3.2 & : 1000\ \mathrm{m} < R \end{cases} \quad \cdots\cdots (2.6.23)$$

急曲線低速走行時の乗り上がり脱線に関する検討に際しては，軌道面のねじれにより外軌側輪重が減少，内軌側輪重が増加する出口緩和曲線区間での検討が中心となるので，側受支持台車では前述のとおり$M_\psi = 0$とする．

**b. 側受支持台車**

$$\Delta Q_3 = 0 \quad \cdots\cdots (2.6.24)$$

前軸負担率$\beta$は，曲線区間を均衡速度より高い速度で走行すると，式(2.6.22)，式(2.6.23)で計算される値とのずれが大きくなる場合があるので，そのことを十分認識したうえで横圧推定式を活用する必要がある．

## 2.6.4　輪重横圧推定式による試算例

図 2.6.6 に輪重横圧推定式による計算値と走行試験で得られた外軌側の輪重，横圧，脱線係数の実測値とを比較した結果の例を示す．図 2.6.6 より，計算値は概ね実測値の平均的なところを捉えていることがわかる．

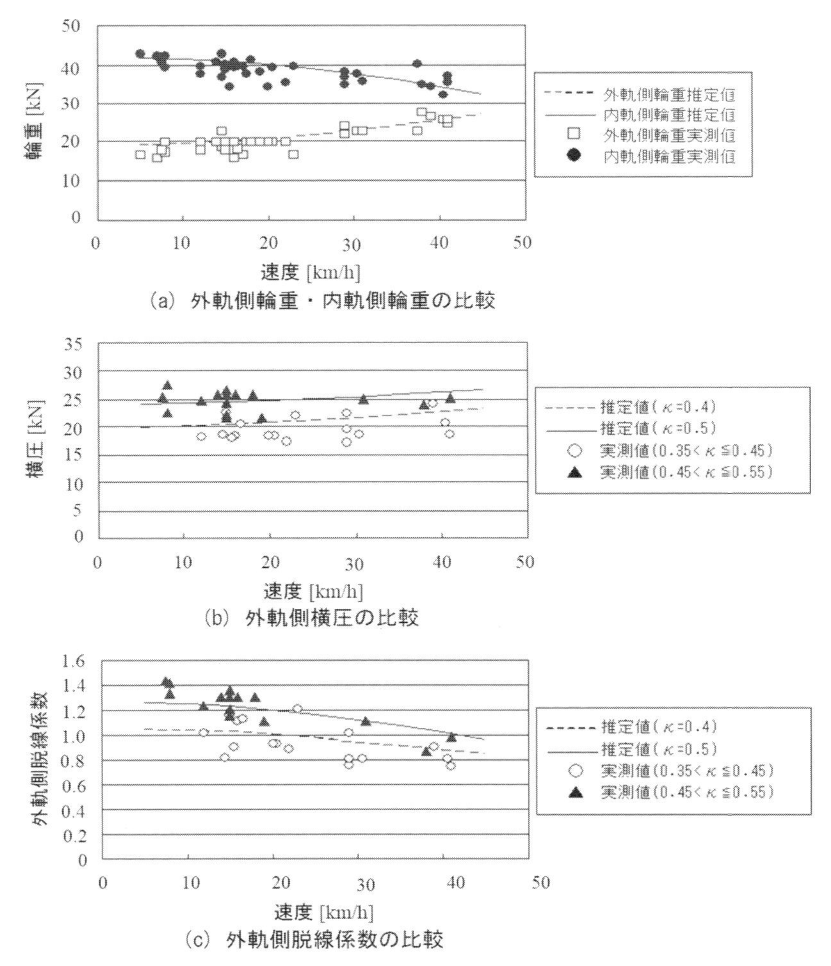


図 2.6.6　輪重横圧推定式による計算値と実測値との比較例[29]

### 2.6.5　輪重横圧推定式による曲線通過シミュレーションの一例

以上に述べた輪重横圧推定式を用いて，二軸ボギー車両の曲線通過の計算例を示す．車両のパラメータは，先に固有値解析を実施した車両の諸元表 A3.1（付録 A３）とし，フランジ角については 65° とする．

まず，入力する軌道の線形として，曲率を以下のように定義する．

（直線 30 m→入口緩和 45 m→定常 90 m→出口緩和 45 m→直線 30 m，曲線半径 200 m，カント 125 mm）

$$\frac{1}{R(x)}=\begin{cases} 0 & (x\le x_{\mathrm{BTC}}) \\ \dfrac{1}{R_{\mathrm{CC}}}\left(3\dfrac{(x-x_{\mathrm{BTC}})^2}{(x_{\mathrm{BCC}}-x_{\mathrm{BTC}})^2}-2\dfrac{(x-x_{\mathrm{BTC}})^3}{(x_{\mathrm{BCC}}-x_{\mathrm{BTC}})^3}\right) & (x_{\mathrm{BTC}}<x\le x_{\mathrm{BCC}}) \\ \dfrac{1}{R_{\mathrm{CC}}} & (x_{\mathrm{BCC}}<x\le x_{\mathrm{ECC}}) \\ -\dfrac{1}{R_{\mathrm{CC}}}\left(3\dfrac{(x-x_{\mathrm{ECC}})^2}{(x_{\mathrm{ETC}}-x_{\mathrm{ECC}})^2}-2\dfrac{(x-x_{\mathrm{ECC}})^3}{(x_{\mathrm{ETC}}-x_{\mathrm{ECC}})^3}\right)+\dfrac{1}{R_{\mathrm{CC}}} & (x_{\mathrm{ECC}}<x\le x_{\mathrm{ETC}}) \\ 0 & (x>x_{\mathrm{ETC}}) \end{cases} \quad \cdots\cdots (2.6.25)$$

ここで，$R_{\mathrm{CC}}$ は定常曲線（円曲線）における曲線半径，$x_{\mathrm{BTC}}$ は入口緩和曲線の始点，$x_{\mathrm{BCC}}$ は定常曲線の始点，$x_{\mathrm{ECC}}$ は定常曲線の終点，$x_{\mathrm{ETC}}$ は出口緩和曲線の終点である．また，$C_{\mathrm{CC}}$ を定常曲線におけるカント量として，カントを以下に定義する．

$$C(x)=\begin{cases} 0 & (x\le x_{\mathrm{BTC}}) \\ C_{\mathrm{CC}}\cdot(x-x_{\mathrm{BTC}})/(x_{\mathrm{BCC}}-x_{\mathrm{BTC}}) & (x_{\mathrm{BTC}}<x\le x_{\mathrm{BCC}}) \\ C_{\mathrm{CC}} & (x_{\mathrm{BCC}}<x\le x_{\mathrm{ECC}}) \\ C_{\mathrm{CC}}\cdot(x_{\mathrm{ETC}}-x)/(x_{\mathrm{ETC}}-x_{\mathrm{ECC}}) & (x_{\mathrm{ECC}}<x\le x_{\mathrm{ETC}}) \\ 0 & (x>x_{\mathrm{ETC}}) \end{cases} \quad \cdots\cdots (2.6.26)$$

次に図 2.6.4 の内軌側横圧輪重比 $\kappa$ の設定モデルとして，円弧・修正円弧踏面で $\kappa$ が 0.4 に飽和するモデルを選ぶ．得られた横圧・輪重の結果を図 2.6.7 に示す．図示されるように，先頭軸外軌側の輪重は，出口側緩和曲線で小さくなり，横圧は大きくなる傾向にある．これにより，図 2.6.8 の脱線係数は出口側緩和曲線で最大値を取る傾向が確認できる．これら計算結果のサンプルプログラムを，付録 A５に記載するので活用いただきたい．

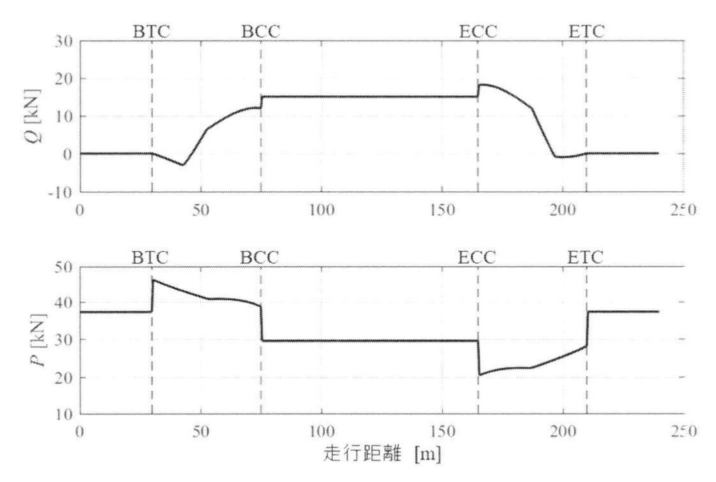


図 2.6.7　先頭軸外軌側の横圧・輪重の波形

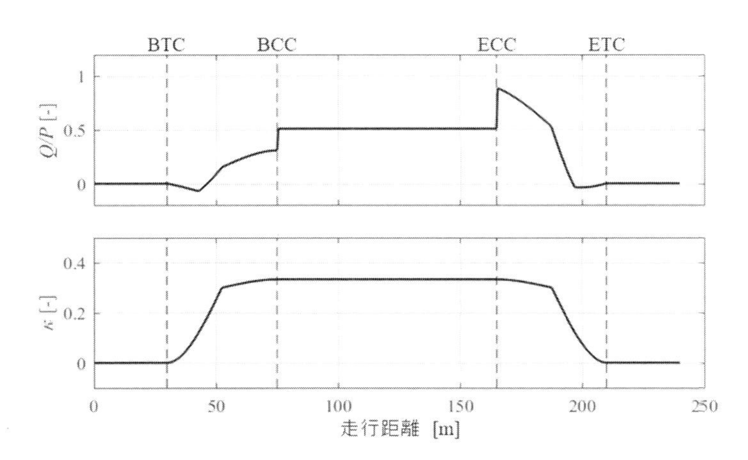


図 2.6.8　先頭軸外軌側の脱線係数，内軌側の横圧輪重比の波形

## 第２章の参考文献

(1) Kalker, J. J. : Survey of wheel/rail rolling contact theory, Vehicle System Dynamics, Vol.8, No.4, pp. 317-358, 1979.

(2) Shen, Z. Y., Hedrick, K. J. and Elkins, J. A. : A comparison of alternative creep force models for rail vehicle dynamic analysis, Proc. of 8th IAVSD Symposium, pp. 591-605, 1983.

(3) Kalker, J. J. : Three-dimensional elastic bodies in rolling contact, Solid mechanics and its applications, Vol.2, Kluwer Academic Publishers, 1990.

(4) Goree, J. G. and Law, A. H. : User's manual for Kalker's simplified nonlinear creep theory, Department of Transportation Report, No.FRA/ORD/78/06, 1977.

(5) Wickens, A. H. : Office of research and experiment (ORE) of the International Union of Railways (UIC), Question C116, Report 4, 1974.

(6) 日本機械学会編：多自由度モデルによるボギー車のだ行動解析，車両研究会乗心地向上分科会 CDWG 報告書，1985.

(7) Johnson, K. L. : Contact Mechanics, Cambridge University Press, 1987.

(8) 石田弘明，松尾雅樹，藤岡健彦：鉄道車両用輪軸の高周波輪重変動下における走行安全性評価に関する研究，日本機械学会論文集 C 編，Vol.71，No.702，pp.454-461，2005.

(9) 藤岡健彦，井口雅一：鉄道車両の運動力学に関する基礎的考察（第 1 報，接触幾何学），日本機械学会論文集 C 編，Vol.49，No.444，pp.1354-1363，1983.

(10) 佐藤栄作, 宮本昌幸, 鉄道車両の車輪と軌条輪の接触幾何, 日本機械学会論文集 C 編, Vol.59, No.562，pp.1686-1693，1993.

(11) 石田弘明, 宮本昌幸: 試験台上試験による車両諸元の同定, 日本機械学会論文集 C 編, Vol.56, No.528，pp.2123-2131，1990.

(12) 日本機械学会編：鉄道車両のダイナミクス―最新の台車テクノロジー，pp.20-22，1994.

(13) 日本機械学会編：車両システムのダイナミックスと制御，養賢堂，pp.124-127，1999.

(14) Wickens, A. H.: Fundamentals of rail vehicle dynamics -guidance and stability-, SWETS & ZEITLINGER PUBLISHERS，p.59，2003.

(15) Frederich, F. : Possibility as yet unknown or unused regarding the wheel/rail tracing mechanism, Rail International, pp.217-232, 1985.

(16) 小松祐太，杉山博之，道辻洋平，須田義大：逆踏面勾配車輪を有する独立回転輪軸の走行安定性に関する研究，日本機械学会論文集 C 編，Vol.76，No.771，pp. 3077-3085，2010.

(17) Suda, Y., Michitsuji, Y. and Sugiyama, H. : Next generation unconventional trucks and wheel-rail interfaces for railways, International Journal of Railway Technology, Vol.1, Issue 1, pp.1-29, 2012.

(18) 道辻洋平，志賀亮介，須田義大，林世彬，牧島信吾：走行安定性と曲線通過性能を両立する傾斜軸 EEF 台車の提案と運動解析，日本機械学会論文集，Vol.83，No.851，p. 17-00068，2017.

(19) 松平精，車輪軸のだ行動，鉄道業務研究資料，Vol.9，No19，p.16-26，1952.

(20) Suda, Y. : High speed stability and curving performance of longitudinally unsymmetric trucks with semi-active control, Vehicle System Dynamics, 23, pp.29-52, 1994.

(21) 谷藤克也，森山淳：操舵性と走行安定性を両立させる輪軸支持機構のパラメータ決定，日本機械学会論文集 C 編，Vol.67，No.662，pp.3236-3242，2001.

(22) 須田義大，前城正一郎，西村隆一，松本陽，佐藤安弘，大野寛之，谷本 益久，宮内 栄二：後軸に独立回転車輪を用いた自己操舵台車の曲線旋回性能，日本機械学会論文集 C 編，Vol.64，No.628，pp. 4764-4769，1998.
(23) Matsumoto, A, Sato, Y., Tanimoto, M. and Oka, Y. : Experimental and theoretical study on the dynamic performance of steering bogie in sharp curve, Vehicle System Dynamics, Vol.30, pp.559-575, 1999.
(24) 國枝正春：鉄道車両の転ぷくに関する力学的理論解析，鉄道技研報告，No.793，pp.1-15，1972.
(25) 日比野有，石田弘明，宮本昌幸：制御振子車両の転覆に関する静特性解析，日本機械学会第 5 回交通・物流部門大会講演論文集，No.96-51，pp.177-180，1996.
(26) 日比野有，石田弘明：車両の転覆限界風速に関する静的解析法，鉄道総研報告，Vol.17，No.4，pp.39-44，2003.
(27) 日比野有，下村隆行，谷藤克也：鉄道車両の転覆限界速度に関する静的解析式の検証，日本機械学会論文集 C 編，Vol.75，No.758, pp.2605-2612，2009.
(28) 小柳志郎：曲線高速車両の静特性，鉄道技研報告，No.855，1973.
(29) 運輸省鉄道事故調査検討会：帝都高速度交通営団 日比谷線中目黒駅構内列車脱線衝突事故に関する調査報告書，2000.
(30) 内田雅夫，高井秀之，村松裕成，石田弘明：輪重横圧推定式による乗り上がり脱線に対する安全性評価，鉄道総研報告，Vol.15，No.4，pp.15-20，2001.
(31) 石田弘明：車両の走行安全性を向上する，第 19 回鉄道総研講演会要旨集「より安全な鉄道輸送をめざして -鉄道総研 20 年のあゆみと今後の取り組み-」，pp.27-36，2006.
(32) 鉄道総研編：在来鉄道運転速度向上試験マニュアル・解説，pp.67-96，1993.
(33) 國枝正春：2 軸鉄道車両の輪重配分に関する理論解析，鉄道技研報告 No.394，1964.
(34) 小柳志郎：二軸ボギー車の静的輪重配分，鉄道技研報告，No.505，1965.

# 第3章　車両運動シミュレーション

車両を運動方程式で表現し，計算機上のプログラムに書き込み，数値積分（numerical integration）によって車両の運動を時刻歴（time history）で導出することを車両運動シミュレーション（vehicle dynamics simulation）と呼んでいる．車両運動シミュレーションを実施するためのソフトウエアは，ニュートン・オイラーの運動方程式を数値積分することを基本としてきたが，近年では運動方程式の自動導出や，各種非線形要素モデルのライブラリの充実，剛体を弾性体に置き換えて弾性変形解析と連成した運動解析など，より複雑な問題を取り扱えるように発展してきた．

本章でははじめに解析の目的，座標系や自由度の選択について説明し，実際に市販されている Simpack を例に一車両モデルの解析の流れを示す．また，さらに詳細な車両運動モデルを構築するために必要な，鉄道車両の各部のモデル化（modeling）について詳述し，最近の車両設計や車両制御の動向についても触れる．

## 3.1　解析目的と座標系・自由度の選択

車両運動シミュレーションの代表的な目的を以下に挙げる．

・直線での高速走行安定性の解析

・曲線通過性能の解析

・直線または曲線での軌道変位に対する車両応答

・脱線現象，車両転覆など走行安全性の検証

これらの問題については，第2章で述べたような比較的簡易なモデルを使って現象を理解することも可能である．しかしながら，より詳細かつ定量的な議論が必要となった場合，多体系動力学（マルチボディ・ダイナミクス，multibody dynamics : MBD）に基づいたモデル化と解析が求められる場合がある．このようなモデル化に基づき運動解析を実施することで，車両の各パラメータが結果にどう影響するのかを把握でき，車両の開発・設計に応用できる．

運動方程式を記述するにあたって，最初に座標系を決める必要がある．典型的な二つの座標系を図 3.1.1 に示す．運動方程式自体を比較的わかりやすく求めることができるのは車両移動座標系である．これは図 3.1.1(a)のように車両の中心に座標系を定義し，車両の走行とともに移動する．この座標系を導入することで，加減速による慣性力と

連結器等による前後力が無視できる場合は，各剛体の前後方向の自由度を省略できる．また，第２章の 2.3.2 項で述べたように，車両移動座標系により曲線通過性能を解析する場合には，車両が曲線に沿って走行する際に生じる遠心力を，剛体各部に作用力として与えつつ，各輪軸下の軌道にそって左右・ヨーイングの原点を与える．

典型的な蛇行動解析では，車両の左右動およびヨーイングに着目する．このとき，車両移動座標系を用いて全ての剛体の前後および上下の並進自由度は無視する．車両が一定速度で走行する前提では，輪軸の回転角速度は一定と仮定して，輪軸のピッチングは省略する．車体と台車枠のピッチングも微小なものとして無視する　さらに，直線走行中の蛇行動に関する解析を行う場合には，車輪の踏面形状を左右対称の等価踏面勾配で表現することで，輪軸のローリングは左右変位の従属変数になる．これらにより輪軸の自由度は，左右とヨーの２自由度に減らすことができる．この結果，一つの車両を第２章で述べた表 2.4.1 に示す 17 自由度で運動を表すことができる．

一方で，座標系原点を地上の一点に固定し，その原点からの運動を解析する場合には，図 3.1.1(b)の地上固定座標系を用いる．地上固定座標系で運動を記述するには，絶対座標を基準に車両姿勢の位置・回転変換を伴いながら運動方程式を解くことになる．そのため運動方程式の数値解法は，車両移動座標系の場合よりも難しくなる．しかしながら，車両移動座標系の運動方程式では，曲線通過の際に車体のヨーイングや超過遠心力の項を外力として付加する必要があるが，地上固定座標系を用いる場合にはその操作が不要になる．また，車両に作用するコリオリ力も，地上固定座標系であれば最初から考慮されている．地上固定座標系で一車両モデルを構築する場合　車両を構成する７つの剛体（１車体，２台車枠，４輪軸）に並進と回転の６自由度を付すと 42 自由度の運動方程式となる．最近の市販の車両運動解析プログラムでも，多くは 42 自由度を定義しているものと考えられる．参考として，表 3.1.1 には鉄道車両の運動解析プログラムの例を示している．

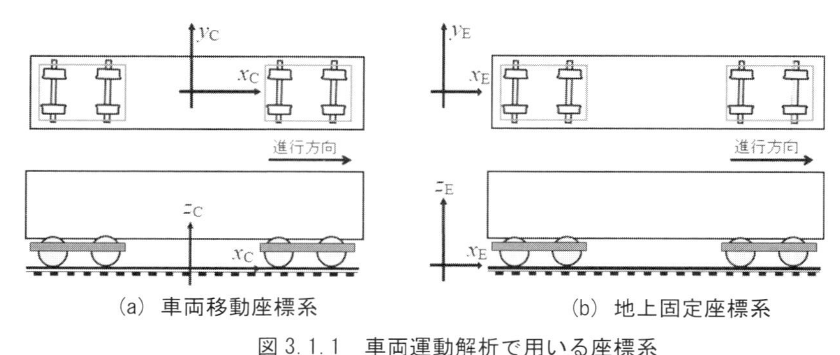


(a) 車両移動座標系　　　(b) 地上固定座標系

図 3.1.1　車両運動解析で用いる座標系

表 3.1.1　市販の車両運動解析プログラムの例[1]（2017 年時点 著者調べ）

| 名称 | メーカー |
|---|---|
| Simpack | Dassault Systemes（フランス） |
| VI-RAIL | VI-grade（ドイツ） |
| VAMPIRE | Resonate（英国） |
| NUCARS | TTCI（米国） |
| VOCO | IFSSTAR（フランス） |
| GENSYS | DESolver（スウェーデン） |

## 3.2　車両運動シミュレーションの実例

### 3.2.1　シミュレーションの手順

汎用マルチボディ・ダイナミクスソフトウエアには，入手可能なプログラムパッケージが複数ある．この中から Simpack[(1)]を例に車両走行シミュレーションの例を示す．図 3.2.1 に Simpack を用いた車両モデルの構築から，走行シミュレーション実施までの流れを示す．

車両モデルの構築に際しては，始めにレール断面形状，タイプレート角，ゲージ，レールの支持剛性等を設定する．レール断面形状はさまざまなものを扱うことができ，摩耗したレールも表現できる．

[1] 表中に記載されている会社名，製品名などは，すべて関係各社の商標または商品名である．

次に，そのレールの上に輪軸を定義する．輪軸のパラメータとして，質量や慣性モーメント，踏面形状，バックゲージ，中立位置の車輪半径を設定する．車輪・レール間の摩擦係数もこのときに設定する．また，車輪・レール間のクリープ力を表現するためのモデルも多数存在するが，カルカーの提案したFASTSIMというプログラム[(2)]によるクリープ力計算がよく用いられる．

次に，輪軸の軸箱位置に対し台車枠を支持機構で連結することにより台車モデルを作成する．台車枠の質量，慣性モーメント，重心位置を設定していく．次に軸ばねモデルの種類を選択し，ばね定数等のパラメータを入力し輪軸と台車枠を結合する．二軸台車であれば，ここまでのモデルでいったん走行シミュレーションを実施して動作確認しても良い．

車体を剛体要素として定義し，質量，慣性モーメント，重心位置を設定する．車体と台車枠をつなぐ空気ばね，牽引リンク，左右動ダンパやストッパ等の支持要素を付加していけば，一車両モデルが完成する．ボルスタ付きの台車の場合は，ボルスタや側受に注意してモデル化する．また，最近では車体を弾性体要素としてモデルに取り込むこともできるが，走行シミュレーションには時間がかかるので，検討する問題に応じて導入を考えるとよい．

完成した車両モデルに対して，軌道の線形条件（直線長，曲線長，曲線半径，緩和曲線長，緩和曲線形状，カント，カント逓減曲線の種類，スラック等）を入力する．軌道の支持剛性の有無も選択できる．また，実際の軌道には，軌道線形に加えて軌道変位が存在することから，現実に近いシミュレーションを望む場合には，各種の軌道変位を設定する．設定する軌道変位は，波長と振幅を正弦波などで与える場合と，鉄道事業者が軌道の保守管理の中で測定して得られる復元原波形を利用する場合とがある．軌道の保守管理データは，第1章1.3節に述べた10 m弦正矢法や偏心矢法などで得られ，軌道変位の実形状を推定する計算処理によって復元原波形を求められる．なお，求めた復元原波形には，復元波長帯域があることに十分注意しなければならない．また，軌道変位のPSDから，その周波数特性に合った軌道変位データを生成することもできる．この方法については付録A 6を参照いただきたい．

入力した軌道に対し，走行速度一定，あるいは所定の速度パターンで車両を走行させる．この場合，車体の前後自由度は存在しないこととなる．また，輪軸に所定のトルクを加え，車両が実際に走行する状況も模擬できる．

以上の各条件を入力し数値積分を行う．数値積分法については，可変時間刻み（variable time step）のものが一般的であり，ソフトウエアごとに推奨される数値積分法がデフォルト設定されている場合が多い．

走行シミュレーションでは，数値積分法により時刻歴応答を算出するが，走行速度を勘案して横軸を距離にとると便利である．これにより軌道のどの位置で車両の動揺が大きくなるかといった乗り心地に関する分析や，輪重や横圧がどの位置で変化するかといった走行安全性の議論がしやすくなる．また，解析結果をグラフィカルに示す

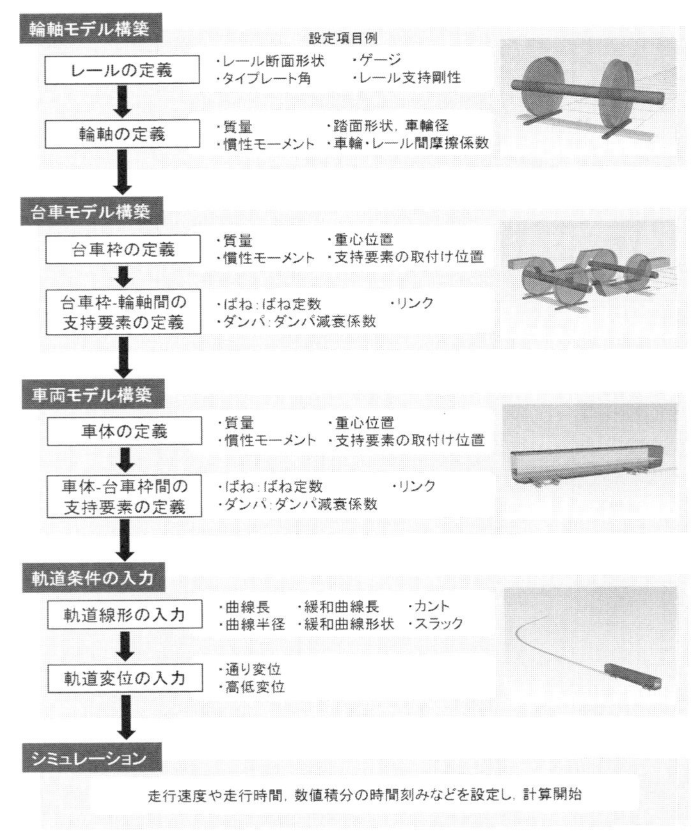


図 3.2.1　車両モデル作成のフロー（Simpack の例）

ユーザーインタフェースが整備されていて，視覚的に車両動揺や，車輪・レールの接触位置の確認ができる．

### 3.2.2　シミュレーションによる計算例

シミュレーションの一例として，2.6.5 項で述べた曲線走行と同一条件の軌道を走行した時の横圧・輪重・脱線係数・横圧輪重比を算出した例を図 3.2.2 に示す．

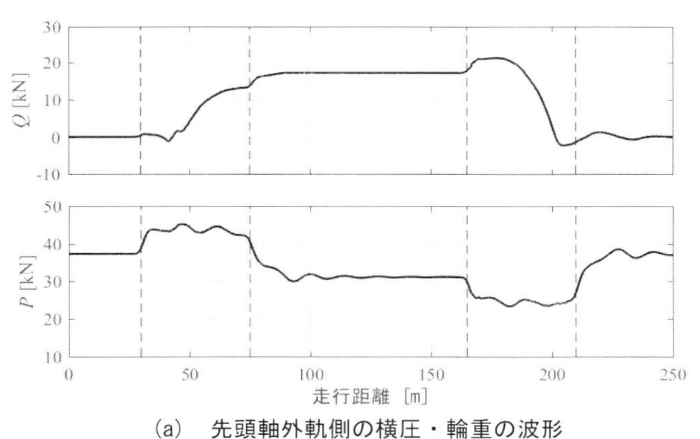


(a)　先頭軸外軌側の横圧・輪重の波形

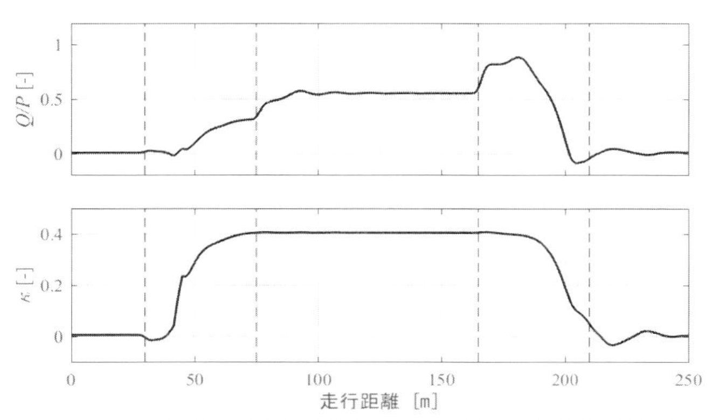


(b)　先頭軸外軌側の脱線係数・内軌側の横圧輪重比の波形

図 3.2.2　曲線走行のシミュレーション結果の例

車輪踏面形状・レール形状については，第２章の 2.1 節における図 2.1.6 に示した在来線修正円弧踏面と 50kgN レールの組み合わせである．一車両の各部の質量，慣性半径や支持機構のパラメータは表 A3.1（付録 A３）に示した，第２章と同じ車両諸元を使用している．１車両を７つの剛体で，各６自由度，合計 42 自由度に対して，走行速度を 25 km/h の一定条件でモデル化している．

図 3.2.2 を見ると，第２章 2.6.5 項で実施した横圧輪重推定式による結果と特徴のよく似た波形が算出されている．このような走行シミュレーションにより，設計した車両の走行安全性を定量的に検討し，さらなる性能向上を狙った各種パラメータの設計に活用できる．また，車輪・レールの接触位置をグラフィカルに確認することで，現象をより深く理解する際に役立つ．

## 3.3　詳細なモデルの構築

### 3.3.1　台車枠まわりのモデル化

前節で説明した手順で MBD を活用した車両走行シミュレーションを実施できるが，ここではより詳細な車両の運動モデルを構築するため，特に台車まわりのモデル化について述べる．

ボルスタレス構造の台車の一例を図 3.3.1 に示す．図示されるように台車まわりには様々な構成部品が存在し，それらは質点要素，ばね要素，ダンパ要素に分類されるが，非線形性を持つものもある．図 3.3.2 には各支持要素の配置，個数と名称が説明されている．以下に各支持要素，質量要素について説明する．

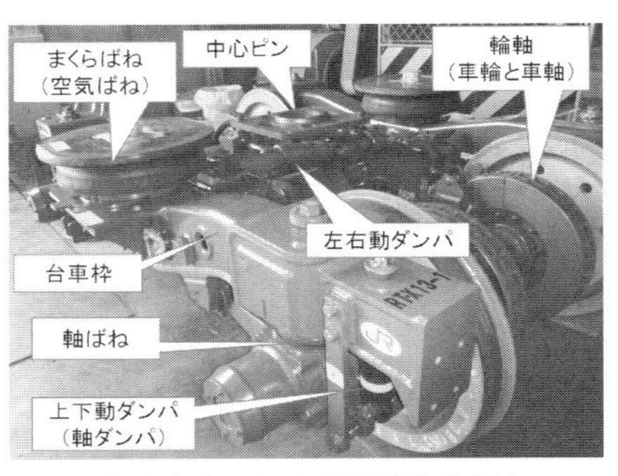


図 3.3.1　台車を構成する部品

まくらばねは，車体と台車枠の間の空気ばねによって構成される．軸ばねは台車枠と輪軸の軸箱の間に設置され，上下荷重は金属のコイルばね（ゴムばねの台車もある）が主に受ける．台車枠・軸箱間に上下動ダンパを設置する場合もある．このダンパは軸ダンパと呼ばれ，軸ばねと並列に配置されることが多い．

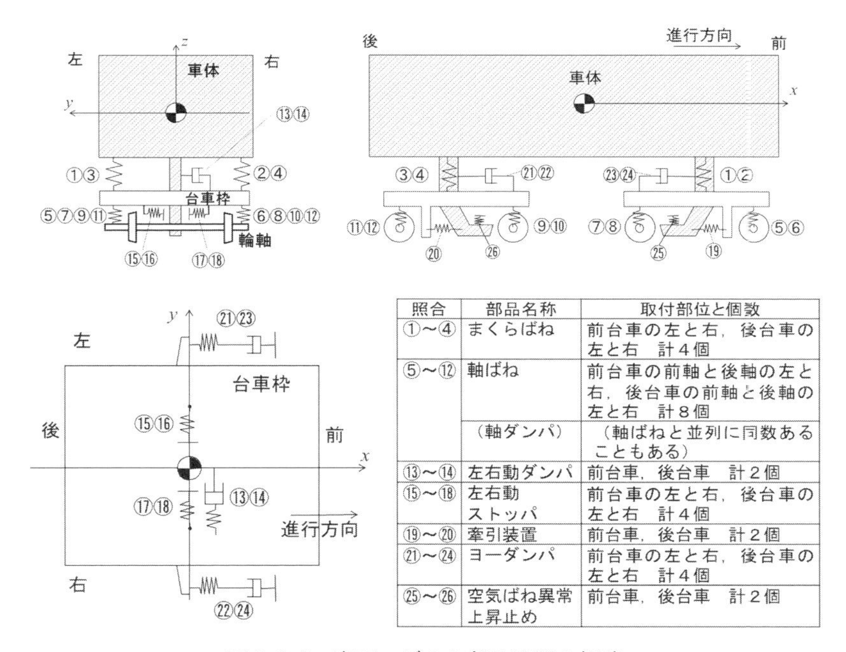


| 照合 | 部品名称 | 取付部位と個数 |
|---|---|---|
| ①～④ | まくらばね | 前台車の左と右，後台車の左と右　計4個 |
| ⑤～⑫ | 軸ばね | 前台車の前軸と後軸の左と右，後台車の前軸と後軸の左と右　計8個 |
| | （軸ダンパ） | （軸ばねと並列に同数あることもある） |
| ⑬～⑭ | 左右動ダンパ | 前台車，後台車　計2個 |
| ⑮～⑱ | 左右動ストッパ | 前台車の左と右，後台車の左と右　計4個 |
| ⑲～⑳ | 牽引装置 | 前台車，後台車　計2個 |
| ㉑～㉔ | ヨーダンパ | 前台車の左と右，後台車の左と右　計4個 |
| ㉕～㉖ | 空気ばね異常上昇止め | 前台車，後台車　計2個 |

図 3.3.2　車両モデルの部品配置の概略

車体に取り付けた中心ピンは，前後力を伝達する牽引装置などを介して台車枠に接続している．また，中心ピンと台車枠間に左右動ダンパが配置されている．車体の過大な左右動，ローリングを抑制するために台車枠側には左右動ストッパが設けられている．また，上下方向には空気ばね異常上昇止めが設置されている．台車枠のヨーイングを抑制するために，台車枠両端にヨーダンパが設置されている場合もある．

各剛体の質量等について，ばね上，ばね間，ばね下の3剛体をそれぞれ便宜的に車体，台車枠，輪軸と呼ぶこととする．車体のばね上質量は，まくらばねに作用する荷重の全てである．中心ピンやダンパの車体側取付座は車体の質量に含まれる．台車枠のまくらばねと軸ばねの間のばね間質量は，台車枠に加えてブレーキ装置（台車枠取付分）や主電動機などがある場合にはこれらも質量に含める．輪軸のばね下質量は，輪軸の質量として車輪と車軸および軸箱で構成され，車軸に取り付けることのあるブレーキディスクや歯車装置も含める．なお，各質量間に配置するばね・ダンパなどの部品の質量は，両質量に按分することが丁寧な方法である．車体，台車枠，輪軸の質量や重心位置，慣性半径のうち，実測するものもあるが，近年はCADで求めることも多い．

### 3.3.2　まくらばねのモデル

ボルスタレス台車では，まくらばねには空気ばねが用いられている．この空気ばねに関して，上下方向の各種モデルを以下の(1)～(3)で，水平方向（左右および前後方向）のモデルを(4)，積層ゴムのモデルを(5)で解説する．

#### (1) 単純線形ばね・ダンパモデル

空気ばねを最も単純にモデル化するには，上下方向のばね変位 $z$ [m]，ばね速度 $\dot{z}$ [m/s]に対し，それぞれ線形なばね定数 $k_z$ [N/m]や減衰係数 $c_z$ [Ns/m]を定義して，次式のように発生力 $F$ [N]を定義する．

$$F = k_z z + c_z \dot{z} \qquad (3.3.1)$$

空気ばねの上下方向のばね定数 $k_z$，減衰係数 $c_z$ の同定では，微小振幅，一定の荷重（大きな荷重変化がない），一定の加振周波数を前提にして求められる．言い換えると，空気ばねのばね定数や減衰係数は，厳密には荷重や加振周波数に依存して変化する．そこで，次に述べるモデルを用いる場合もある．

#### (2) 等価線形モデル

実際の空気ばねの挙動は，厳密にはより複雑な特性を示す．例えば，ばね定数は上下変位にともなって変形する空気ばねの内圧や受圧面積によって変化する．この効果を考慮した，小柳らによる等価線形モデル[(3)]の空気ばね力 $F$ [N]を次式に示す．

$$F = (k_2 + k_3)z - k_2 y \qquad (3.3.2)$$

$$c_2 \dot{y} + k_2 (1 + N) y - k_2 z = 0 \qquad (3.3.3)$$

ここで，$z$ [m]：空気ばねの変位，$y$ [m$^3$/s]：空気流量を表す変数である．また，各係数は

$$A_z = dA/dt, \quad c_2 = \rho_0 A^2 R_1, \quad k_2 = \gamma A^2 P_0 / v_a, \quad k_3 = -(P_0 - P_{at}) A_z, \quad N = v_a / v_b$$

$A$：空気ばね有効受圧面積 [m$^2$]，$A_z$：空気ばね有効受圧面積変化率[m]

$c_2$：絞り減衰係数 [Ns/m]，$v_a$：空気ばね本体容積 [m$^3$]，$v_b$：補助空気室容積 [m$^3$]

$N$：空気ばね本体と補助空気室の容積比 [-]，$P_0$：中立高さでの空気ばね内圧 [N/ m$^2$]

$P_{at}$：大気圧 [N/ m$^2$]，$\gamma$：ポリトロピック指数 [-]

$\rho_0$：中立高さでの空気ばね内空気密度 [kg/m$^3$]

図 3.3.3 に空気ばねの構造と等価線形モデルのブロック線図を示す．

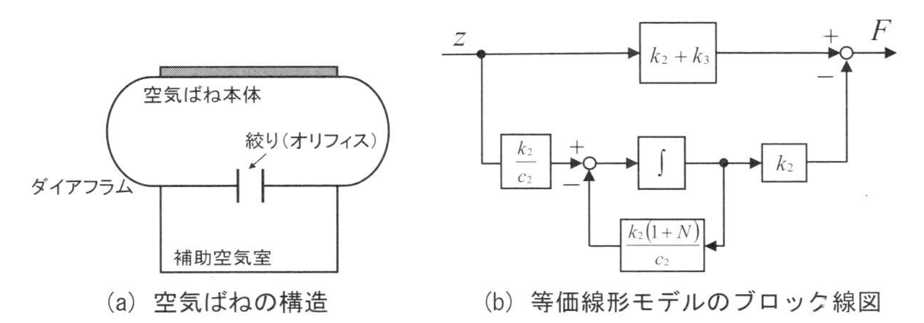


(a) 空気ばねの構造　　(b) 等価線形モデルのブロック線図

図 3. 3. 3　空気ばねモデル

### (3) 高さ調整機構を含めた非線形モデル

空気ばねの構成は第 1 章の図 1.1.9 に前掲しているが，その外観写真を図 3.3.4 に示す．乗車率の変化による車体高さの変化を抑制するために図 3.3.4 中に示す高さ調整弁（leveling valve，以下，LV と略記）などで構成される高さ調整機構が設けられている．LV は，台車枠と車体の高さ変化に応じて動作するが，機械的に 10 mm 程度の不感帯（dead zone）を設定しているものもある．LV をモデル化するには，空気の吸排気モデルを設定する必要がある．また，左右の空気ばねの補助空気室の間には差圧弁（differential pressure valve：DPV）が設けられ，左右の空気ばねが大きな圧力差を持たないようにしている．大きな圧力差が生じると左右の空気ばねの支持力に差が生じるのを防ぐためである．

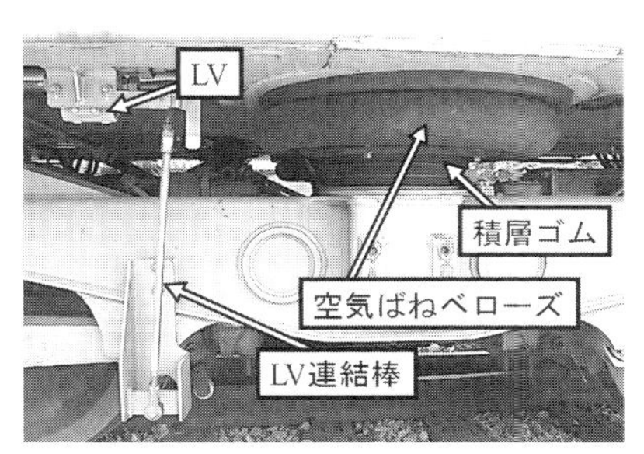


図 3. 3. 4　空気ばね装置の外観

この LV や差圧弁も含めた空気ばね装置の非線形モデル(4)を解説する．図 3.3.5 に示すように，補助空気室に流れ込む LV 経由の空気質量 $q_2$ [kg]，差圧弁経由の空気質量 $q_3$ [kg]として，空気ばね上下変位 $z$ [m]による空気ばね本体内圧 $P_0+P_1$ [Pa]と補助空気室内圧 $P_0+P_2$ [Pa]は次式で表される．

$$P_0 + P_1 = P_0\left\{\frac{\rho_0 v_\mathrm{a} + q_1}{\rho_0(v_\mathrm{a} + Az)}\right\}^\gamma \quad \cdots\cdots (3.3.4)$$

$$P_0 + P_2 = P_0\left\{\frac{\rho_0 v_\mathrm{b} - q_1 + q_2 + q_3}{\rho_0 v_\mathrm{b}}\right\}^\gamma \quad \cdots\cdots (3.3.5)$$

定常状態では$P_0 + P_1 = P_0 + P_2 = P_\mathrm{S}$となるので，この等式を用いて空気ばね絞りを通って本体に流れる空気質量$q_1$を消去すると次式となる．

$$P_\mathrm{s} = P_0\left\{\frac{v_\mathrm{a} + v_\mathrm{b} + (q_2 + q_3)\rho_0}{v_\mathrm{a} + v_\mathrm{b} + Az}\right\}^\gamma \quad \cdots\cdots (3.3.6)$$

これにより空気ばね上下力$F$は次式で求まる．

$$F = A(P_\mathrm{s} - P_\mathrm{at}) - m_\mathrm{B} g / 2 \quad \cdots\cdots (3.3.7)$$

ここで$m_\mathrm{B}$[kg]は半車体の質量である．

つりあい状態を求めるには，LV と差圧弁の流量抵抗も必要となる．ここでは，LV と差圧弁は同一の絞りで置き換える．絞りの空気流量は一般的に絞りの上流の圧力$P_\mathrm{U}$ [Pa]と下流の圧力$P_\mathrm{D}$[Pa]で決まるが，圧力比$P_\mathrm{D} / P_\mathrm{U}$が臨界圧力比（一般には 0.5 程度）以下になると，下流圧力は影響しなくなる．LV や差圧弁での圧力比は，通常は臨界圧力比以下なので，単位時間当りの空気流量（質量）$\dot{q}$[kg/s]は次式で表わされる．

$$\dot{q} = 0.43 d^2 \sqrt{\rho P_\mathrm{U}} \quad \cdots\cdots (3.3.8)$$

ここに，$d$[m]は絞り直径，$\rho$[kg/m$^3$]は上流での空気密度である．絞りの上流が空気ばねの場合には$\rho$，$P_\mathrm{U}$ともに状態変数の関数になる[5]．

さらに空気ばねが大きく変位するときの有効受圧面積の変化を考慮した，より詳細な非線形モデル[6]も提案されている．

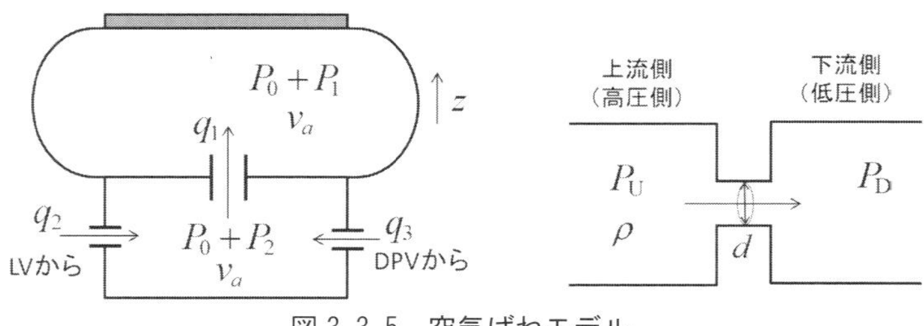


図 3.3.5　空気ばねモデル

### (4) 水平方向のモデル

水平方向（左右および前後方向）のばね変位についても式(3.3.1)と同様に線形要素として考えることができる．このとき，空気ばねの水平方向の変位が小さい場合には減衰力は特に小さいので，ばね定数のみでモデルを記述してもよい．ボルスタレス台車の場合，曲線中で台車が旋回する際に，空気ばねの前後方向に発生する力が横圧に影響を及ぼす．まくらばねの左右および前後方向のばね変位に対するモデルは，曲線通過中の平均的な横圧や輪重の発生傾向を確認，あるいはパラメータの影響分析のような場合には単純な線形モデルを用いても十分な結果を得られる．

ただし，空気ばねの上面板の形状などにより，台車旋回角の大きくなる急曲線では非線形な剛性になるものもあり，このような場合には実測に基づいた詳細なモデル化が望ましい[7]．また，空気ばね内圧の変化が水平方向のばね定数や減衰に影響を及ぼすことも考慮する場合には，空気ばねを実態に即して変形させる実験によって，変位あるいは回転に対するばね力や減衰力を同定してモデル化する必要がある．

### (5) 積層ゴムのモデル

空気ばねの空気室（ベローズ）は図3.3.6に示すように積層ゴムの上に設けられている．通常，空気ばね内圧により台車枠に対し車体は，静止状態で30～40 mm程度浮いた状態にある．空気ばね内圧が低下すると，空気ばねは圧縮され，車体は下方向に変位し，上面板が積層ゴムに接触することになる．このようなときの積層ゴムのばね特性は

$$
F_{\mathrm{k}} = \begin{cases} 0 & (z < z_0) \\ k_1(z - z_0) & (z_0 \le z \le z_1) \\ k_1(z_1 - z_0) + k_2(z - z_1) & (z > z_1) \end{cases} \qquad (3.3.9)
$$

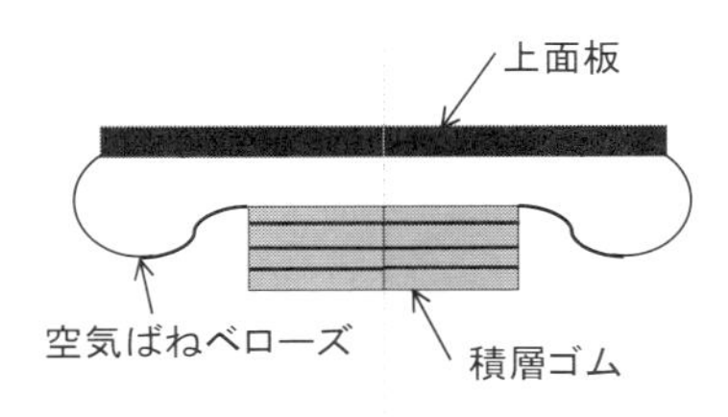


図 3.3.6　積層ゴムの配置

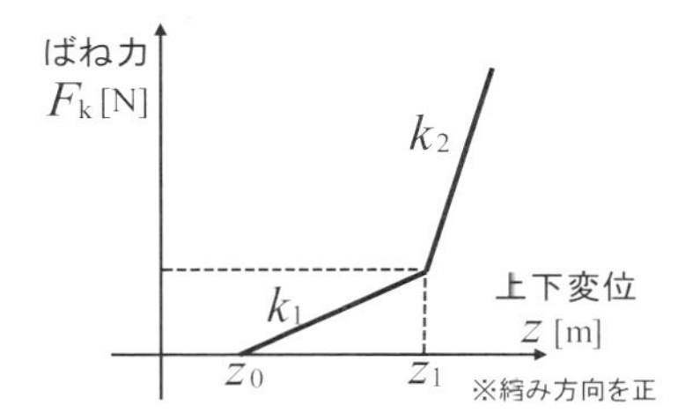


図 3.3.7　積層ゴムのばね特性

となり図 3.3.7 のように表すことができる．この積層ゴムモデルは，空気ばねの上下方向モデルと並列に配置する．

空気ばねの単体試験機などで測定する空気ばね剛性などは，ベローズと積層ゴムを一体として扱うのが通常である．一方で，積層ゴムの剛性は単体について示されることが多い．

### 3.3.3　軸ばね・軸ダンパのモデル

1次ばね系を構成する軸箱支持装置には，第 1 章の図 1.1.11 に示した様々な方式があり，それぞれの形式の特徴を検討する場合には，実物に忠実なモデルを構築する必要がある．また，図 3.3.8 に示すような軸ダンパを装備した台車もある．

図 3.3.8　軸ダンパ取付例

軸ばねのモデル化に関しては，軸箱まわりの上下，前後，左右の３方向の並進ばねモデルによっても表現できる．通常の走行条件の模擬であれば，図 3.3.9(a)の線形ばねモデルで十分である．近年では，通勤車両の一部で空車状態と，一定程度乗車した状態でばね定数が変化するように，図 3.3.9(b)のように変位に応じてばね定数が下式のように変化する構造のものもある．

$$F_{\mathrm{k}} = \begin{cases} k_1 z & (z \le z_{\mathrm{s}}) \\ k_1 z_{\mathrm{s}} + k_2 (z - z_{\mathrm{s}}) & (z > z_{\mathrm{s}}) \end{cases} \quad \cdots\cdots (3.3.10)$$

軸ダンパは，軸ばねまわりの左右や前後方向の支持剛性が上下に比べて硬いため，上下方向にのみ減衰力が発生するものと考えてよい．よって，軸箱と台車枠間の上下方向については，次式のような線形の並列ばね・ダンパモデルを考える．

$$F = kz + c\dot{z} \quad \cdots\cdots (3.3.11)$$

ただし，軸ダンパの両端は緩衝ゴムで支持する場合が多く，この緩衝ゴムの影響を考慮する場合には，後述の左右動ダンパの際に示す直列ばね・ダンパモデルを用いる．また，図 3.3.8 のように軸ばねよりも台車外側にダンパを取り付けた場合，軸ばねの上下変位よりも，ダンパの上下変位が大きくなることが考えられ，ばねとダンパの取付位置は独立に定義する方が良いこともある．

軸ダンパの減衰係数は，図 3.3.9(c)に示すように，一定のピストン速度以上では減衰係数が小さくなるように設定されているものも多い．通常のダンパは，ダンパピストンの圧縮と伸長，いずれの動作方向でも減衰力を発生する（両効きダンパと呼ぶ）．

$$F_{\mathrm{c}}=\begin{cases}-c_1\dot{z}_{\mathrm{s}}+c_2(\dot{z}+\dot{z}_{\mathrm{s}}) & (\dot{z}\le-\dot{z}_{\mathrm{s}})\\ c_1\dot{z} & (-\dot{z}_{\mathrm{s}}<\dot{z}\le\dot{z}_{\mathrm{s}})\\ c_1\dot{z}_{\mathrm{s}}+c_2(\dot{z}-\dot{z}_{\mathrm{s}}) & (\dot{z}>\dot{z}_{\mathrm{s}})\end{cases} \quad \cdots\cdots (3.3.12)$$

軸ダンパの一部には，どちらか一方向のみ減衰力を発生する片効きダンパを使用する場合もある．

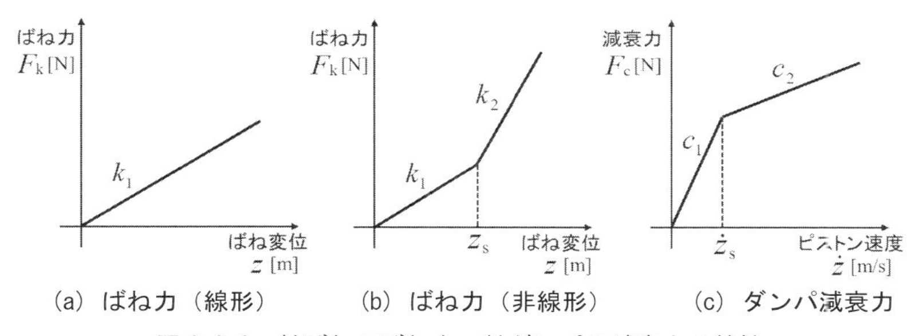


図 3.3.9　軸ばねのばね力・軸ダンパの減衰力の特性

### 3.3.4　左右動ダンパ・ヨーダンパのモデル

まくらばねに用いる空気ばねの水平方向の減衰が非常に小さいため，空気ばねを用いるボルスタレス台車には通常，１台車中に１本ないし２本の左右動ダンパが装備されている．左右動ダンパの取付例を図 3.3.10 に示す．図 3.3.10(a)は，車体に取り付ける中心ピンと台車枠の間に左右動ダンパを配置した例であり，(b)は，牽引ばりと台車枠の間に左右動ダンパを配置した例である．(a)の例では，車体に対し台車がヨー回転した場合，左右動ダンパには僅かながら前後変位が加わり，台車に対し車体がローリングした場合，左右動ダンパには僅かながら上下変位が加わる．一方で，(b)の場合には，牽引ばりの丸い穴に車体に取り付ける中心ピンが差し込まれるので，車体に対し台車がヨーイングした場合には，車体側の中心ピンと牽引ばりの間は滑るので，左右動ダンパには影響を及ぼさず，台車に対し車体がローリングした場合，左右動ダンパには僅かながら上下変位が加わる．このような左右動ダンパの取付状態の差異がダンパ変位に及ぼす影響を考慮するか否かは，解析目的に応じてモデル作成者の判断に任せられる．

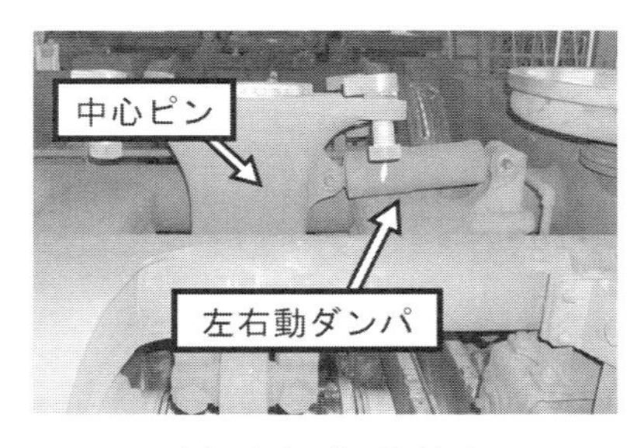


(a) 中心ピン取付け

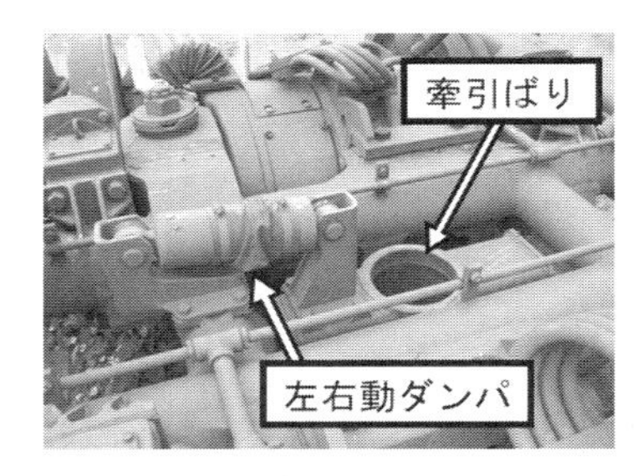


(b) 牽引ばり取付け

図 3.3.10 左右動ダンパ取付例

次に，これらダンパ変位が与えられるときの減衰力発生モデルについて述べる．図 3.3.11 に示すように左右動ダンパの両端には緩衝ゴムが挿入され，緩衝ゴムに挿入したピンで車体あるいは台車に取り付けられる場合がある．このような場合には，次式のように線形の直列ばね・ダンパモデルを用いると良い．

$$F = k(y - y_1) \quad \cdots\cdots (3.3.13)$$

$$c\dot{y}_1 = k(y - y_1) \quad \cdots\cdots (3.3.14)$$

ここで $y$ や $y_1$ は図 3.3.12 に示すもので，特に $y_1$ は仮想変位である．また，ばね定数 $k$ は，直列ばね定数として緩衝ゴム 1 個のばね定数 $k_R$ から

$$k = k_R / 2 \quad \cdots\cdots (3.3.15)$$

により求める．なお，この両端のゴムは，車体・台車枠間の相対的な回転によるねじれやこじりを許容する目的で設けられている．なお，このねじれやこじりによってゴムで発生する力は台車の運動に対して無視できる程に小さい．また，ダンパの取付部にボールジョイントを用いて，ねじれやこじりを許容する場合もあり，この場合にはゴム剛性を考慮せず，単純な減衰力発生モデルとなる．

ヨーダンパは図 3.3.13 に示すように，台車外側の左右に配置される．線形の直列ばね・ダンパモデルは，ヨーダンパにも用いることができる．特に，ヨーダンパの場合には，車体側取付座の剛性も含めて直列ばねでモデル化することが適切な場合もある．

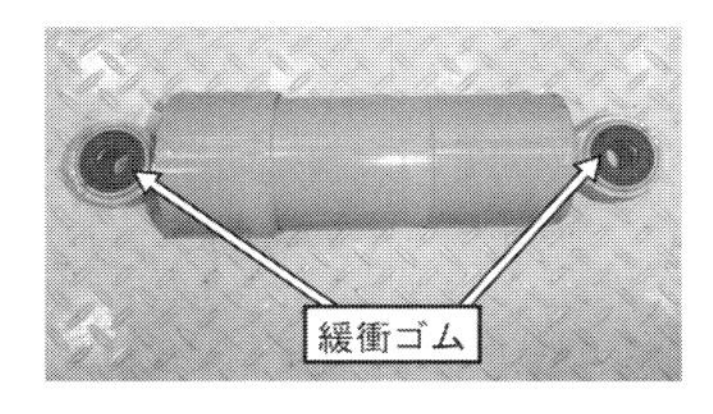


図 3.3.11　左右動ダンパ

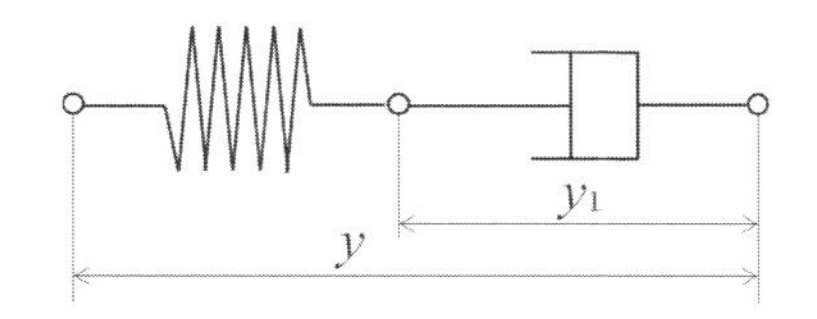


図 3.3.12　直列ばね・ダンパモデル

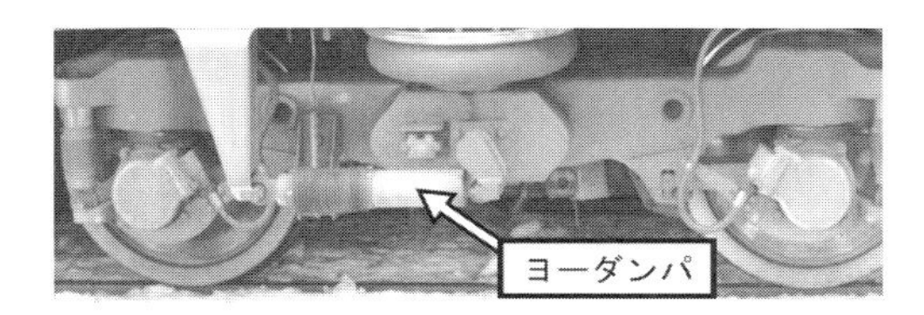


図 3.3.13　台車のヨーダンパ

左右動ダンパ単体（取付ゴムなどを含まない）の減衰力特性を図 3.3.14(a)，ヨーダンパの減衰力特性を図 3.3.14(b)に示す．両者ともに，ダンパピストン速度が小さいときには大きな減衰係数で，ある程度ピストン速度が大きいときには減衰係数が小さくなるように設定されている．なお，ピストン速度は図 3.3.12 で示した $y_1$ の速度に相当していることに注意する．左右動ダンパは，車体の左右変位とローリングの振動に対し，ヨーダンパに比べればゆったりとした動きへの減衰効果を期待している．ヨーダンパは，台車蛇行動を抑えることを目的に設定されるため，小さな動きから強く減衰力を発生することを求められる．一方で分岐器や急曲線通過時に台車旋回抵抗を大きくしないような特性となっている．

なお，軸ダンパも含め，いずれのダンパの性能についても，精緻に性能を定義する場合には，減衰力の立ち上がり初期には油の圧縮性などの影響で，初期の減衰係数が小さくなることや，内部の油圧回路構成による圧縮と伸長時の減衰力の差などを考慮する．内部の油圧回路構成としては，圧縮・伸長時ともに，油圧回路内の作動油が絞り弁を同方向に流れるユニフロータイプと，圧縮と伸長では絞り弁まわりの流れが異なるバイフロータイプがあり，厳密には圧縮時と伸長時に減衰力の発生傾向に差が生じる場合がある．いずれについても，厳密には圧縮時と伸長時に減衰力の発生傾向に差が生じる場合があるが，バイフロータイプの方がこの差が小さい．この他のダンパとしては，まくらばね（2次ばね）位置に取り付けられる上下動ダンパがある．国内では貨車用台車に用いられ，貨車の荷物の有無により車体・台車間の高さが変わることから，ピストン変位によって減衰性能が変化するものを用いることがある．

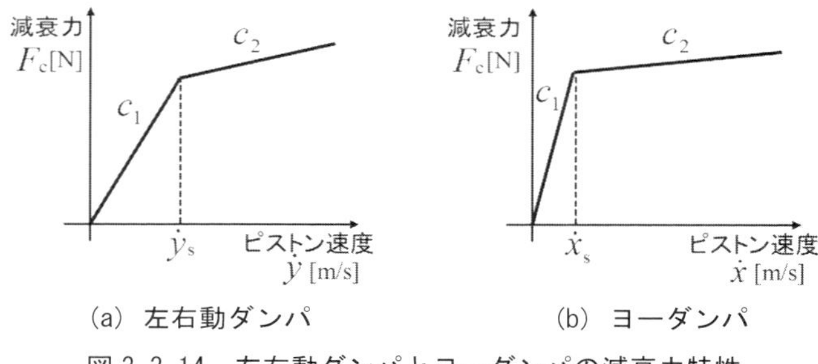


図 3. 3. 14　左右動ダンパとヨーダンパの減衰力特性

台車部品ではないが，図 3.3.15 に示すように隣接する車体間に跨いで取り付けられる車体間ヨーダンパがある．車体間ヨーダンパは急曲線中でピストン変位が大きくなるとき，減衰力が飽和するように設定されているものもある．この他にも車体間に，一部の車両では車体間ローリングに応じてピストンが動作するよう構成されたリンク構造とともにダンパが取り付けられる場合もある．

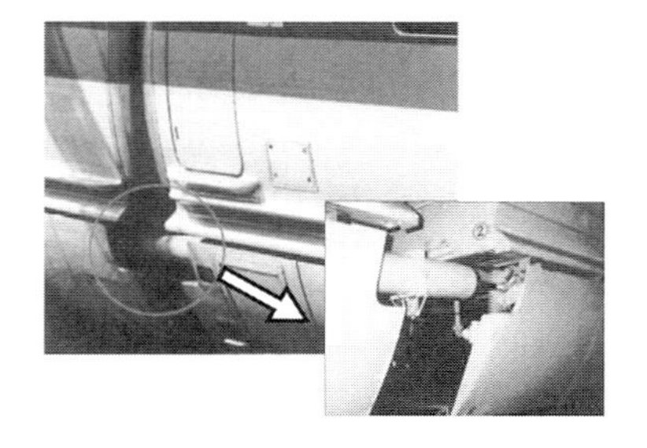

図 3. 3. 15　車体間ヨーダンパ

### 3.3.5　ストッパのモデル

車体と台車枠の間，台車枠と輪軸の間の相対変位を一定内に抑制する目的で，それぞれに変位ストッパが装備されている．運動解析で特に重要となるものは，車体と台車間の左右方向の変位を抑制する左右動ストッパであり，この部分には図 3.3.16 のように車体からの中心ピンを台車枠側から左右にゴムで挟んでいる．このときの遊間も含めた左右動ストッパの特性は図 3.3.17 に示すように，小さい変位から柔らかい剛性で接触するもの，少し大きい変位から高い剛性で接触するものなど，さまざまな設定がされている．これらの折れ線特性をばねモデルとして用いることで，これらストッパが定義できる．式を以下に記す．

$$F_k = \begin{cases} k_1(-y_2 + y_1) + k_2(y + y_2) & (y \le -y_2) \\ k_1(y + y_1) & (-y_2 < y \le -y_1) \\ 0 & (-y_1 < y \le y_1) \\ k_1(y - y_1) & (y_1 < y \le y_2) \\ k_1(y_2 - y_1) + k_2(y - y_2) & (y > y_2) \end{cases} \quad \cdots\cdots (3.3.16)$$

この左右動ストッパは，通常の車両運行の中でも機能することがある．これ以外の例えば，車体の異常上昇止めや輪軸吊り金具などと呼ばれストッパ機能を果たすものがあるが，これらの多くは通常の車両運行の中で接触することはない．

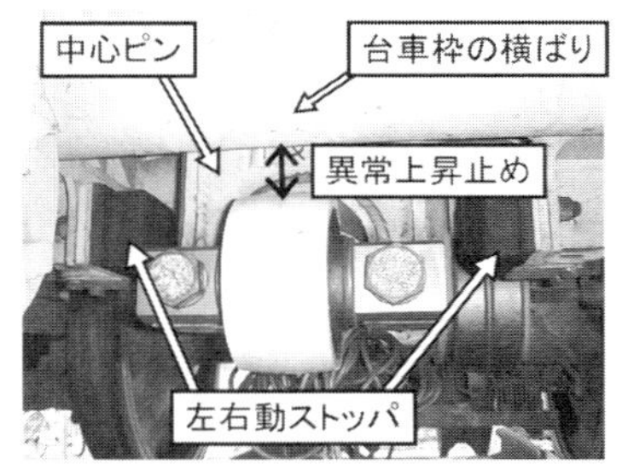

図 3.3.16　左右動ストッパの例

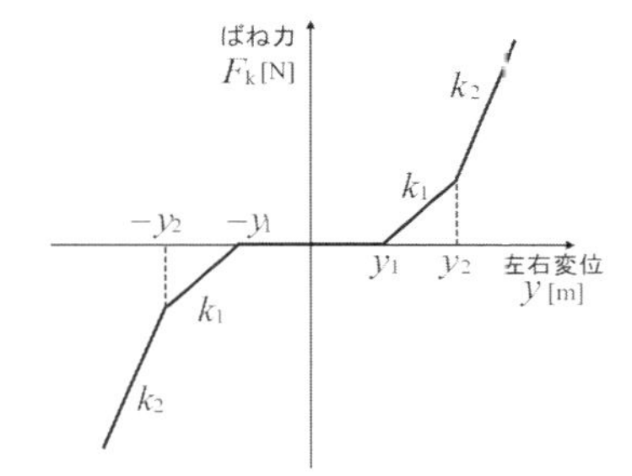

図 3.3.17　左右動ストッパばね特性

### 3.3.6　牽引装置のモデル

前後方向に自由度を有する車両モデルには，車体－台車間の牽引装置をモデル化する必要がある．牽引装置には様々な方式があるが，ここでは図 3.3.18 に示す，ボルスタレス台車の代表的な一本リンク方式の牽引装置を扱う．一本の金属棒の両側の緩衝ゴムに取付ピンを設けて，車体側は中心ピンに，もう一方は台車枠に取り付けている．

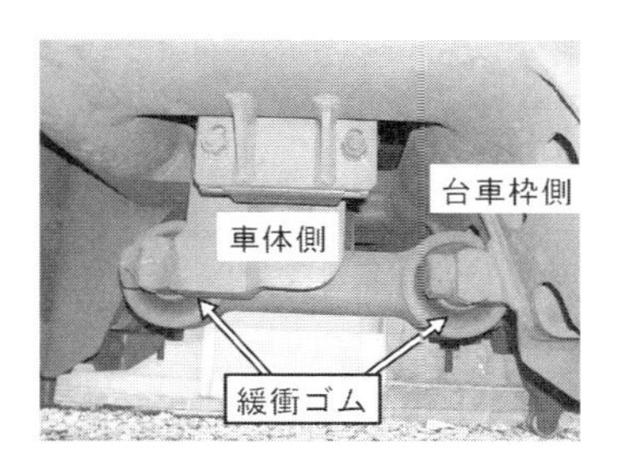

図 3.3.18　牽引装置
（一本リンク方式）

前後方向の支持剛性のモデル化については，2 個の緩衝ゴムの直列剛性として一つの線形ばねモデルと考えて十分である．この緩衝ゴムは，ねじれやこじり剛性は小さく，台車の旋回や車体のロールに及ぼす影響は十分小さい．また，金属棒は剛とし，質量は無視するのが一般的である．

### 3.3.7 側受のモデル

ボルスタ付きの台車に限定した装備の一つに第 1 章の図 1.1.7 に示した側受がある．側受は，上下荷重支持の一部を分担し，車体に対し台車が旋回する際の減衰を期待した摩擦力を発生するものである．側受では，摺動材（しゅうどうざい）により摩擦状態を一定程度に保つよう設計されている．摩擦力を求めるにあたって，比較的単純なモデルとして図 3.3.19 および下式に示す飽和型ダンパのモデルが使われる．

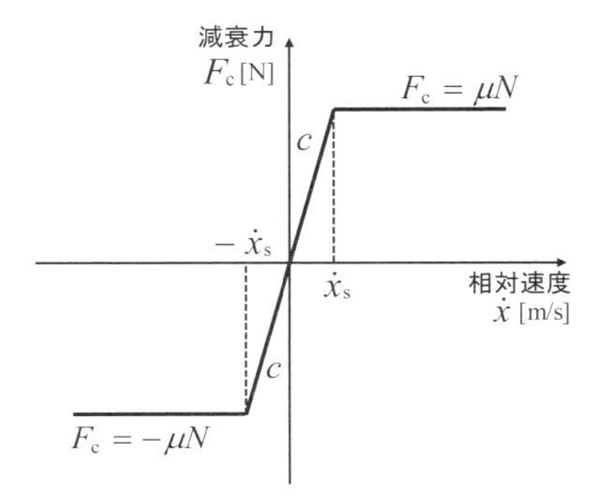


図 3.3.19 側受の摩擦力のモデル
（飽和型ダンパのモデル）

$$F_c = \begin{cases} -\mu N & (x \le -\dot{x}_s) \\ c\dot{x} & (-\dot{x}_s < x \le \dot{x}_s) \\ \mu N & (\dot{x}_s < x) \end{cases} \quad \cdots\cdots\cdots\cdots (3.3.17)$$

このとき難しいのは，摺動面に作用する法線力 $N$ [N]である．多くの場合，側受より上の荷重（ばね上荷重）は心皿と側受で分担するので，摩擦力を計算する際に，側受に作用する上下荷重を求める必要がある．簡便な方法としては，側受が分担する荷重の変動を無視して，設計時に定めた静的な状態での一定の側受分担力を摺動面に作用する一定の法線力とする方法などが考えられる．大径心皿の場合には心皿でばね上荷重をすべて支持するので，それを法線力として摺動部の摩擦力を計算すればよい．

また，単純なクーロン摩擦（Coulomb's friction）モデルだけでは，摩擦の方向が切り替わるような場合には，数値計算特有の振動を発生させてしまうことがある．図 3.3.19 に示した飽和型ダンパによる摩擦力モデルであれば，比較的安定して計算できるが，このモデルでは停止時に残存する摩擦力は零となっており，停止する時の状態を正確に表現できない．そのため蛇行動のような走行安定性を議論する場合は，側受が消費するエネルギーから，等価粘性減衰係数を導出し，線形の減衰力として考慮する方法もある[8]．このように側受のような摩擦要素をモデル化する際には，解析目的に合わせたモデルを選定する必要がある．

以上に述べた各種要素は市販されている解析ツールで利用でき，複雑な一車両モデルであっても視覚的に機械要素を配置し，比較的短時間でモデル化できる．このことは，裏を返せば，車両の運動力学を理解せずともシミュレーションを実施できるといえる．そのため，数値シミュレーションで得られた結果を鵜呑みにして，入力条件の誤りに疑問を持たなくなってしまう場合がある．得られた結果が妥当であるかどうかはあくまで解析者が判断しなければならない．そのため解析者に求められることとしては，車両の運動力学や各部のモデリングをしっかりと理解し，大まかな結果の見通しを持ちながら，解析結果を評価する力を養うことが重要といえる．

## 3.4　モデル化に関連した最近の鉄道車両制御技術の動向

鉄道車両のモデル化に関連して車体振動制御，車体傾斜制御，輪軸操舵制御について近年の動向を述べる．

台車周辺の部品として，近年では，振動制御を行うことのできるものがある．代表的なものに，左右動ダンパの減衰性能を変化させる車体－台車間の左右方向の振動を抑制する左右動セミアクティブダンパ(semi-active damper)[9]，左右方向の動揺防止制御用アクチュエータ[10]，上下方向の振動を抑制する上下動セミアクティブダンパ[11]が使われている．

曲線を走行する際に，乗客に作用する遠心力を緩和する目的で，車体－台車間のロール角を制御する機器を装備した台車がある．台車枠の上にローリングのための振子ばりを用い，この振子ばりの上にまくらばねを介して車体を載せ，振子ばりと台車枠の間に配したアクチュエータで車体のロール角を制御する[12][13]．もう一方で，通常よりも大きく伸びることのできる空気ばねを用いて，空気ばねへの給排気により，車体のロール角を制御する方法がある[14][15]．

台車枠－輪軸間のヨー角を制御することを輪軸操舵角制御と呼ぶ．曲線に入ると車体に対し台車がヨー回転する，このとき生じるボギー角に応じて左右の軸箱をリンクによって前後させるボギー角連動操舵方式が使われている．１台車内の２本の輪軸を同時に操舵する方法[16]と，１台車内の１本の輪軸のみを操舵する方法[17]が実用化されている．

今後の新しい技術開発においても，鉄道車両のモデリングやそれを活用した数値シミュレーションはますます重要な役割をはたすものと考えられる．

## 第３章の参考文献


(1) http://www.simpack.com/ at Sep.2017

(2) Kalker, J. J. : A Fast Algorithum for Simplified Theory of Rolling Contact, Vehicle System Dynamics, 11, 1982.

(3) 小柳志郎：空気ばね防振特性に対する非線形性の影響，日本機械学会論文集 C 編，Vol.52，No.480，pp.2084-2089，1986.

(4) 小柳志郎：空気ばね車両の輪重減少に対する空気ばね装置非線形性の影響，日本機械学会論文集 C 編，Vol.54，No.508，pp.2980-2985，1988.

(5) 須田義大，熊木誠一郎：非線形な空気ばね系を考慮した車両の曲線通過特性の研究，日本機械学会論文集 C 編，Vol.64，No.617，pp.104-109，1998.

(6) 下沢一行，遠竹隆行：非線形性減衰特性を考慮した上下系空気ばねモデルの検討，鉄道総研報告，Vol.22，No.2，pp.11-16，2008.

(7) 田中隆之，飯田浩平，鈴木貢，飯田忠史，渡辺信行，西山幸夫：台車旋回性能試験装置の開発，鉄道総研報告，Vol.27，No.10，pp.23-28，2013.

(8) 国枝正春：実用機械振動学，理工学社，pp.84-85，1984.

(9) 佐々木君章，鴨下庄吾：鉄道車両用セミアクティブサスペンション，鉄道総研報告，Vol.l0，No.5，pp.25-30，1996.

(10) 名倉宏明：新日鉄住金におけるフルアクティブサスペンション技術　最近の動向，鉄道車両と技術，Vol.19，No.6，pp.7-12，2013.

(11) 菅原能生：輸送密度の低い線区を走行する車両の上下乗り心地を向上する，RRR，Vol.67，No.12，pp.12-15，2010.

(12) 榎本衛：制御付き振子台車，RRR，Vol.61，No10，pp.34-35，2004.

(13) 藤本裕，宮本昌幸：車両運動シミュレーションによる曲線通過特性の解析，日本機械学会論文集 C 編, Vol.58，No.548，pp.1067-1074，1992.

(14) 平山真明，山田忠，寺井淳一，井上浩樹，藤井秀人，中澤文善：空気ばね式車体傾斜装置の開発，川崎重工技報，No.149，pp.30-33，2002.

(15) 日本車輌製造株式会社鉄道車両本部：日本車両の車体傾斜システムの概要，鉄道ジャーナル，Vol.50，No.12，pp.56-57，2016.

(16) 佐藤栄作，小林英之，手塚和彦，柿沼博彦，玉置俊治：リンク式ボギー角連動方式による特急気動車用操舵台車の曲線通過横圧，日本機械学会論文集 C 編，64-625，pp.3563-3570，1998.

(17) 下川嘉之，水野将明：新しい操舵台車の開発，新日鐵住金技報，Vol.395，pp.41-47，2013.

# 第4章　車体振動と乗り心地

車両ダイナミクスのシミュレーションを行う第一の目的は，安全性や保守の面から問題なく走行できることの数値的な確認である．しかし，人や貨物を運ぶ鉄道車両にとってそれだけでは十分とはいえない．すなわち，旅客車については乗り心地も大切な要素であり，乗り心地の評価も数値シミュレーションの重要な目的となる．ダイナミクスの観点からは振動に起因する振動乗り心地の評価が求められることから，本章では車体の振動と乗り心地に関して述べる．

本章では，まず実際の鉄道車両に対して行われている振動乗り心地評価について説明する．また曲線走行時の乗り心地や酔いについても触れる．

次に，鉄道車両の振動乗り心地で問題とされることが増えている上下方向の車体振動の実車両における状況を，車体弾性振動の発生メカニズムを含めて述べるとともに，それらを踏まえて数値解析を行うためのモデル化手法を紹介し，具体的な解析手順と計算例を詳述する．

## 4.1　振動乗り心地評価

乗車時の快適性の向上策がさまざま検討されている．快適性に対する評価は，サービスの質的評価を除き，車内環境の物理特性に騒音，圧力変動，温湿度なども含む，広義の乗り心地（ride comfort[1]）として定義される[(1)]．またダイナミクスの観点においては，走行中に車体振動が発生し，乗客・乗員はその影響を受けている．そこで乗客・乗員のための車体振動に対する乗り心地（狭義の乗り心地）の向上策が検討されてきている．

鉄道車両の振動の特徴[(2)]として，左右振動においてはRMS値（root mean square value : 実効値）に対する最大値が大きいこと，後述する図 4.1.2 のように，一般に振動数 20 Hz 以下の領域では同じ RMS 値の上下振動よりも左右振動の方が感じ易いとされることなどが挙げられる．そのため，最大左右振動の頻度は低くても，乗り心地の体感を悪くする影響が大きいとされ，振動乗り心地の向上対策として最大左右振動の低減が優先的に取り組まれてきた．一方，鉄道車両の車体は進行方向に非常に細長く支持点間隔が広い構造を持ち，人が感じやすい周波数領域で上下弾性振動が発生し易い特性

[1] 車体設計標準としての乗り心地を" Ride quality"，乗客・乗員の感じる振動に対する乗り心地を" Ride comfort"と英表記では使い分けをする．

がある．また，軽量化や構造簡素化が進められて車体の剛性や減衰性能が低下する傾向にあると考えられることや，セミアクティブサスペンションの普及など左右振動の低減が進むにつれ，上下弾性振動の乗り心地への影響が相対的に大きくなり，対策が求められるようになっている．

本節では鉄道車両の走行時に乗客・乗員が感じる振動乗り心地の評価について述べる．

### 4.1.1 振動乗り心地

鉄道車両は台車の上に車体が載る構造で，その車体に乗車した乗客・乗員は走行中，各種の振動を受ける．また乗客・乗員は図 4.1.1 に示す立位，座位，臥（が）位，歩行動作など多様な姿勢で乗車する．車両のダイナミクスに起因する乗り心地は，乗客・乗員が感じる振動によるため，振動乗り心地（vibration ride comfort）と定義される．軌道変位や，遠心力，空力などの外乱に起因して車体振動が発生し，主に振動加速度（vibration acceleration）の振幅（amplitude of vibration）および振動数（周波数：frequency）[2]を基にした客観指標により乗り心地の評価を行われている．

この振動乗り心地の評価は，直線を定速走行する際の振動加速度応答から，加速度ピーク値を抽出し評価対象とする瞬時（地点）乗り心地の評価と，一定区間の加速度測定値の実効値を用いる区間乗り心地の評価が主流である．現在用いられている主な乗り心地評価指標の根拠となる規格と評価に用いる振動加速度の測定部位を表4.1.1に示す[3]．評価点を原点とし，乗客の姿勢（図 4.1.1）を基準に前後（$x$）・左右（$y$）・上

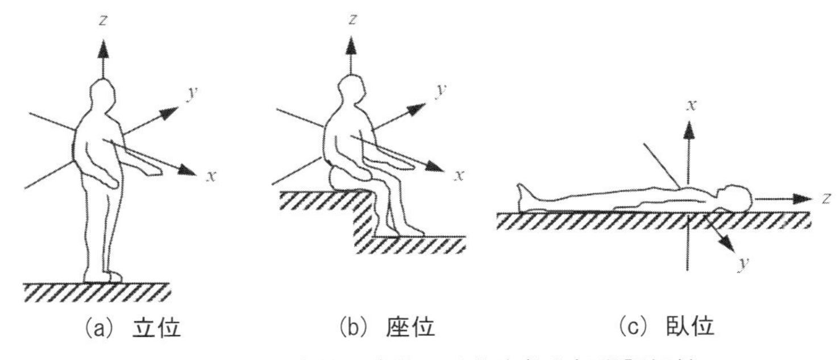


図 4.1.1 立位，座位，臥位姿勢と振動評価軸

[2] 本書では原則として「周波数」を用いる．各種規格等の記述では，ISO2631(1997)以前は「振動数」，以降は「周波数」と記載されていることが多い．本書ではこれに従って記述する．

表 4.1.1　乗り心地対象振動と測定位置

| | ISO2631(1985) | ISO2631-1(1997) | ISO2631-4(2001) | EN12299(2009) | [参考] JIS E4023 (1990)[3] |
|---|---|---|---|---|---|
| 前後振動 | 座面 | 床面，座面，背もたれ | 床面 | 床面，背もたれ | 床面 |
| 左右振動 | 座面 | 床面，座面，背もたれ | 床面 | 床面，座面 | 床面 |
| 上下振動 | 座面 | 床面，座面，背もたれ | 床面 | 床面，座面 | 床面 |
| ローリング | ― | 座面 | 床面 | 床面 | 床面 |
| ピッチング | ― | 座面 | ― | ― | 床面 |
| ヨーイング | ― | 座面 | ― | ― | 床面 |

下（$z$）の成分ごとに評価を行うのが一般的であるが，1.1.1 項で示したように，鉄道車両では進行方向（長手方向）を前後（$x$）として，車体床面を測定点とし乗り心地評価に使用する特徴がある．複数の方向や測定点（床面と腰掛の座面や背もたれなど）の加速度を用いる総合評価（複合評価）指標も提案されている．

この振動加速度測定値を周波数に対する人の感覚を考慮して指標化し，乗り心地の評価を行っている．周波数に対する人の感覚をあらわす重み付け（感覚補正）に用いる感覚曲線（乗り心地フィルタ，周波数補正曲線などと呼ばれる）は，ISO2631（全身振動に対する人体暴露の評価）[(3)-(6)]として制定され，改訂がなされているものが広く知られているが，後述のように様々なものが提案され，用いられている．

鉄道車両は軌道上を走行するため案内方向に拘束されている．従って軌道変位や空気力から影響を受ける振動が車体の左右方向に発生し，振動乗り心地の検討対象となる．自動車[(7)]や船舶[(8)]などでは上下方向の振動が乗り心地評価で最も問題となる．鉄道車両においても左右振動の低減対策が進むにつれ，車体軽量化に伴う上下方向の弾性振動が，剛体運動による振動ピークと同等レベルとなる事例[(9)]も見られることから，その低減のための研究開発が進められている．

直線路を速度一定で走行する時の振動乗り心地評価に用いられる国内基準，国際規格による指標を表 4.1.2 に整理する．

以降では，瞬時乗り心地の評価の国内評価法と欧州規格，区間乗り心地の評価の国内基準と国際規格，複数の方向や測定点の加速度を用いて総合的に評価する欧州規格について具体的に記す．

---

[3] JIS E4023 は車体の振動特性評価のための加速度測定位置であり，乗り心地評価規定とは異なる

表 4.1.2　主な振動乗り心地評価指標

| 名称/規格コード | 乗客の姿勢 | 用いる代表値 | 評価方法 | 備考 |
|---|---|---|---|---|
| 乗り心地係数<br>（国内評価法） | 立位<br>座位 | 加速度<br>ピーク値 | 乗り心地係数<br>による評価 | 1963 年に国鉄列車速度調査委員会により策定．委員会ではこの振動乗り心地のほか，加減速時／曲線走行時／分岐通過時／縦曲線通過時の乗り心地も言及している． |
| Sperling's ride index ($Wz$) | 座位 | | | 1977 年 ORE reports C116/RP 8/E は，車体設計のための乗り心地係数（Ride index $Wz$）と，乗客・乗員の上下方向，左右方向の乗り心地係数（Ride comfort index $Wz$）を策定． |
| 乗り心地レベル<br>（国内評価法） | 座位 | 加速度<br>実効値 | 基準加速度で<br>規格化した dB 値<br>による評価 | ISO2631(1974)の制定を受け，国鉄の依頼により，1981 年に車両電気協会傘下の研究委員会が新しい基準の報告書を提出．1980 年に信頼性・妥当性の体感評価実験を実施． |
| ISO2631-1<br>(1997) | 立位<br>座位<br>臥位 | | 周波数補正加速度の<br>実効値による評価 | ISO2631 は 1974 年発行，1978 年，1985 年改訂，1997 年抜本改定．鉄道適用版は ISO2631-4(2001)で，$W_k$ 曲線とは異なる $W_b$ 曲線を代用可能とし，実用的評価法は示されていない． |
| EN12299<br>(2009) | 立位<br>座位 | 加速度<br>実効値群の<br>95 percentile 値 | 総合評価指標 $N_{MV}$，<br>座位指標 $N_{VA}$，<br>立位指標 $N_{VD}$<br>による評価 | 欧州標準化委員会（CEN）は 1999 年に欧州準規格 ENV12299 を発表．2009 年に欧州基準 EN12299 となる．ISO2631-1 を基本とするが $W_b$ 曲線を採用． |

### (1) 瞬時（地点）乗り心地を評価する指標（乗り心地係数による評価）

瞬時乗り心地の評価では，乗り心地係数を求め，そこから乗り心地基準における区分から評価する方式が取られる．日本国内では乗り心地基準を用いた乗り心地係数が使われ，欧州等では Sperling の乗り心地係数（Sperling's ride index ($Wz$)）が使われている．

#### a. 乗り心地係数による評価（国内評価法）

1963 年国鉄列車速度調査委員会は図 4.1.2 に示す「乗り心地基準」[(3)-(6)] を定めた[4]．同じ大きさに知覚される振動強度を振動数に対して表示したもので，人の等感覚曲線ともいうことが出来る．同一線上では，乗り心地は同じ評価であり，また縦軸が小さい値の周波数帯域では人が敏感に振動を感じることを意味する．また 20Hz 以下では上下・左右・前後振動で振動の感じ方が異なることが理解できる．

---

[4] 原表記では加速度単位は G であるが，本書では 1 G=9.8 m/s$^2$ とし現在の工業標準である SI 単位系で表示する．例えば文献には「0.8 m/s$^2$（原表記 0.08 G）」との記載も見受けられる．

上下振動は Janeway の自動車に関する振動許容値(10)の提案をもとに，左右振動は鉄道技術研究所での実験検討をもとに，低い振動数の振動があまり発生しない前後振動は 4Hz を下限と定めたもので，経験をもとに大多数が許容できる限界値として示された．

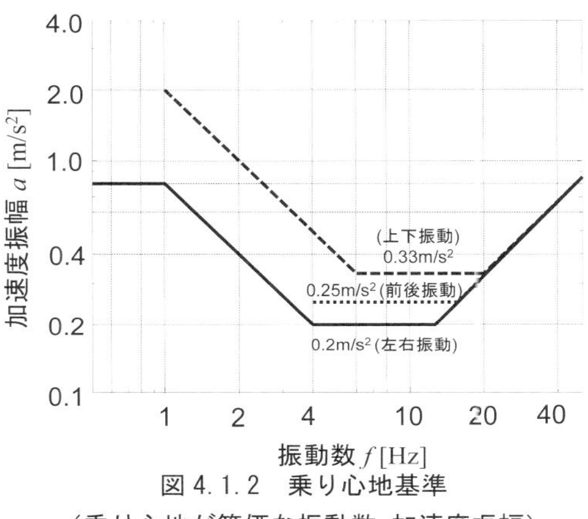

図 4.1.2　乗り心地基準
（乗り心地が等価な振動数−加速度振幅）

これを用いて図 4.1.3 の乗り心地係数図が作成でき，表 4.1.3 に従って乗り心地を評価する．図 4.1.3 の最下線（①と②の間）が乗り心地基準に示される基準線である．基準線を縦軸方向に 1.5 倍，2 倍，3 倍した線も示されている．

表 4.1.3　乗り心地区分，乗り心地係数，振動乗り心地の評価

| 区分 | 乗り心地係数 | 振動乗り心地の評価 |
|---|---|---|
| ① | 1 以下 | 非常に良い |
| ② | 1〜1.5 | 良い |
| ③ | 1.5〜2 | 普通 |
| ④ | 2〜3 | 悪い |
| ⑤ | 3 以上 | 非常に悪い |

乗り心地係数による評価を行う手順は以下のようになる．まず，等速走行時に測定された加速度波形の片振幅と振動数を求め，図 4.1.3 にプロットする．プロットしたデータが基準線（最下線）上にあるとき乗り心地係数 1 とし，この線以下の場合を評価区分①とする．同様に基準線の 1.5，2，3 倍の線上にあるとき乗り心地係数を 1.5，2，3 とし，各線の間にあるにとき評価区分を②〜④とする．プロットデータが 3 倍の線以上であれば評価区分を⑤とする．

実務上は，測定された加速度データから顕著な振動の発生地点を選び，3 波程度以上継続する振動波形より平均片振幅と振動数を求めて，図 4.1.3 の乗り心地係数区分図にプロットして乗り心地区分を判定する．したがって，本評価方式は軌道上の地点ごとの乗り心地評価を行うものである．振動数と振動の大きさの情報が得られ，判定が容易で直感的にわかりやすいことから現在も広く活用されている．一方で判定を自動化しづらい難点を持ち合わせている．

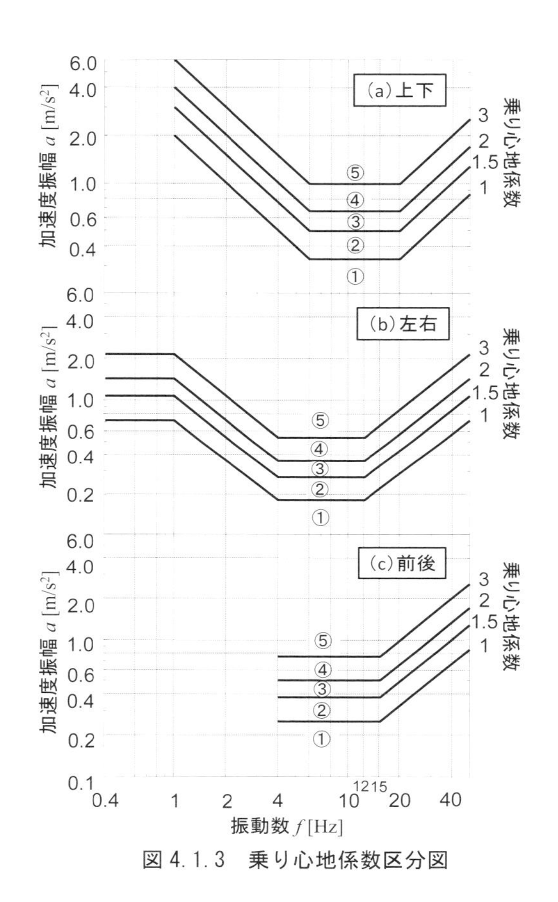


図 4.1.3　乗り心地係数区分図

### b. Sperlingの乗り心地係数(Wz)による評価（欧州規格）

海外の指標としては，欧州を中心に用いられてきた Sperling の乗り心地係数（Ride factor / Ride index *Wz*）が知られている(11),(12)．Helbing&Sperling, (1941)／Sperling& Betzhold, (1956) によって示された検討をもとに，欧州の乗り心地係数として採用され，実車走行試験における性能比較や，車両の設計仕様としてアジアほかで現在も使われている．Sperling の乗り心地係数 *Wz* は２種類あり，振動乗り心地に関する車体設計標準としての乗り心地係数（Ride quality index）と，乗客・乗員の感じる振動に対する上下方向，左右方向の乗り心地係数（Ride comfort index）がそれぞれ次式で示されている．

Ride quality index　（車体設計標準の乗り心地係数）：

$$Wz = \sqrt[10]{a^3 \cdot B(f)^3} \qquad (4.1.1)$$

Ride comfort index（乗客・乗員向けの乗り心地係数）：

$$Wz = \sqrt[6.67]{a^2 \cdot B(f)^2} \qquad (4.1.2)$$

ここで $a$ は観測時間 $T$=2～10 分の評価対象応答において，振動加速度のピーク値であり，単位は[cm/s$^2$]であるので注意されたい．対象の加速度ピーク値における振動数 $f$ で重み付けに使用する周波数重み関数 $B(f)$ は，以下の３種類が示されている．

Ride quality index （$Wz$）に使用する $B(f)$ ：

$$B(f) = 1.14\sqrt{\frac{\left\{\left(1-0.056f^2\right)^2+\left(0.645f\right)^2\right\}\left(3.55f^2\right)}{\left\{\left(1-0.252f^2\right)^2+\left(1.547f-0.00444f^3\right)^2\right\}\left(1+3.55f^2\right)}} \qquad (4.1.3)$$

上下振動の Ride comfort index （$Wz$）に使用する $B(f)=B_S(f)$ ：

$$B_S(f) = 0.588\sqrt{\frac{1.911f^2+\left(0.25f^2\right)^2}{\left(1-0.277f^2\right)^2+\left(1.563f-0.0368f^3\right)^2}} \qquad (4.1.4)$$

左右振動の Ride comfort （$Wz$）に使用する $B(f)=B_W(f)$ ：

$$B_W(f) = 1.25B_S(f) \qquad (4.1.5)$$

式(4.1.1)より車体設計標準としての Sperling の乗り心地係数（Ride quality index $Wz$）と振動数，加速度ピーク値の関係を図 4.1.4 に，乗り心地評価基準との関係を表 4.1.4

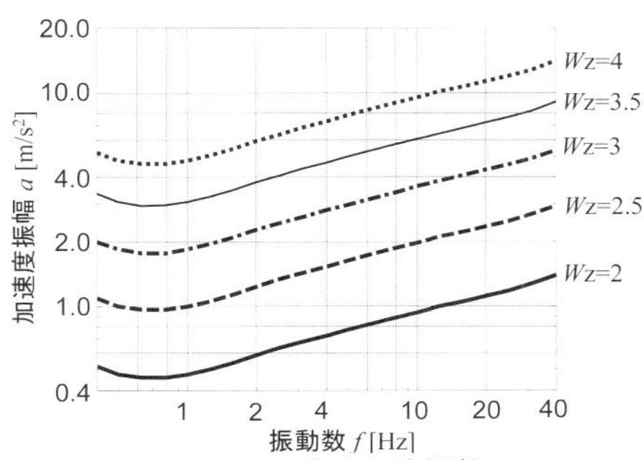


図 4.1.4　Sperling の乗り心地係数(Ride quality index $Wz$)と振動数，加速度ピーク値の関係

表 4.1.4　Ride quality index （$Wz$）の評価基準

| | |
|---|---|
| $Wz$=1 | Very good（非常に良い） |
| $Wz$=2 | Good（良い） |
| $Wz$=3 | Tolerable（普通） |
| $Wz$=4 | Operable（走行可） |
| $Wz$=4.5 | Not operable（走行不可） |
| $Wz$=5 | Dangerous（走行上危険） |

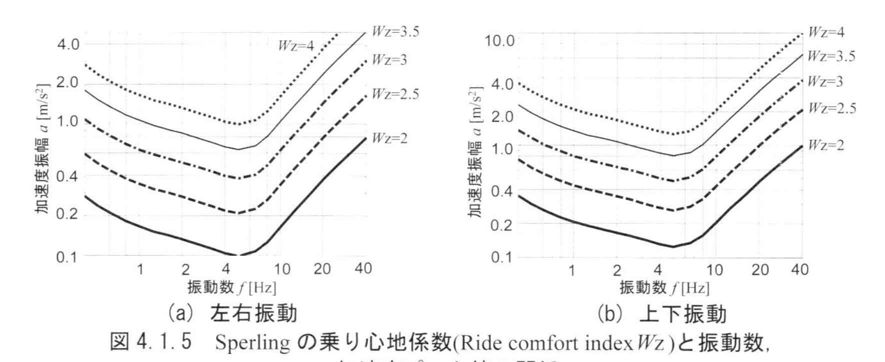


図 4. 1. 5　Sperling の乗り心地係数(Ride comfort index *Wz*)と振動数，加速度ピーク値の関係

表 4. 1. 5　Ride comfort index (*Wz*) の評価基準

| | | |
|---|---|---|
| *Wz*=1 | just noticeable | 良い<br>↑<br>悪い |
| *Wz*=2 | clearly noticeable | |
| *Wz*=2.5 | more pronounced but not unpleasant | |
| *Wz*=3 | strong, irregular, but still tolerable | |
| *Wz*=3.25 | very irregular | |
| *Wz*=3.5 | extremely irregular, unpleasant, annoying; prolonged exposure intolerable | |
| *Wz*=4 | extreme unpleasant; prolonged exposure harmful | |

に示す．式(4.1.2)より求めた乗客・乗員向けの Sperling の乗り心地係数（Ride comfort index *Wz*）と振動数，左右・上下振動の加速度ピーク値の関係を図 4.1.5 に示す．乗り心地評価基準との関係を表 4.1.5 に示す．なお図中縦軸に示す加速度ピーク値の振幅は SI 単位系 [m/s$^2$]で記している．

### (2) 区間乗り心地を評価する指標（乗り心地レベル）

区間乗り心地の評価では，一定の走行区間における振動加速度を感覚曲線（周波数重み）により感覚補正を行って実効値を求め，それにより乗り心地を評価する．このとき実効値は式(4.1.6)より求める．

$$\overline{\alpha}_{\mathrm{w}} = \sqrt{\frac{1}{T}\int_0^T \alpha_{\mathrm{w}}^2(t)dt} \quad \cdots\cdots (4.1.6)$$

ただし $\alpha_{\mathrm{w}}$ は感覚補正された振動加速度，$\overline{\alpha}_{\mathrm{w}}$ はその実効値，$T$ は評価に用いる加速度の平均時間（観測時間）である．式(4.1.6)より，この指標は時間長 $T$ での平均的な乗り心地評価を行うものであることがわかる．日本では乗り心地レベル $L_{\mathrm{T}}$ が用いられ，海外では国際規格では ISO2631 によるものがよく知られている．両者は感覚補正に用いる周波数補正曲線が異なるほか，乗り心地レベルは $\bar{\alpha}_w$ を規格化して対数表示した「レベル」（dB 値）で評価するのに対し，ISO2631 は $\bar{\alpha}_w$ そのものを評価量として用いるといった違いがある．

### a. 乗り心地レベルによる評価（国内評価基準）

旧国鉄が 1980 年当時に定めた評価法で，感覚補正（周波数補正）に用いる乗り心地フィルタ（周波数補正曲線：等感覚曲線の逆数特性）として図 4.1.6 が用いられる．これは，国際標準化機構（ISO）が ISO2631「全身振動暴露に関する評価指針」として 1974 年に発行した振動の周波数毎に加速度実効値を求める方法（許容暴露時間 8 時間）を基に定められた．平均時間 $T$=3±2 分として測定した車体振動加速度 $\alpha$ に，図 4.1.6 の乗り心地フィルタを適用して感覚補正し，その実効値 $\bar{\alpha}_w$ を式(4.1.6)により求め，基準加速度 $\alpha_{ref}$（$10^{-5}$ m/s$^2$）で規格化してデシベル表示したものを乗り心地レベル $L_T$ とする．これを式で表すと式(4.1.7)となる．

$$L_T = 20\log_{10}\left(\frac{\bar{\alpha}_w}{\alpha_{ref}}\right) \quad \cdots\cdots (4.1.7)$$

乗り心地レベル $L_T$ による乗り心地の判定は表 4.1.6 の区分にしたがって行う[(3)-(6)]．

軌道管理体制の充実に関する研究報告書（1981）によると，軌道管理に使用する場合に，測定の目的によって短い平均時間により求めた乗り心地レベルの使用を許容している．そこで $T$=1 分よりも短い平均時間で求めた，短時間乗り心地レベルが使用さ

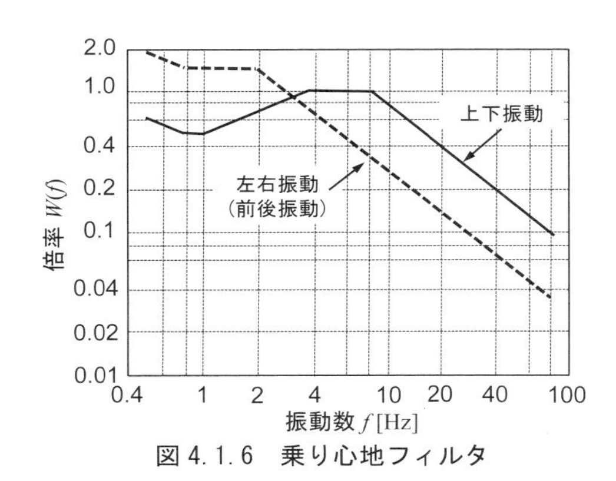


図 4.1.6　乗り心地フィルタ

表 4.1.6　乗り心地区分，乗り心地レベル，評価

| 区分 | $L_T$ | 評価 |
|---|---|---|
| ① | 83dB 未満 | 良い<br>↑<br>悪い |
| ② | 83～88dB 未満 | |
| ③ | 88～93dB 未満 | |
| ④ | 93～98dB 未満 | |
| ⑤ | 98dB 以上 | |

れている．平均時間が短い場合は特異な振動が強調されたり，評価が充分定まらなかったりする可能性がある．平均時間が異なると求める実効値の前提が異なるため，乗り心地レベルを単純に比較することはできない．したがって乗り心地レベルを示す際には，走行速度などの走行条件に加え，平均時間 $T$ を示すことは必須である．

近年は新幹線車両の走行速度向上に伴い，高い周波数数の振動に対する人による感度が高まったことにより，振動数の高い帯域での乗り心地フィルタを改訂する提案[13]がなされている．

b. ISO2631 による評価（国際規格）

ISO2631 は 1974 年に初版が発行されて以降，改訂・分割化が重ねられ，1997 年に ISO2631-1 に「全身振動暴露に関する評価（Part 1 総説）」[14]，2001 年に ISO2631-4「鉄道システムの乗客・乗員に関する評価」[15]が発行されている．

ISO2631-1(1997)では，図 4.1.7 に示す周波数補正曲線により感覚補正を行った感覚補正加速度 $\alpha_w$ を用い，式(4.1.6)でその実効値を求める．図 4.1.7 の $W_k$ は上下振動，$W_d$ は左右振動・前後振動，$W_c$ は腰掛けの背もたれ前後振動，$W_f$ は低周波数上下振動（乗り物酔い）の評価に用いる重み付けである．

これらの周波数補正曲線で感覚補正された加速度実効値により，表 4.1.7 にしたがって快適性の評価を行う．なお ISO2631-1(1997)の付属書 C に示される表 4.1.7 は，振動環境における全身暴露振動に対する評価として示されており，鉄道車両の乗り心地として示されたものではない．

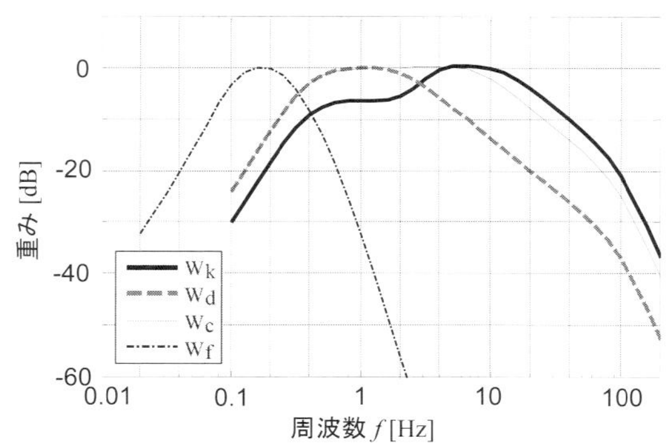


図 4.1.7　ISO 2631-1(1997)に示される主な周波数補正曲線

表 4.1.7　ISO2631-1 (1997)に示される振動環境と快適性の関係

| m/s² | 快適性評価 |
|---|---|
| 0.315 未満 | 不快ではない |
| 0.315-0.63 | 少し不快 |
| 0.5-1 | やや不快 |
| 0.8-1.6 | 不快 |
| 1.25-2.5 | かなり不快 |
| 2 以上 | 極度に不快 |

### c. 複数軸振動を用いた総合的な乗り心地評価指標（欧州規格 EN12299）

乗り心地レベルと ISO2631 が振動の方向別に評価を行うのに対し，欧州規格 EN12299 では複数軸振動を用いた総合的な評価方法を採用している．またこの規格では，立位，座位それぞれに対する評価指標も示されている．EN12299 による評価は感覚補正された加速度の実効値に基づく区間乗り心地評価である．

欧州標準化委員会（CEN）は 1999 年に欧州準規格 ENV12299[(3)]を発表した．その後 2009 年に欧州基準 EN12299 (European Standard)[(16)]が発行された．複数軸振動を総合的（実用的）に評価するために座位を基本に次式で定義される総合評価指標 $N_{MV}$ を提案している．

$$N_{MV} = 6\sqrt{(a_{XP95}^{Wd})^2 + (a_{YP95}^{Wd})^2 + (a_{ZP95}^{Wb})^2} \quad \cdots\cdots (4.1.8)$$

ここで $a^{Wb}$，$a^{Wd}$ はそれぞれ，図 4.1.8 の $W_b$，$W_d$ に示す周波数補正曲線で補正した振動加速度の実効値であり，下付添字の X, Y, Z は振動方向を示し，P95 は床面（$P$）で測定された振動加速度の周波数補正実効値の 95 パーセンタイル値（percentile）を示している．また実効値の算出は，最大営業速度での等速走行した５分間のデータをもとに，５秒毎に区切ったデータを用いて行う．

図 4.1.8 の $W_b$ は上下振動，$W_d$ は左右振動・前後振動，$W_c$ はバンドパスフィルタ形状で腰掛けの背もたれ部における前後振動に対する周波数補正曲線である．$W_d$ と $W_c$ は図 4.1.6 のそれぞれと同一で，前述の ISO2631-1 (1997) に記載の重み付けである．またこの図の $W_p$ は緩和曲線の評価（後述）時に使用する左右振動加速度・ロール角速度に関するローパスフィルタである．$N_{MV}$ による乗り心地評価は，表 4.1.8 に示される５段階で行うこととされている．

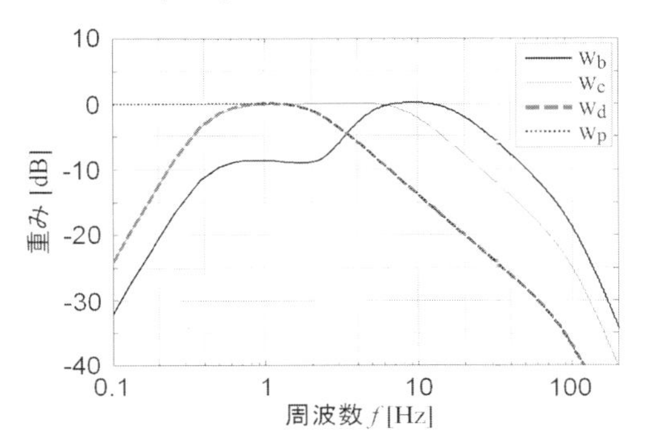


図 4.1.8　EN 12299(2009)に用いられる周波数補正曲線

また EN12299 では，座位（$N_{VA}$）と立位（$N_{VD}$）に関する評価指標も提案されている．式(4.1.8)で用いた周波数補正加速度の実効値に加え座位については腰掛座面と背もたれにおける加速度も考慮し，立位については床面加速度を周波数補正した実効値の 50 パーセンタイル値も用いる．これらを式で表したのが式(4.1.9)，(4.1.10)である．

表 4.1.8 EN 12299 における総合評価指標 $N_{MV}$ による乗り心地評価

| $N_{MV}$ | 評価 |
|---|---|
| $N_{MV} < 1.5$ | 非常に快適 |
| $1.5 \leqq N_{MV} < 2.5$ | 快適 |
| $2.5 \leqq N_{MV} < 3.5$ | 普通 |
| $3.5 \leqq N_{MV} < 4.5$ | 不快 |
| $4.5 \leqq N_{MV}$ | 非常に不快 |

$$N_{VA} = 4 \cdot (a_{ZP95}^{Wb}) + 2\sqrt{(a_{YA95}^{Wd})^2 + (a_{ZA95}^{Wb})^2} + 4 \cdot (a_{XD95}^{Wc}) \quad \cdots\cdots (4.1.9)$$

$$N_{VD} = 3\sqrt{16 \cdot (a_{XP50}^{Wd})^2 + 4 \cdot (a_{YP50}^{Wd})^2 + (a_{ZP50}^{Wb})^2} + 5 \cdot (a_{YP95}^{Wd}) \quad \cdots\cdots (4.1.10)$$

ここで，$a^{Wc}$ は $W_c$ 曲線で補正した振動加速度の実効値であり，下付添字の A95，D95 はそれぞれ，座面と背もたれで測定された加速度を周波数補正した実効値の 95 パーセンタイル値，P50 は床面加速度を周波数補正した実効値の 50 パーセンタイル値である．このように座位（$N_{VA}$）による評価指標は，総合評価指標 $N_{MV}$ に比べ座面の情報が追加された，より詳しい評価指標となっている．

### 4.1.2 曲線走行時の乗り心地

日本のように山がちな国土においては，その多くが曲線を走行することとなる．曲線走行中の車両には遠心力が作用する．従って前項に示した直線走行時の乗り心地のほかに，曲線を走行する鉄道車両に対する評価を検討する必要がある．直線路走行時とは異なり曲線部では，振動加速度に加え，遠心力に起因する定常加速度（stationary acceleration）が生じる．そこで実効値による評価ではなく，定常加速度の最大値を用いた評価が用いられている[(6),(17)-(19)]．

(1) 円曲線走行中の左右定常加速度

曲線走行中の車体や乗客に作用する旋回外向きの遠心力による影響を防ぐため，曲線軌道上には予めカントが設けられ，見かけの遠心力が作用しないように，均衡速度が設定されている．しかし走行速度の異なる車両が走行することから，速達を目的とする高速車両では，走行速度が増加すると，カント不足により超過遠心加速度が生じ，乗客にはそれに応じた左右定常加速度が作用することとなる[(19)(20)]．

軌道に敷設したカント角 $\theta_0$ [rad]は，軌間 $G$ [mm]，カント量 $C$ [mm]より次式で定義される．

$$\theta_0 = \sin^{-1}\left(\frac{C}{G}\right) \quad \cdots\cdots (4.1.11)$$

このとき，乗客・乗員が感じる左右方向の超過遠心加速度$\alpha_u$ [m/s²]は，走行速度 $v$ [m/s]，カーブ曲率$\rho$ [1/m]，重力加速度 $g$ [m/s²]より次式のとおり求められる．

$$\alpha_u = \rho v^2 \cos\theta_0 - g\sin\theta_0 \quad \cdots\cdots (4.1.12)$$

1960 年代に旧国鉄が実施した実験結果から，立位 5%が許容できない左右定常加速度の大きさは 0.8 m/s²（原表記：0.08 G）とされ，新幹線・在来線ともに曲線走行時の，左右定常加速度の許容基準となっている．（図 4.1.2 の左右振動における，1 Hz 以下）

「振動分（一般的な振動乗り心地）の管理が十分であれば，左右定常加速度は 1.0 m/s² 程度，着席を前提とする車両のように着座のみを考慮すれば良い場合には，1.2 m/s² 程度まで許容できる」との提案もなされている[(21)]．

(2) 緩和曲線走行時の左右定常加速度の変化率

直線から曲線へ単純に接合する場合，その不連続点で過大な加速度の変化が生じてしまうことから，直線軌道から円曲線を補間する緩和曲線区間が設けられ，左右定常速度の変化を抑える曲率構成となっている．このため立位でよろめくなどの危険が無いよう，左右定常加速度の変化率は 0.3 m/s³ 以下にすることが望ましく，極力 0.4 m/s³ 以下にすることが推奨されている．直線と円曲線を結ぶこれら緩和曲線は，その長さ，曲率（曲線半径），カントの変化について 1.2.2 項で述べた規定が設けられている．

欧州規格 EN12299 でも緩和曲線の乗り心地評価法が示されている[(16)]．

(3) 車体傾斜車両とローリングの評価

曲線走行中に生じる左右定常加速度を低減し，乗り心地を悪化させず曲線走行速度を向上させる目的で登場した車体傾斜車両は，車体を内軌側に傾けることで乗客・乗員に作用する遠心力を相殺する．1973 年に最初の振子式の車体傾斜車両が登場し，新たにローリング運動に伴う評価が必要となった．曲線出入口部での傾斜角速度および傾斜角加速度が小さい場合に乗り心地が良好であり，その許容値は角速度 5 deg/s，角加速度 15 deg/s² 程度との知見が示された．

### 4.1.3　乗り物酔い（列車酔い）

乗り物酔い（motion sickness）は医学的には「動揺病」または「加速度病」と言われ，乗車中様々な方向から振動を受ける際に，知覚情報処理において他よりも優位な視覚情報と，前庭（平衡感覚）との不一致が自律神経を乱れさせることで生じるという説が有力である．

乗り物酔いにおける振動評価は特に船舶分野での検討が先行しており，ISO2631 では主に船舶へ適用する MSDV 指標（Motion Sickness Dose Value : 乗り物酔い暴露量値）が示されている．これは図 4.1.7 に示した周波数補正曲線 $W_f$ により感覚補正した上下振動加速度 $a_w(t)$ [m/s$^2$]を用いて，式(4.1.13)により評価をしている．

$$MSDV_z = \sqrt{\int_0^T a_w^2(t)dt} \quad \cdots\cdots (4.1.13)$$

鉄道車両は船舶とは酔いの原因となる振動の状況が異なることから，鉄道車両用途での検討がなされてきた[22]．各種振動特性と酔い発生確率との相関分析から，鉄道車両では左右振動の影響が最も大きく，上下振動の影響は小さいことや，左右振動と酔い発生率との相関が最大になる周波数は $W_f$ のピークとは若干異なることなどが示された．

これらの結果から，図 4.1.9 に示す鉄道車両用の乗り物酔い評価に用いる左右振動補正フィルタ（$W_{f\text{-}Y}$）が提案されている．0.25～0.315 Hz 付近で左右振動との相関が高い重み付けとなっている．30 分間の振動加速度を解析の対象とし，このフィルタを用いて左右振動の積分値（$MSDV_Y$）を算出する．

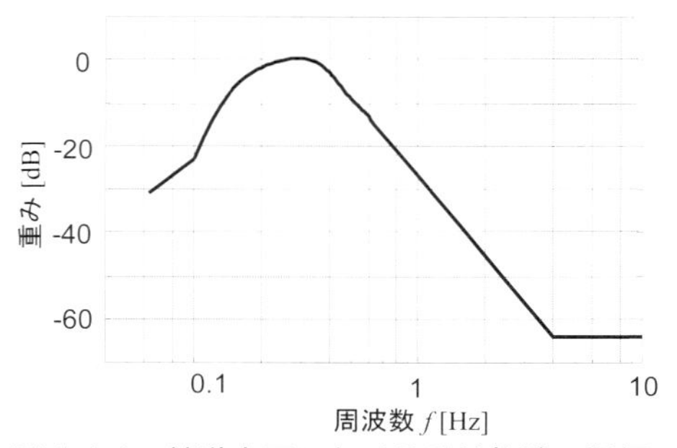


図 4. 1. 9　鉄道車両における乗り物酔い評価に用いる左右振動の周波数補正曲線（$W_{f\text{-}Y}$）

## 4. 1. 4　その他の乗り心地評価に用いられる許容値

本書では対象とはしていないが，前述の国鉄列車速度調査委員会では，加速・減速時の乗り心地として特に問題となる減速時の乗り心地を対象に，立位時の許容値として減速度 0.8 m/s$^2$，減速度変化率 0.5 m/s$^3$，座位時の許容値として減速度 1.0 m/s$^2$，減速度変化率 0.7 m/s$^3$ が示されている．また分岐器通過中の座位での許容値として 1.4 m/s$^2$ 程度までとも示されている．

## 4.2　車体上下振動の実態

車体上下振動に関しては，図4.2.1に示すように，車体を上下支持するまくらばね（空気ばね）をばね系とし，車体が変形せず上下並進（vertical translational）あるいはピッチング振動する剛体振動（rigid body vibration）と，車体自身が弾性変形しながら振動する弾性振動（elastic vibration）が乗り心地に影響する．なお，剛体振動のひとつである車体のローリング振動も床面において上下成分を持つが，左右方向の振動乗り心地あるいは「酔い」との関連で扱われることが多いためこの図では省略した[5]．

車体の振動測定データを正しく解釈し，適切なシミュレーションモデルを構築するためには，車体振動の原因となる外乱とそれがどのように車体を加振するのか（以下，加振機構という）についてよく理解しておく必要がある．そこで本節では，まず車体上下振動の加振機構を詳しく説明し，次に実測データに基づき実際の車両における上下振動の状況を示す．

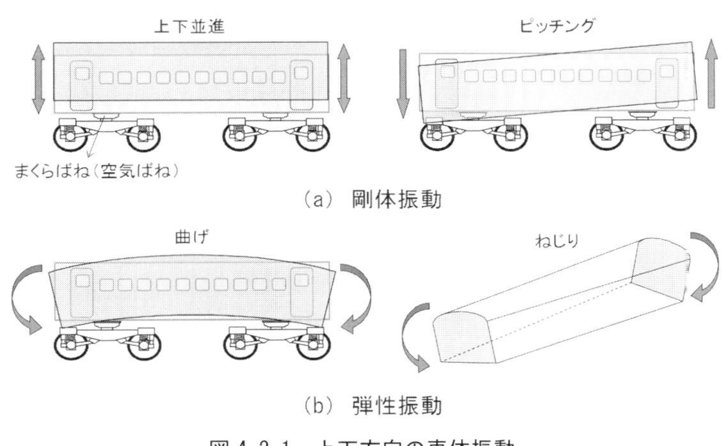


図4.2.1　上下方向の車体振動

[5] 振り子車両などの車体傾斜に伴うローリングは「乗り物酔い」の主因ではないかと考えられてきたが，ロール角やロール角速度と酔いの相関は高くないという報告がある(22)．ただし，ローリング振動に伴う左右振動成分が酔いに影響する可能性はあると考えられる．

### 4.2.1　車体上下振動の加振機構

車体上下振動の加振機構として，まくらばねを介した加振と，車体と台車間の前後方向の結合要素を介した加振が知られている．これらを模式的に図 4.2.2 に示し，それぞれ以下に詳述する．

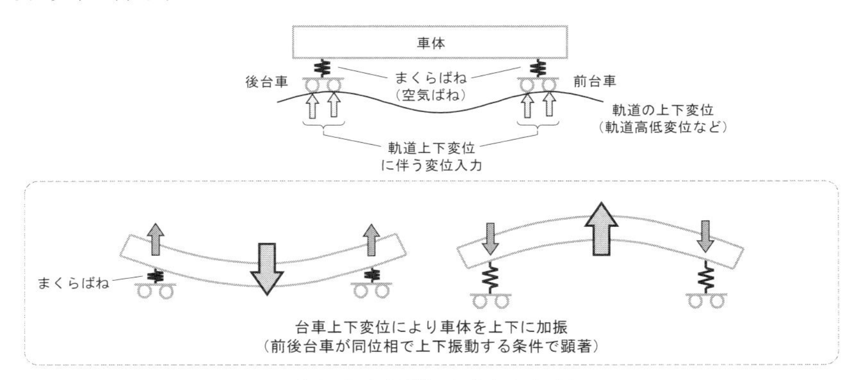


(a) まくらばねを介した加振

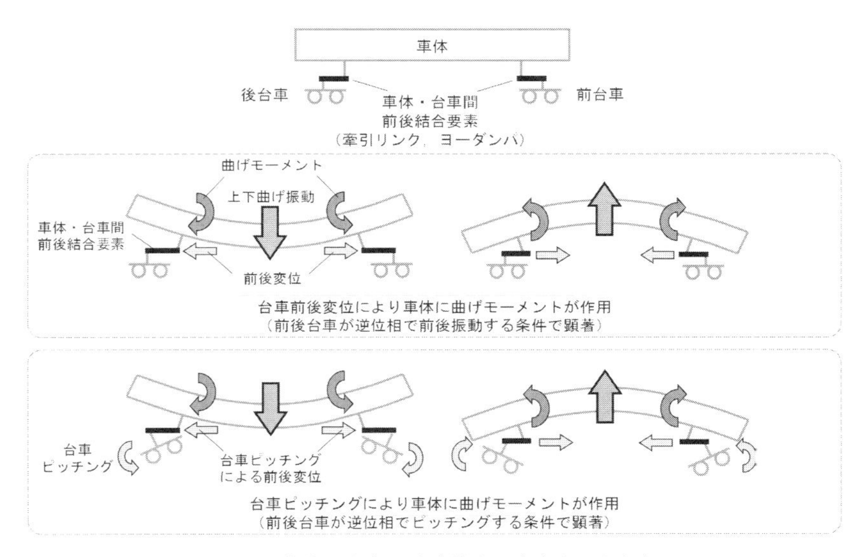


(b) 車体・台車間前後結合要素を介した加振

図 4.2.2　車体上下振動の加振機構

### (1) まくらばねを介した加振

図 4.2.2(a)に示すような，軌道の上下変位に主に起因し[6]，まくらばねを介した加振機構は，剛体振動を含む車体上下振動全般に関係する．この加振機構により励起される車体中央部の振動の大きさ（振幅）は，軌道の上下変位の波長と台車中心間距離との関係で変化することが知られており，台車中心間距離による軌道変位量の「平均化効果」（averaging effect）あるいは「フィルタ効果」（filtering effect）と呼ばれている[(23)]．これは図 4.2.3 に示すように軌道の上下変位の波長 $\lambda$ [m]と，台車中心間距離（レール方向のまくらばね間距離）$L_{\mathrm{BC}}$ [m]との幾何学的な関係により車体中央部の振動の振幅が変化するものである．実際の軌道変位はあらゆる波長成分を含む不規則波であるが，この図はまくらはりを介した加振については，そのうち半波長の奇数倍が $L_{\mathrm{BC}}$ に等しい成分は車体中央部の振動を励起しにくく，半波長の偶数倍が $L_{\mathrm{BC}}$ に等しい成分は車体中央部の振動を励起しやすいことを示している．速度を $v$ [m/s]とすると波長 $\lambda$ の上下変位による加振の周波数 $f$ [Hz] は $f = v/\lambda$ となるため，以下の関係が得られる．

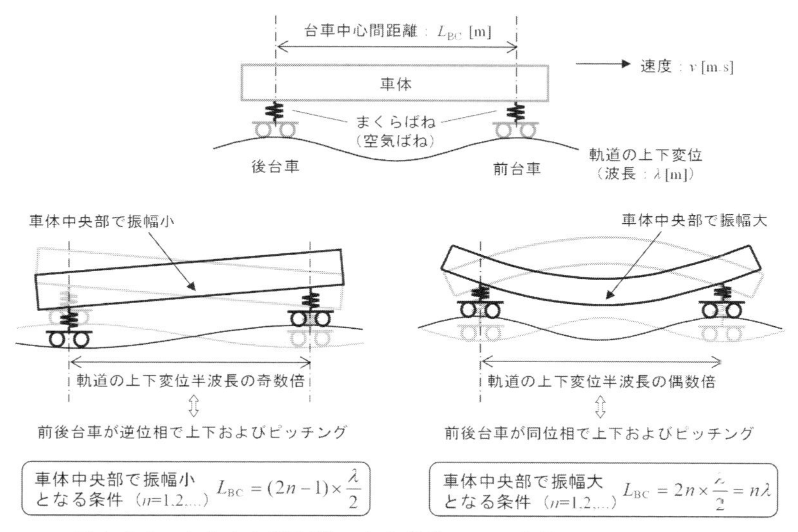


図 4.2.3　台車中心間距離による軌道の上下変位のフィルタ効果

---

6 軌道の高低変位のほか，縦曲線等の軌道形状もまくらばねを介した車体上下加振に関係することがある．以降，本章では，本書図 1.3.1 の軌道変位管理項目中の「高低変位」を含む，軌道から車両（輪軸）に入力される上下方向の変位をすべて「（軌道の）上下変位」と呼ぶこととする．

**車体中央部で振幅小となる条件：**

$$L_{BC} = (2n-1)\frac{\lambda}{2} \text{ より，} f_{BC} = (2n-1)\frac{v}{2L_{BC}} \quad \cdots\cdots (4.2.1)$$

**車体中央部で振幅大となる条件：**

$$L_{BC} = n\lambda \text{ より，} f^{*}_{BC} = \frac{nv}{L_{BC}} \quad \cdots\cdots (4.2.2)$$

ただし $n = 1, 2, \ldots$ である．これらの関係式から，車体中央部で測定された加速度を周波数分析して得たパワースペクトル密度（power spectral density: PSD）には，$f_{BC}$ に対応する周波数に「落ち込み」が生じることが理解できる．また，$f^{*}_{BC}$ に対応する周波数ではPSD の低下はなく，車体中央部に振動の腹（振幅が極大となる位置．antinode, loop）を持つ弾性振動の加振が顕著になる周波数となる．なお，$f_{BC}$ に対応する周波数は，まくらばねを介した上下加振に関しては車体中央部の振動が小さくなる条件となるが，図4.2.3 に示すように前後台車が逆位相（antiphase，opposite phase）でピッチングする条件となり[7]，車体と台車間の前後方向の結合要素を介した加振の影響が大きくなる．

以上は台車中心間距離に関するフィルタ効果（bogie spacing filtering effect）について述べたが，1 台車中の二つの輪軸においても同様の効果が生じることが知られている．これは軸間距離によるフィルタ効果（wheelbase filtering effect）と呼ばれている．

### (2) 車体と台車間の前後結合要素を介した加振

牽引装置やヨーダンパなど，車体と台車間の前後方向を結合する部材（以下，前後結合要素と呼ぶ）を介した加振は，台車の前後振動やピッチング振動に起因する加振力がそれらを通じて車体に伝わるもので，軌道上下変位のほか輪軸のアンバランス[8]（unbalance，imbalance）がその要因として挙げられる．前後結合要素を介した加振は車体に曲げモーメントとして作用するため，上下振動に関しては主に車体弾性振動を励振し，特に前後台車が逆位相でピッチングあるいは前後振動すると，車体中央部に振動の腹を持つ弾性振動モードの加振が顕著になる[9]．

---

[7] 図 4.2.3 は軌道の上下変位が最大（最小）の位置に台車が来た瞬間を模式的に示しているが，この状況から少しずれた状況を考える（軌道変位を少し前後に少しずらす）と分かりやすい．

[8] 質量分布の不均一のほか偏心によるものを含む

[9] 新幹線電車では，前後台車の中心間距離（$L_{BC} = 17.5$ m）と軌道のコンクリートスラブ板の間隔（5 m）との幾何学的関係から，スラブ軌道上を走行する際に波長 5 m の周期的な上下変位に起因する前後台車逆位相のピッチング振動による強制加振の影響が顕著となる場合がある．

鉄道車両の車体は非常に細長い形状をしていることから，車体上下弾性振動をはりの曲げ振動と仮定し，車体と台車間の前後結合要素を介した加振について，さらに詳しく見てみよう．図 4.2.4 に示すように車体の高さ方向の適当な位置に曲げ中立面（neutral plane of bending）を考え，台車のピッチング中心から前後結合要素の台車側取付位置までの上下距離を $H_1$，前後結合要素の車体側取付位置から曲げ中立面までの上下距離を $H_2$ とする．また，前後結合要素の取付部（ブラケット等）の剛性は充分に大きいとする．前後結合要素と車体や台車との結合部には，緩衝とこじりなどを吸収するためのゴムブシュ（緩衝ゴム）が用いられており，その剛性（ばね定数）を $K_x$ とすると，台車の前後変位 $u$ に応じた力 $F=K_x u$ が車体側への取付部に作用すると考えられる．また，台車が角度 $\theta$ だけピッチングする場合，前後結合要素の台車側取付位置での前後変位を $u=H_1\theta$ と表すことができるので[10]，やはりこの変位と緩衝ゴム剛性による力 $F=K_x H_1\theta$ が車体側の取付部に作用する．一般に車体の曲げ中立面は床面より上方にあり，前後結合要素は床下に取り付けられるため，$H_2$ は0にすることはできない．したがって，台車の前後変位 $u$ と緩衝ゴム剛性 $K_x$ による力 $F$ が生じると，車体には曲げモーメント $M=FH_2\ (=K_x H_1 H_2\theta)$ が作用し，これによる加振を受けることになる．

この加振機構からわかるように，もし台車のピッチング中心に一致するように前後結合要素を取り付けることができれば $H_1=0$ となり，台車ピッチングによる車体加振

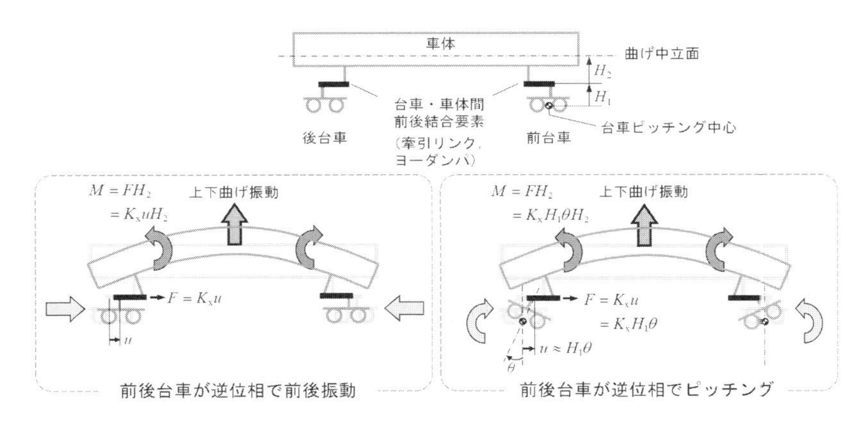


図 4.2.4　車体・台車間の前後結合要素を介した車体加振

[10] 台車ピッチングによる回転角は微小であるとし，$\sin\theta\approx\theta$ とした．

は生じない．しかし台車ピッチング中心高さを設計段階で正確に見積もることは難しく，また台車ピッチング中心高さは周波数により変化するため，前後結合要素の高さを台車ピッチング中心高さと常に一致させるのは困難である．通常はそれらを車軸中心付近に配置することが多い．

ここでは前後台車が逆位相で前後振動あるいはピッチングする場合を例に説明したが，この加振機構によれば前後台車が同位相（in phase）で前後振動あるいはピッチングする場合は，車体の前後振動や車体中央部に振動の節（振幅が極小となる位置，node）を持つ弾性振動が顕著になる．

輪軸に微小なアンバランスがあると，輪軸の回転に伴う遠心力により台車に前後振動が生じ，前後結合要素を介して車体を加振する．一般に回転体のアンバランス量は，回転体の質量と偏心量（回転体の重心と回転中心とのずれ，eccentricity）の積で表される[11]．輪軸の質量を $m_w$ [kg]とし，偏心量を $\varepsilon$ [m]とすると，この輪軸の回転による遠心力 $P_e$ は次式で表される．

$$P_e = m_w \varepsilon \omega^2 = m_w \varepsilon \left( \frac{v}{r_w} \right)^2 \quad \cdots\cdots (4.2.3)$$

ただし，$\omega$ [rad/s]は車輪回転の角速度，$v$ [m/s]は車両の走行速度，$r_w$ [m]は車輪半径であり，$\omega = v / r_w$ の関係がある．1 秒間の車輪の回転数（車輪回転の周波数）が加振周波数となるため，これを $f$ [Hz]とすると

$$f = \frac{v}{2\pi r_w} \quad \cdots\cdots (4.2.4)$$

であり，加振周波数は車両の走行速度に比例する．この加振周波数が車体弾性振動の固有振動数に近いと共振（resonance）が発生して車体振動が大きくなり，乗り心地に影響する．後述するように，乗り心地に影響のある周波数領域における車体弾性振動の固有振動数は複数存在するため，それらと共振する速度も複数になる．例えば車輪半径が 0.42 m で，8 Hz，10 Hz，12 Hz に車体弾性振動モードの固有振動数を持つ車両では，速度 76 km/h，95 km/h，114 km/h で共振が発生し車体振動が大きくなる可能性がある[12]．

---

[11] 日本国内では，鉄道車両の車輪の静的アンバランス量は 0.25 kg･m を超えないこととされており，高速走行する新幹線では静的アンバランス量 0.05 kg･m 以下で，かつ輪軸に組み立て後の合成アンバランス量の管理も行われている(24)．

[12] 車輪回転周波数と固有振動数が近接しても，実際に車体振動が顕著になるかどうかは固有振動モード形状にも依存するため，固有振動数と速度の関係だけで一概に言うことはできない．

式(4.2.4)の関係を車輪半径0.43 mと0.40 mの場合について図示すると図4.2.5の2本の直線となる．ここで，網掛けを施した部分は在来線・新幹線の常用速度域および乗り心地に影響の大きい車体弾性振動の固有振動数の存在範囲を表す．それらが重なる部分を式(4.2.4)の関係を表す直線が通ると車体弾性振動との共振が生じる．この図より，輪軸のアンバランスに起因する車体弾性振動は在来線の速度域で問題となりやすいことがわかる．

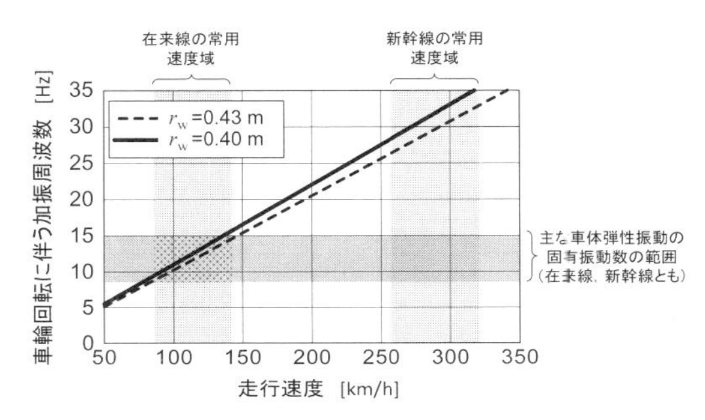


**図4.2.5　輪軸のアンバランスによる車体加振周波数と速度の関係**

### 4.2.2　車体上下振動の測定例

車体上下振動の評価方法を大別すると，走行時の振動測定によるものと，定置した車両を加振器（exciter，shaker）で加振して振動測定を行う定置加振試験（stationary excitation test，stationary vibration test）によるものがある．

走行時の振動測定試験（以下，走行試験という）により得られた加速度測定データは振動乗り心地の評価に用いられる．日本では車両の振動乗り心地評価は床面の加速度で行うため，走行試験では主に床面の加速度を測定する．

走行時の振動測定データには，車体の振動特性のほか軌道や速度の影響も含まれ，一般にそれらを除去することは困難である．そのため，車体固有の振動特性である固有振動モード（natural mode of vibration）を詳細に把握するには，入力（加振器による加振力）と出力（加振により生じた車体各部の振動加速度）の関係が明確な定置加振試験の実施が適している．車体弾性振動の固有モード特性[13]を詳細に把握するためには，床面だけでなく屋根や側面の振動測定も重要となる．

車体上下振動の測定には，高い周波数領域までの加速度計測に適した圧電式加速度ピックアップを用いることが多い．以下では，実際の鉄道車両について，走行試験により得られた振動加速度PSDと定置加振試験により得られた固有振動モードの例を示す．

---

[13] 固有振動モード形状とそれに対応する固有振動数やモード減衰を合わせた振動特性をここでは固有モード特性と呼ぶ．

### (1) 振動加速度 PSD

走行時に測定した加速度より求めた加速度 PSD の例を，図 4.2.6（新幹線車両），図 4.2.7（通勤形車両）にそれぞれ示す．

新幹線から見てゆくと，図 4.2.6 では 8.5 Hz 付近に卓越したピークが認められるが，これが車体上下曲げ振動に対応している．図 4.2.7 に示した通勤形車両の PSD と比較すると，図 4.2.7 では 5 Hz 以上の周波数領域に多数のピークが存在するが，図 4.2.6 では少数の卓越したピークを持つことが特徴といえる．これは新幹線の構体はアルミニウム合金（アルミ合金）の押出形材を用いた気密構造（airtight structure）をもち，床と屋根や側面が一体の箱形構造として変形する特性を示すことや，速度が高いと前節で述べたフィルタ効果による落ち込み周波数の間隔が広くなること，などの影響である．

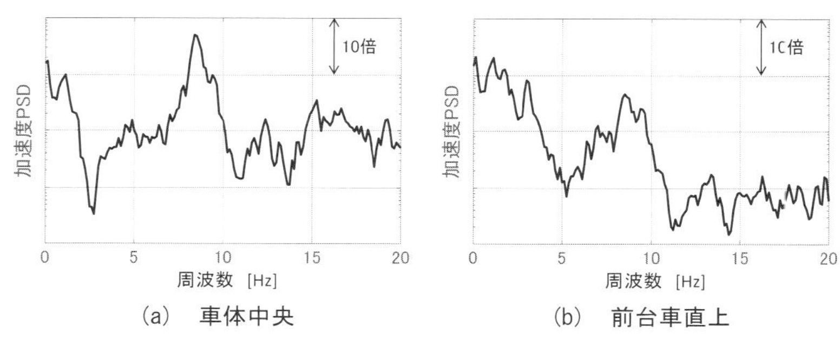


図 4. 2. 6　新幹線車両走行時の車体床面の上下振動加速度ＰＳＤの例[25]
（速度 300 km/h）

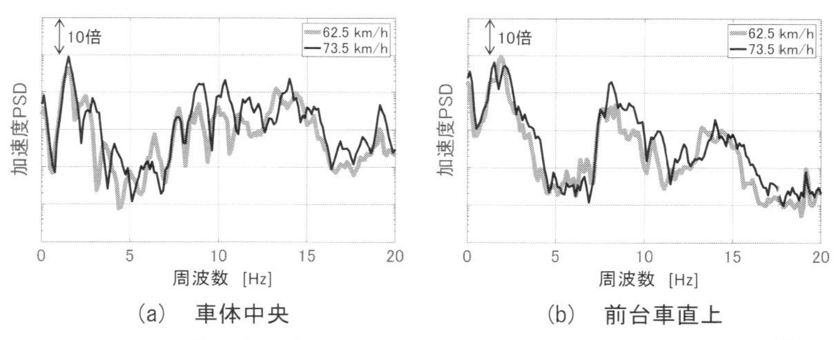


図 4. 2. 7　通勤形車両走行時の車体床面の上下振動加速度 PSD の例[26]

通勤形車両の PSD について，図 4.2.7 の灰太線，黒実線はそれぞれ，同一区間（約 1.5 km）を異なる速度（62.5，73.5 km/h）で等速走行した場合を示している．この図から，床面の部位や走行速度により PSD は変化することがわかる．車体固有の振動によるピークは速度によらず一定の周波数を持ち，軌道変位や車輪回転などによる強制加振に起因するピークは速度に依存して変化するが，図 4.2.7 において速度に依存しないピークは，1〜2 Hz 付近の剛体振動（上下並進およびピッチング）に対応するものと，(b)の 8 Hz や 13〜15 Hz 付近の弾性振動に対応するものが確認できる．また (a)には速度により変化する多数のピークがあるように見えるが，これは上述した台車中心間距離に関するフィルタ効果により PSD に落ち込みが生じた結果である．すなわち，この車両の台車中心間距離は $L_{BC}$ =13.8 m なので，式(4.2.1)より速度 62.5 km/h では 0.6, 1.9, 3.1, 4.4, 5.7, 6.9, 8.2...Hz で，速度 73.5 km/h では，0.7, 2.2, 3.7, 5.2, 6.7, 8.1, 9.6. .Hz で PSD の落ち込みが生じることが予測されるが，実際にそれらにほぼ対応する周波数で PSD に落ち込みが認められる．

さらに加速度 PSD からは，車体上下振動の加振機構も推定できることを示そう．図 4.2.7 の速度 73.5 km/h の場合について，車体中央（床面）の上下振動加速度 PSD（黒実線）と，前後台車同位相の上下振動（灰太線）および前後台車逆位相のピッチング振動（破線）の加速度 PSD を図 4.2.8 に示す[14]．前節で説明したように，太線は空気ばねを

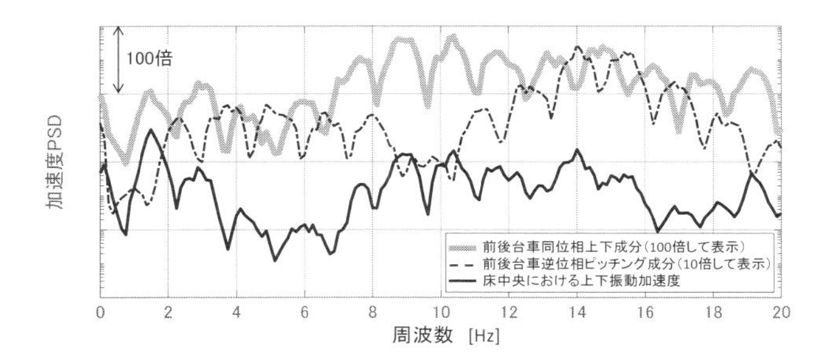


図 4.2.8　車体中央（床面）の上下振動加速度と前後台車同位相の上下振動および前後台車逆位相のピッチング振動の PSD（速度 73.5 km/h）(26)

[14] ここでは見やすさを考慮して，前後台車同位相の上下振動（灰太線）は 100 倍，前後台車逆位相のピッチング振動（破線）は 10 倍し，上下方向に平行移動して描画した（縦軸は対数表示）．

介した車体上下加振，破線は車体・台車間の前後結合要素を介した車体加振の影響を表すと解釈できる．

図4.2.7において灰太線のピークは式(4.2.2)の $f^*_{BC}$（＝1.5, 3.0, 4.4, 5.9, 7.4, 8.9, 10.4, 11.8... Hz）に，谷の周波数は式(4.2.1)の $f_{BC}$（＝0.7, 2.2, 3.7, 5.2, 6.7, 8.1, 9.6... Hz）に対応している．また破線のピークは式(4.2.1)の $f_{BC}$ に，谷は式(4.2.2)の $f^*_{BC}$ にそれぞれ対応している．すなわち灰太線と破線の山谷のパターンは逆転していることが確認できる．

さて，黒実線で示す車体中央（床面）の上下加速度PSDをこれらと比較すると，概ね13 Hz以下と18.5 Hz以上の周波数では太線の前後台車同位相の上下振動のパターンが対応しているが，13～18.5 Hzの周波数領域では破線の前後台車逆位相のピッチング振動のパターンと良く対応していることがわかる．すなわち，この車両では13 Hz以下と18.5 Hz以上の周波数では空気ばねを介した上下加振，13～18.5 Hzの周波数領域では車体・台車間の前後結合要素を介した加振の影響が車体上下振動に大きく影響していることが推察される．

このように周波数領域により車体加振の伝達機構が変化する理由については本書の範囲を超えるので深入りしないが，車体・台車間の前後結合要素の取付高さと台車ピッチング中心高さの距離（図4.2.4の $H_1$）が周波数とともに変化することが主な原因であると考えられている[15]．

輪軸のアンバランスに起因して車体振動が増大する例を図4.2.9に示す．これは，ある在来線車両の牽引リンク緩衝ゴムの特性を変えて輪軸アンバランスによる車体加振の影響が異なる条件を設定し，同一区間を走行して車体中央の床面で測定した上下加速度のPSDである．この車両は9.3 Hz（モード(i)）と11.3 Hz（モード(ii)）に固有振動数を持つ車体弾性振動モードを有し，測定時の車輪直径は0.819 m（$=2r_w$）であった．この図の(a)，(b)はそれぞれ速度83 km/h，105 km/hで走行した場合であり，(i), (ii)と示されているのはそれぞれモード(i)，(ii)に対応すると考えられるピークである．(a)を見ると輪軸アンバランスによる車体加振の影響が大きい条件（灰太線）では，9 Hz付近のピーク高さが顕著に増大していることがわかる．式(4.2.4)より，この車両が83 km/hで走行する際の車輪回転周波数は9.0 Hzであり，(b)では9 Hz付近のピーク高さに大きな違いがないことから，(a)の9 Hz付近のピーク増大は輪軸アンバランスによる加振

[15] これまで実測データや，車両モデルを用いた数値計算から台車のピッチング中心高さが周波数により変化することが示されている．ただしその理由は未解明な点がある．

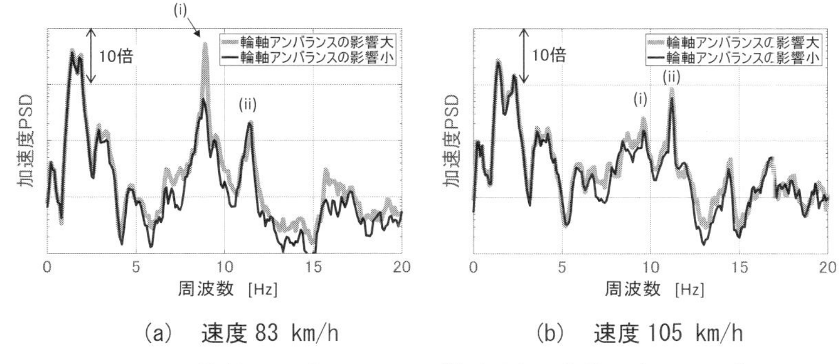


図 4.2.9　輪軸アンバランスの影響が異なる条件で走行した際の
車体床面中央の上下振動加速度 PSD の例(27)

とモード(i)の共振によるものと考えられる[16]．このように軌道条件が同一でも輪軸アンバランスによる加振の影響が大きいと速度によって車体弾性振動が顕著になり，乗り心地に影響する場合がある．

(2) 車体弾性振動の固有振動モード

車体自身が持つ弾性（elasticity）による振動を弾性振動という．車体の形状や材料，質量や支持条件などにより，弾性振動が顕著になる周波数（固有振動数，natural frequency）とそれに対応した振動形状（振動モード形，mode shapes）が決まり，それらの組を固有振動モードという．車体の固有振動モードは無数に存在するが，一般に高次の振動になると振幅が小さくなることや減衰しやすいため，低次のいくつかのモードが問題となることが多い．

車体の固有振動モードを求めるには加振力と車体の振動応答との入出力関係を知る必要がある．そのため，入力の把握が難しい走行試験ではなく，車両を定置して加振器により加振し，加振力と車体各部の振動加速度を測定する定置加振試験を行って固有振動モードを同定するのが一般的である．

[16] 速度 105 km/h で走行した場合の車輪回転周波数は 11.3 Hz でモード(ii)の固有振動数に一致するが，この図(b)の 11.3 Hz 付近に見られるピークの高さは車体加振条件による差異が少ない．このように共振により実際に車体振動が顕著になるかはモードに依存することがわかる．

図 4.2.10 と図 4.2.11 に定置加振試験の様子と車体の加速度測定点の例を示す．車体台枠の側はりや横はりなどの剛性の高い部材に加振棒を介して加振器を取り付け，車体を上下に加振するとともに，車体各部に設置した加速度ピックアップにより振動加速度を測定する．同時に，加振棒と車体の接続部にロードセル（力センサ）を取り付けて加振力の測定も行う．立体構造物としての車体の弾性振動特性を把握するため，床面だけでなく，屋根や側面にも加速度測定点を設けることが重要で，この例では，床，屋根各 21 点（上下加速度を測定），側面 10 点（左右加速度を測定）の 52 点で加速度を測定している．加振器による車体加振は，着目する周波数範囲の振動成分を一様に持つ帯域制限不規則波[17]を用いたバンドランダム波加振や，正弦波の周波数を変化させながら加振する正弦波スイープ加振などにより行われる．

図 4. 2. 10　実車の定置加振試験の例

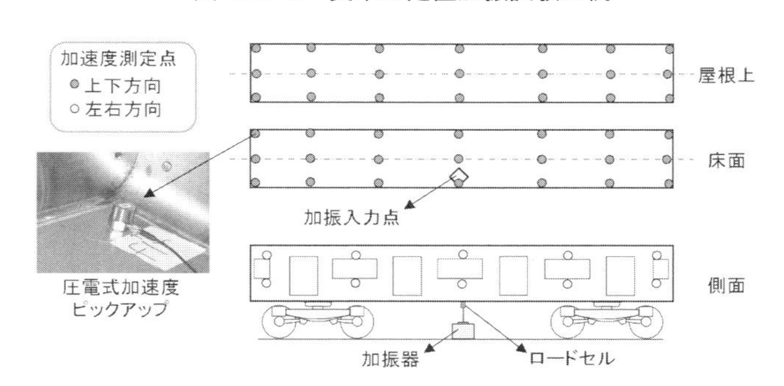


図 4. 2. 11　定置加振試験における加速度測定点の例

[17] 擬似乱数などを用いて作成した不規則波をバンドパスフィルタに通して生成する．

定置加振試験で得られた車体各部の加速度と加振力の測定データを用いモード解析（modal analysis）を行うことで，車体の固有振動モードを求めることができる．モード解析の詳細は割愛するが，汎用ソフトウエアが市販されている．以下では鉄道総研が開発したプログラム(28)により同定した固有振動モードを紹介する[18].

図 4.2.12 にアルミ合金製ダブルスキン構体を持つ新幹線車両，図 4.2.13 にステンレス鋼製構体を持つ通勤形車両の車体固有振動モードの同定結果の例を示す．図の細線は変形前の車体形状，太線は弾性振動の振幅が最大となった瞬間の変形形状を表し，Hz を付した数字は固有振動数である．ここでは，各モードの最大変位が同じになるよう正規化して表示している．また J-1，Z-10 などの記号はモード形を区別するためのもので，最初の文字が A の場合は車体長手方向の中央断面で屋根と床が逆方向に変位するもの，S は同方向に変位するもので，Z の場合は屋根または床のいずれかの振動が卓越しているものを示す．続く 2 桁の数字 *mn* は，*m* は屋根，*n* は床の振動の腹の数で，正規化した変形量が微小で判断がつかない場合は 0 としている．また，最初の文字が J の場合は車体断面のせん断変形を伴うモードを示し，続く数字は側はり（側面と床の結合部分）における振動の腹の数を表す．なお，J モードの場合は屋根と床の振動の腹の数が常に等しいことから続く数字は 1 桁で表している．これらは鉄道総研が保有する試験車体において同定されたものであり，床下機器が省略されているなど営業用車

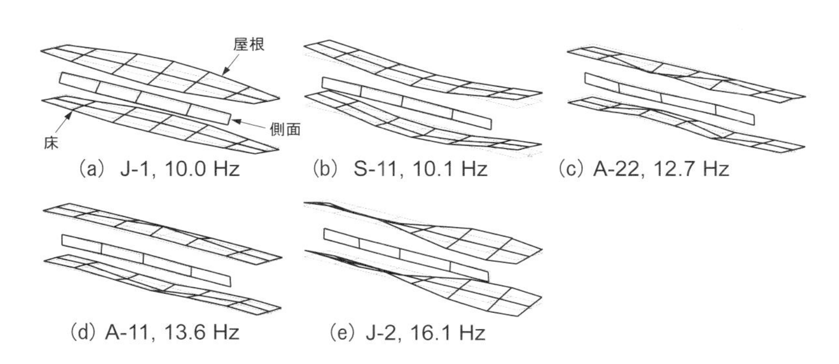


図 4. 2. 12　アルミ合金製ダブルスキン構体を持つ新幹線車両の車体弾性振動モードの例

[18] この手法では走行試験による測定データからも車体弾性振動の固有振動モードを同定できる．

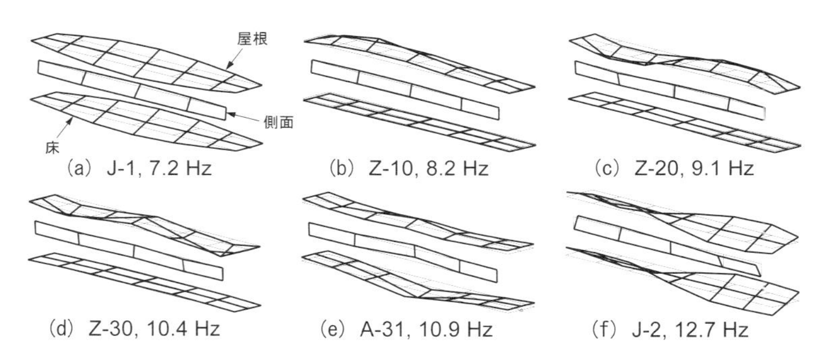


図 4.2.13　ステンレス鋼製構体を持つ通勤形車両の車体弾性振動モードの例

両との条件の違いがあるが，ここに示した固有振動モードはいずれも営業用車両でも確認されている．

アルミ合金製の中空押出形材を用い，屋根と側の構体が同様な断面を持つダブルスキンパネルで構成され，それらが連続溶接で接合されている新幹線車両の場合は，車体全体が一体で曲げ変形する傾向が強く，屋根と床の振幅が同程度のモードが多い．一方，構体各面を別々に製作し，それらを離散的に接合して組み立てられるステンレス鋼製通勤形車両は，屋根と床の振幅や変形形状が異なるなど，各面が独立に変形する振動モードを示す傾向がある．

このように，構体の材料や構造の違いにより固有モード形の特徴は異なる．ただし，床や屋根が曲げ変形（bending deformation）するもののうち屋根と床が逆方向に振動する A-11, A-31 モードや，車体断面がひし形になるようにせん断変形（diagonal distortion）する J-1 モード，ねじり（torsion）のモードとも考えられる J-2 などは構体の材料や構造によらず，多くの車両で見られる弾性振動モードである．

## 4.2.3　車体上下振動の測定データと乗り心地評価

4.2.2 項で車体上下振動の測定例について紹介してきたが，それらと 4.1.1 項に示した乗り心地評価のための各種の周波数補正曲線（重み付け）を用いた乗り心地評価手順を簡単に示しておこう．

4.1.1(2)で述べたように，定常的な走行条件での振動乗り心地の評価は図 4.1.6～図 4.1.8 に示す乗り心地評価のための周波数補正曲線を適用して補正した加速度（以下，周波数補正した加速度と呼ぶ）の実効値を用いて行う．図 4.1.6〜図 4.1.8 はそれぞれ，日本独自の乗り心地レベル，ISO2631，欧州規格 EN12299 で用いる周波数補正曲線であるが，乗り心地評価に用いるデータが加速度時系列である場合は，これらの周波数補正曲線を直接適用することができない．そこで周波数特性が図 4.1.6〜図 4.1.8 となる時間領域におけるフィルタを求め[19]，それにより加速度時系列データの補正を行うことになるが，フィルタの作成には手間がかかるため，予め時間領域のフィルタが組み込まれた専用の解析処理機を用いることが多い．

車体上下振動の加速度 PSD が得られている場合，図 4.1.6〜図 4.1.8 の周波数補正曲線を直接適用して乗り心地評価を行うことができる．すなわち，測定した加速度 PSD に周波数補正曲線に従った重み付けを適用し，指定されている周波数範囲で積分する（和を求める）ことで，周波数補正した加速度の２乗平均（mean square）が得られ，その平方根が周波数補正した加速度の実効値（root mean square ; RMS）になる．これを式で表すと次のようになる．

$$A_{\mathrm{MS}} = \sum_{n=1}^{N} W^2(n) P(n) \Delta f \qquad \cdots\cdots (4.2.5)$$

ここで，$n$ は周波数領域におけるサンプル番号（周波数分解能ごとのデータ番号），$W(n)$，$P(n)$ はそれぞれ周波数領域で離散化された周波数補正曲線と加速度 PSD の $n$ 番目の値，$\Delta f$ は周波数分解能であり，左辺の $A_{\mathrm{MS}}$ は周波数補正された加速変の２乗平均である[20]．例えば乗り心地レベル $L_{\mathrm{T}}$ を算出する場合は $W(n)$ を図 4.1.6 とし，積分範囲を 0.5〜80 Hz とする（式(4.2.5)で $n$=1 を 0.5 Hz，$n$=$N$ を 80 Hz の場合に対応するよう $W(n)$，$P(n)$，$\Delta f$ を設定）ことで $A_{\mathrm{MS}}$ は式(4.1.6)の $\overline{\alpha}_{\mathrm{w}}{}^2$ となる．これを式(4.1.7)に用いると $L_{\mathrm{T}}$ が得られる．

## 4.3　車体上下振動解析のためのモデリング

前節で示したように，実車に生じる車体の上下振動，特に弾性振動は，走行速度や軌道条件などの加振条件だけでなく，構体に用いられる材料や構造にも大きく依存す

---

[19] ディジタルフィルタ，もしくは電子回路等によるアナログフィルタとして作成する．

[20] 図 4.1.6〜4.1.8 の周波数補正曲線は加速度に対する重み付けであるので，加速度 PSD（加速度の２乗に比例）に対する重み付けのためには $W(n)$ を２乗することに注意．

る．これらの条件を考慮しながら振動を低減し，振動乗り心地を向上するためには適切な解析モデルの構築とそれを用いた振動低減対策の検討が必要となる．

走行安定性に関係して著大値の発生に着目する必要がある車両左右系の振動に対し，車体の上下振動は弾性振動の影響が大きく，乗り心地の観点から検討されるケースが多い．また日本では，上下系の乗り心地については$L_T$（乗り心地レベル）による平均的な評価が一般的である．さらに，4.2 節で示した周波数分析においても，断続的に生じる弾性振動の特徴を明確にするため，一定の時間長のデータを用いた平均化が行われる．

このように車体上下振動は周波数領域における定常的な特性に関して議論されることが多いことから，本節では周波数領域での車体の上下定常応答の数値計算を前提としたモデル化と解析法について述べる．

### 4.3.1　さまざまなモデル化手法

車体上下振動をモデル化する場合は弾性振動を適切に表現できる手法を選択する必要がある．そのような解析に最も強力な手法としては有限要素法（finite element method；FEM）が挙げられ，モデル作成支援や解析結果をわかりやすく表示するプリポストプロセッサを備えた種々の汎用ソフトウエアが市販されていることも便利な点である．図 4.3.1 に車体弾性振動解析用の FEM モデルの例を示す．ただし，詳細で精度の良い解析モデルを構築するためには車体の詳細な図面情報が必要であることや，モデル作成者の経験やノウハウに依存する部分が大きいこと，モデル作成や精度確保のためのモデル調整および数値計算の実行などにかかるコストが大きく，主に乗り心地向上を目的とする振動解析に用いるには便利とはいえない面もある．

そこで，車体上下弾性振動を簡易に表現するモデルとして，車体をまくらばねで弾性的に支持されたはり（beam）として扱う振動解析モデル（以下，はりモデルと呼ぶ）

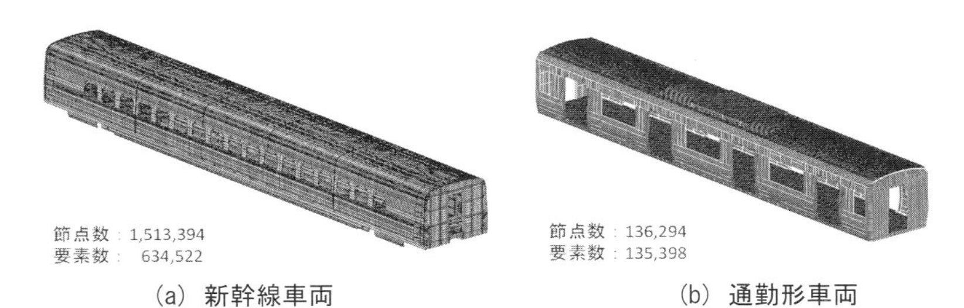


(a) 新幹線車両　　(b) 通勤形車両

図 4.3.1　ＦＥＭ振動解析モデルの例

が古くから使われている．はりの数学モデルとしてはオイラー－ベルヌーイのはりモデル（Euler-Bernoulli beam model．以下，オイラーはり，または単にはりと呼ぶ）が用いられることが多く，車体全体を一様なはりとするもの(29)や車端部・一般部などの部位ごとに特性が異なるはりの接合系として扱うモデル(31)などが提案されている．はりモデルは定式化が容易で，計算に必要なパラメータも少なく，計算コストが小さいことが利点であるが，図 4.2.12(b)のように車体の変形がはりの１次の曲げと見なせる弾性振動を想定したものであることに注意が必要である．

実車に生じる３次元的な車体弾性振動を適切に表現でき，FEM に比べてモデルの作成と数値計算に要するコストが小さい振動解析モデルとして，平板とはりを仮想的なばねで接続して箱形構造物を構成し，車体を表現するモデルが提案されている（以下，箱形モデルと呼ぶ）(35)．箱形モデルは，詳細な FEM モデルと簡易なはりモデルの中間的なもので，車体の立体構造を考慮した振動低減対策の方向性を定める，あるいは支持系変更による車体振動への影響を調べる，といった目的のためのものであり，車体各部の部材寸法の決定など具体的な車体設計に使用することは想定していない．

以下では，はりモデルと箱形モデルについて振動解析に必要な方程式の導出とそれを解くための具体的な手順を紹介する．そして，FEM モデルも含め，各モデルによる数値計算結果と実際の車両で測定した結果の比較を行う．

### 4.3.2　はりモデルによる振動解析

車体をはりとみなした弾性振動解析では様々な定式化が可能である．例えば車両の構成要素のエネルギーを評価し，一般化座標に関する停留条件（ラグランジュの運動方程式）を用いて解く方法（ここではこれをエネルギー法と呼ぶ）(9)(29)(30)，台車で支持された車体の運動方程式を立て，それを伝達マトリクス法(31)や剛体変位と両端自由はりの固有関数で展開(32)して解く方法などが良く知られている．本書では文献(9)(30)に基づく解析法を紹介する．

車体をはりとみなした鉄道車両の上下振動解析モデル[21]を図 4.3.2 に示す．台車に支持された車体は，上下振動に関してはオイラーはりとして扱い，その質量，長さ，等価曲げ剛性をそれぞれ $m_c$, $L$, $EI$ とし[22]，上下変位を $w_c(x,t)$ とする．ここで，はりの長手

---

[21] 車体の幅方向は考慮しない．左右のレールは同一（レール間隔は 0）とみなすことに相当．

[22] 一般に材料特性であるヤング率 $E$ とはりの断面形状に関する特性である断面２次モーメント $I$ は独立な特性値だが，はりと見なした車体の曲げ剛性として，$EI$ を単一の特性値として扱う．このような扱いは実車両でも行われて

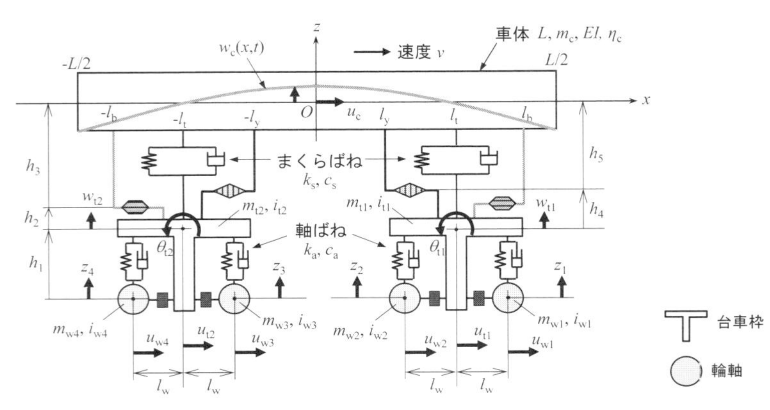


牽引リンクの等価ばね：$\tilde{k}_b$（緩衝ゴムの剛性 $k_b$ と損失係数 $\eta_b$）

ヨーダンパの等価ばね：$\tilde{K}_y$（粘性減衰係数 $c_y$，緩衝ゴムの剛性 $k_y$ と損失係数 $\eta_y$）

軸箱支持部の等価ばね：$\tilde{k}_w$（前後剛性 $k_w$ と損失係数 $\eta_w$）

図 4.3.2　車体をはりとみなした車両の上下振動解析モデル
（軌道からの上下変位による加振を受ける場合）

方向（レール方向）の位置を示す $x$ 軸の原点は車体の中央にとり，$t$ は時間を表す．また，前後方向にも剛体としての運動を考え，前後剛体変位 $u_c(t)$ とする．

台車は台車枠と輪軸を剛体とし，それらがばねとダンパで結合されている．台車枠の自由度は上下変位 $w_{tm}(t)$，前後変位 $u_{tm}(t)$ およびピッチング角 $\theta_{tm}(t)$ を考慮し，輪軸に関しては前後変位 $u_{wn}(t)$ を考慮する．なお台車のピッチング角は図 4.3.2 の向きにとる．

本節ではローマン体の添字 c，t，w はそれぞれ車体，台車枠，輪軸を表し，イタリック体の添字 $m$，$n$ はそれぞれ台車，輪軸の部位を表す（$m$=1,2，$n$=1,...,4）．なお記号一覧とその参考値を付録 A8 の表 A8.1 に示す．このモデルが車体と台車系の前後自由度と台車枠のピッチング自由度を含むのは，4.2 節で述べた牽引リンクやヨーダンパなどの車体と台車間の前後系結合要素を介した加振入力により生じる車体の上下曲げ振動や前後振動を考慮するためである．

車体を台車に支持されたはりとして解析する場合，支持部との境界条件の取り扱いに工夫が必要となる．すなわち，固定支持，単純支持，自由支持という典型的な境界条

---

おり，旅客車両の構体設計要件を定めた JIS E7106 では，車体を一様断面のはりとみなした相当曲げ剛性 $EI_{eq}$ を，床面に等分布荷重を与えた荷重試験から算出している[33]．

件を持つオイラーはりの振動は，正弦波関数と双曲線関数の和で表されるはり関数を用いた解析的な方法で解くことができるが，まくらばねで上下支持され，牽引リンクやヨーダンパなどにより前後方向にも一定の拘束を受ける車体はそれらの典型的な境界条件のいずれとも異なると考えられる．ここではそのような任意の境界条件を持つはりとして車体の振動を表現するため，エネルギー法に基づいた解析を行う．

### (1) 軌道からの上下変位による加振に対する応答解析

車両は各輪軸に入力される軌道からの上下変位 $z_n(t)$ により上下に加振されるものとし，図 4.3.2 を参照しながら車両モデルを構成する各要素のエネルギーを評価する．まず，車体の運動エネルギー $T_c$ と曲げによるひずみエネルギー $U_c$ は以下のように表すことができる．

$$T_c = \frac{1}{2}\frac{m_c}{L}\int_{-L/2}^{L/2} \dot{w}_c^{\,2} dx + \frac{1}{2} m_c \dot{u}_c^{\,2} \quad \cdots\cdots (4.3.1)$$

$$\tilde{U}_c = \frac{1}{2} EI(1 + j\eta_c)\int_{-L/2}^{L/2} \left(\frac{\partial^2 w_c}{\partial x^2}\right)^2 dx \quad \cdots\cdots (4.3.2)$$

ただし，~を付した変数は複素量を表し，$j$ は虚数単位，$\eta_c$ は車体の内部減衰を表す損失係数，ドット（˙）は時間による微分を表す．また台車枠と輪軸の運動エネルギー $T_t$，$T_w$ と台車各部のばね要素に蓄えられるポテンシャルエネルギー $V$ は以下のようになる．

$$T_t = \frac{1}{2}\left(m_{t1}\dot{w}_{t1}^{\,2} + m_{t1}\dot{u}_{t1}^{\,2} + m_{t1} i_{t1}^{\,2}\dot{\theta}_{t1}^{\,2}\right) + \frac{1}{2}\left(m_{t2}\dot{w}_{t2}^{\,2} + m_{t2}\dot{u}_{t2}^{\,2} + m_{t2} i_{t2}^{\,2}\dot{\theta}_{t2}^{\,2}\right) \quad \cdots\cdots (4.3.3)$$

$$T_w = \frac{1}{2}\sum_{n=1}^{4} m_{wn}\left\{1 + \left(\frac{i_{wn}}{r_{wn}}\right)^2\right\}\dot{u}_{wn}^{\,2} \quad \cdots\cdots (4.3.4)$$

$$\tilde{V}_s = \frac{1}{2} 2\tilde{k}_s\left(w_c\big|_{x=l_t} - w_{t1}\right)^2 + \frac{1}{2} 2\tilde{k}_s\left(w_c\big|_{x=-l_t} - w_{t2}\right)^2 \quad \cdots\cdots (4.3.5)$$

$$\begin{aligned}\tilde{V}_a &= \frac{1}{2} 2\tilde{k}_a\left(w_{t1} + l_w\theta_{t1} - z_1\right)^2 + \frac{1}{2} 2\tilde{k}_a\left(w_{t1} - l_w\theta_{t1} - z_2\right)^2 \\ &\quad + \frac{1}{2} 2\tilde{k}_a\left(w_{t2} + l_w\theta_{t2} - z_3\right)^2 + \frac{1}{2} 2\tilde{k}_a\left(w_{t2} - l_w\theta_{t2} - z_4\right)^2 \quad \cdots\cdots (4.3.6)\end{aligned}$$

$$\begin{aligned}\tilde{V}_w &= \frac{1}{2} 2\tilde{k}_w\left(u_{t1} + h_1\theta_{t1} - u_{w1}\right)^2 + \frac{1}{2} 2\tilde{k}_w\left(u_{t1} + h_1\theta_{t1} - u_{w2}\right)^2 \\ &\quad + \frac{1}{2} 2\tilde{k}_w\left(u_{t2} + h_1\theta_{t2} - u_{w3}\right)^2 + \frac{1}{2} 2\tilde{k}_w\left(u_{t2} + h_1\theta_{t2} - u_{w4}\right)^2 \quad \cdots\cdots (4.3.7)\end{aligned}$$

$$\tilde{V}_{\mathrm{b}}=\frac{1}{2}n_{\mathrm{b}}\tilde{k}_{\mathrm{b}}\left\{u_{\mathrm{c}}+h_3\left.\frac{\partial w_{\mathrm{c}}}{\partial x}\right|_{x=l_{\mathrm{b}}}-\left(u_{\mathrm{t}1}-h_2\theta_{\mathrm{t}1}\right)\right\}^2+\frac{1}{2}n_{\mathrm{b}}\tilde{k}_{\mathrm{b}}\left\{u_{\mathrm{c}}+h_3\left.\frac{\partial w_{\mathrm{c}}}{\partial x}\right|_{x=-l_{\mathrm{b}}}-\left(u_{\mathrm{t}2}-h_2\theta_{\mathrm{t}2}\right)\right\}^2 \quad \cdots\cdots (4.3.8)$$

$$\tilde{V}_{\mathrm{y}}=\frac{1}{2}n_{\mathrm{y}}\tilde{K}_{\mathrm{y}}\left\{u_{\mathrm{c}}+h_5\left.\frac{\partial w_{\mathrm{c}}}{\partial x}\right|_{x=l_{\mathrm{y}}}-\left(u_{\mathrm{t}1}-h_4\theta_{\mathrm{t}1}\right)\right\}^2+\frac{1}{2}n_{\mathrm{y}}\tilde{K}_{\mathrm{y}}\left\{u_{\mathrm{c}}+h_5\left.\frac{\partial w_{\mathrm{c}}}{\partial x}\right|_{x=-l_{\mathrm{y}}}-\left(u_{\mathrm{t}2}-h_4\theta_{\mathrm{t}2}\right)\right\}^2 \quad \cdots\cdots (4.3.9)$$

ポテンシャルエネルギー$V$の添字は，aは１次ばね（軸ばね）系，bは牽引リンク部（緩衝ゴム），sは２次ばね（まくらばね）系，wは軸箱の前後支持部，yはヨーダンパ部に関するものを表す．また，様々な波長の軌道からの上下変位による定常的な加振を受ける場合を想定し，加振変位の角周波数を$\omega$として車体支持系のばね・ダンパ要素を等価な複素ばねでモデル化している．すなわち図4.3.3(a)に示すように，１次ばね系の複素ばね定数$\tilde{k}_{\mathrm{a}}$は，１軸箱あたりのばね定数$k_{\mathrm{a}}$と粘性減衰係数$c_{\mathrm{a}}$の並列系とし，同様に２次ばね系の複素ばね定数$\tilde{k}_{\mathrm{s}}$は，まくらばね１個あたりのばね定数$k_{\mathrm{s}}$と粘性減衰係数$c_{\mathrm{s}}$の並列系としたものである（同図(b)）．なお，２次ばね系が空気ばねの場合には，空気ばねのモデルとして図 4.3.3(d)に示す４要素モデル(34)が使われることも多い．このモデルでは，等価なばね定数，粘性減衰係数$k_{\mathrm{s}}$，$c_{\mathrm{s}}$はいずれも周波数に依存する．また，牽引リンクとヨーダンパの取付部に用いられる緩衝ゴムに関しては，内部損失

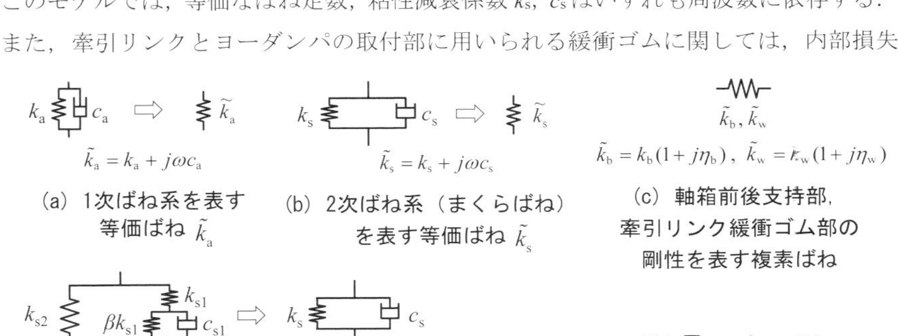


図 4.3.3　車体支持系のばね・ダンパ要素の扱い

を考慮して$\tilde{k}_{\mathrm{b}}=k_{\mathrm{b}}(1+j\eta_{\mathrm{b}})$，$\tilde{k}_{\mathrm{y}}=k_{\mathrm{y}}(1+j\eta_{\mathrm{y}})$とし（$k_{\mathrm{b}}$，$\eta_{\mathrm{b}}$は牽引リンク１本あたりの緩衝ゴム剛性と損失係数，$k_{\mathrm{y}}$，$\eta_{\mathrm{y}}$はヨーダンパ１本あたりの緩衝ゴム剛性と損失係数），ヨーダンパについてはさらに図 4.3.3(e)のようにオイルダンパの粘性減衰との直列系であるとしている．軸箱前後支持部についてもゴムブシュが用いられることが多いことを考慮し，１軸箱あたりの支持剛性$k_{\mathrm{w}}$と損失係数$\eta_{\mathrm{w}}$を用いて$\tilde{k}_{\mathrm{w}}=k_{\mathrm{w}}(1+j\eta_{\mathrm{w}})$としている．

$z_n(t)$は$n$番目の輪軸位置における軌道の上下変位で，次式のように同一変位が軸間距離と速度による時間差を伴って各輪軸に入力されると考える．

$$z_n(t)=z_1(t-t_n);\quad n=1,\ldots,4 \qquad \cdots\cdots (4.3.10)$$

ここで，$t_n$は第１輪軸と第$n$輪軸との間の時間差で，速度を$v$，同一台車内の輪軸間の距離を$2l_{\mathrm{w}}$，台車中心間距離を$2l_{\mathrm{t}}$として以下のようになる．

$$t_1=0,\ t_2=2l_{\mathrm{w}}/v,\ t_3=2l_{\mathrm{t}}/v,\ t_4=2(l_{\mathrm{w}}+l_{\mathrm{t}})/v \qquad \cdots\cdots (4.3.11)$$

車両の周波数応答特性を求めるため，第１輪軸に入力される軌道からの上下変位は，時間に関し正弦波的に変動するものとすると，第$n$輪軸の上下変位（軌道からの高低変位入力）は次式のように書くことができる．

$$z_n(t)=Z_1e^{j\omega(t-t_n)};\quad n=1,\ldots,4 \qquad \cdots\cdots (4.3.12)$$

$Z_1$は第１輪軸の上下変位の角周波数$\omega$ [rad/s]に関する成分の大きさ（振幅）である．

以降の解析を簡単にするため，次のような無次元量を導入する[23]．

$$\left.\begin{aligned}
&\xi=x/L,\ \tau=\omega t,\ \lambda^4=\left(m_{\mathrm{c}}L^3/EI\right)\omega^2,\\
&\left\{\bar{w}_{\mathrm{c}}(\xi,\tau),\bar{w}_{\mathrm{t1}}(\tau),\bar{w}_{\mathrm{t2}}(\tau),\bar{u}_{\mathrm{c}}(\tau),\bar{u}_{\mathrm{t1}}(\tau),\bar{u}_{\mathrm{t2}}(\tau),\bar{u}_{\mathrm{w}n}(\tau),\bar{z}_n(\tau)\right\}\\
&\quad=\left\{w_{\mathrm{c}}(x,t),w_{\mathrm{t1}}(t),w_{\mathrm{t2}}(t),u_{\mathrm{c}}(t),u_{\mathrm{t1}}(t),u_{\mathrm{t2}}(t),u_{\mathrm{w}n}(t),z_n(t)\right\}/L,\\
&\bar{\theta}_{\mathrm{t1}}(\tau)=\theta_{\mathrm{t1}}(t),\ \bar{\theta}_{\mathrm{t2}}(\tau)=\theta_{\mathrm{t2}}(t),\\
&\left(\bar{T},\bar{U},\bar{V}\right)=\left(T,U,V\right)\times L/EI,\\
&\left(\bar{\tilde{k}}_{\mathrm{a}},\bar{\tilde{k}}_{\mathrm{b}},\bar{\tilde{k}}_{\mathrm{s}},\bar{\tilde{k}}_{\mathrm{w}},\bar{\tilde{k}}_{\mathrm{y}}\right)=\left(\tilde{k}_{\mathrm{a}},\tilde{k}_{\mathrm{b}},\tilde{k}_{\mathrm{s}},\tilde{k}_{\mathrm{w}},\tilde{k}_{\mathrm{y}}\right)\times L^3/EI
\end{aligned}\right\} \qquad \cdots\cdots (4.3.13)$$

バー(‾)を付した記号は無次元量を表す．式(4.3.13)を用いると式(4.3.1)～式(4.3.9)は以下のように簡単になる．

---

[23] 無次元化せずに解析を進めることもできるが，後述の式（4.2.24）のような「べき関数」を用いて車体の弾性変位を表す場合には，計算精度（あるいは計算の安定性）の観点からも無次元化を行った方が有利と考えられる．

$$\overline{T}_{\mathrm{c}}=\frac{1}{2}\lambda^4\int_{-1/2}^{1/2}\left(\frac{\partial\overline{w}_{\mathrm{c}}}{\partial\tau}\right)^2 d\xi+\frac{1}{2}\lambda^4\left(\frac{d\overline{u}_{\mathrm{c}}}{d\tau}\right)^2 \qquad (4.3.14)$$

$$\bar{\overline{U}}_{\mathrm{c}}=\frac{1}{2}(1+j\eta_{\mathrm{c}})\int_{-1/2}^{1/2}\left(\frac{\partial^2\overline{w}_{\mathrm{c}}}{\partial\xi^2}\right)^2 d\xi \qquad (4.3.15)$$

$$\overline{T}_{\mathrm{t}}=\frac{1}{2}\lambda^4 c_{\mathrm{Mt1}}\left\{\left(\frac{d\overline{w}_{\mathrm{t1}}}{d\tau}\right)^2+\left(\frac{d\overline{u}_{\mathrm{t1}}}{d\tau}\right)^2+c_{\mathrm{Lt1}}{}^2\left(\frac{d\overline{\theta}_{\mathrm{t1}}}{d\tau}\right)^2\right\}$$
$$+\frac{1}{2}\lambda^4 c_{\mathrm{Mt2}}\left\{\left(\frac{d\overline{w}_{\mathrm{t2}}}{d\tau}\right)^2+\left(\frac{d\overline{u}_{\mathrm{t2}}}{d\tau}\right)^2+c_{\mathrm{Lt2}}{}^2\left(\frac{d\overline{\theta}_{\mathrm{t2}}}{d\tau}\right)^2\right\} \qquad (4.3.16)$$

$$\overline{T}_{\mathrm{w}}=\frac{1}{2}\lambda^4\sum_{n=1}^{4}c_{\mathrm{Mw}n}\left(\frac{du_{\mathrm{w}n}}{d\tau}\right)^2 \qquad (4.3.17)$$

$$\bar{\overline{V}}_{\mathrm{s}}=\frac{1}{2}2\bar{\overline{k}}_{\mathrm{s}}\left\{\left(\overline{w}_{\mathrm{c}}\Big|_{\xi=\xi_{\mathrm{t}}}-\overline{w}_{\mathrm{t1}}\right)^2+\left(\overline{w}_{\mathrm{c}}\Big|_{\xi=-\xi_{\mathrm{t}}}-\overline{w}_{\mathrm{t2}}\right)^2\right\} \qquad (4.3.18)$$

$$\bar{\overline{V}}_{\mathrm{a}}=\frac{1}{2}2\bar{\overline{k}}_{\mathrm{a}}\left\{\left(\overline{w}_{\mathrm{t1}}+c_{\mathrm{Lw}}\overline{\theta}_{\mathrm{t1}}-\overline{z}_1\right)^2+\left(\overline{w}_{\mathrm{t1}}-c_{\mathrm{Lw}}\overline{\theta}_{\mathrm{t1}}-\overline{z}_2\right)^2+\left(\overline{w}_{\mathrm{t2}}+c_{\mathrm{Lw}}\overline{\theta}_{\mathrm{t2}}-\overline{z}_3\right)^2+\left(\overline{w}_{\mathrm{t2}}-c_{\mathrm{Lw}}\overline{\theta}_{\mathrm{t2}}-\overline{z}_4\right)^2\right\}$$
$$\qquad (4.3.19)$$

$$\bar{\overline{V}}_{\mathrm{w}}=\frac{1}{2}2\bar{\overline{k}}_{\mathrm{w}}\left\{\left(\overline{u}_{\mathrm{t1}}+c_{\mathrm{Lh_1}}\overline{\theta}_{\mathrm{t1}}-\overline{u}_{\mathrm{w1}}\right)^2+\left(\overline{u}_{\mathrm{t1}}+c_{\mathrm{Lh_1}}\overline{\theta}_{\mathrm{t1}}-\overline{u}_{\mathrm{w2}}\right)^2\right.$$
$$\left.+\left(\overline{u}_{\mathrm{t2}}+c_{\mathrm{Lh_1}}\overline{\theta}_{\mathrm{t2}}-\overline{u}_{\mathrm{w3}}\right)^2+\left(\overline{u}_{\mathrm{t2}}+c_{\mathrm{Lh_1}}\overline{\theta}_{\mathrm{t2}}-\overline{u}_{\mathrm{w4}}\right)^2\right\} \qquad (4.3.20)$$

$$\bar{\overline{V}}_{\mathrm{b}}=\frac{1}{2}n_{\mathrm{b}}\bar{\overline{k}}_{\mathrm{b}}\left[\left\{\overline{u}_{\mathrm{c}}+c_{\mathrm{Lh_3}}\frac{\partial\overline{w}_{\mathrm{c}}}{\partial\xi}\bigg|_{\xi=\xi_{\mathrm{b}}}-\left(\overline{u}_{\mathrm{t1}}-c_{\mathrm{Lh_2}}\overline{\theta}_{\mathrm{t1}}\right)\right\}^2+\left\{\overline{u}_{\mathrm{c}}+c_{\mathrm{Lh_3}}\frac{\partial\overline{w}_{\mathrm{c}}}{\partial\xi}\bigg|_{\xi=-\xi_{\mathrm{b}}}-\left(\overline{u}_{\mathrm{t2}}-c_{\mathrm{Lh_2}}\overline{\theta}_{\mathrm{t2}}\right)\right\}^2\right]$$
$$\qquad (4.3.21)$$

$$\bar{\overline{V}}_{\mathrm{y}}=\frac{1}{2}n_{\mathrm{y}}\bar{\overline{K}}_{\mathrm{y}}\left[\left\{\overline{u}_{\mathrm{c}}+c_{\mathrm{Lh_5}}\frac{\partial\overline{w}_{\mathrm{c}}}{\partial\xi}\bigg|_{\xi=\xi_{\mathrm{y}}}-\left(\overline{u}_{\mathrm{t1}}-c_{\mathrm{Lh_4}}\overline{\theta}_{\mathrm{t1}}\right)\right\}^2+\left\{\overline{u}_{\mathrm{c}}+c_{\mathrm{Lh_5}}\frac{\partial\overline{w}_{\mathrm{c}}}{\partial\xi}\bigg|_{\xi=-\xi_{\mathrm{y}}}-\left(\overline{u}_{\mathrm{t2}}-c_{\mathrm{Lh_4}}\overline{\theta}_{\mathrm{t2}}\right)\right\}^2\right]$$
$$\qquad (4.3.22)$$

ただし，無次元化に伴う以下の置き換えを行っている．

$$\left.\begin{array}{l} c_{\mathrm{Mt1}}=\dfrac{m_{\mathrm{t1}}}{m_{\mathrm{c}}},\ c_{\mathrm{Mt2}}=\dfrac{m_{\mathrm{t2}}}{m_{\mathrm{c}}},\ c_{\mathrm{Mw}n}=\dfrac{m_{\mathrm{w}n}}{m_{\mathrm{c}}}\left\{1+\left(\dfrac{i_{\mathrm{w}n}}{r_{\mathrm{w}n}}\right)^2\right\}, \\ c_{\mathrm{Lt1}}=\dfrac{i_{\mathrm{t1}}}{L},\ c_{\mathrm{Lt2}}=\dfrac{i_{\mathrm{t2}}}{L},\ c_{\mathrm{Lw}}=\dfrac{l_{\mathrm{w}}}{L}, \\ c_{\mathrm{Lh1}}=\dfrac{h_1}{L},\ c_{\mathrm{Lh2}}=\dfrac{h_2}{L},\ c_{\mathrm{Lh3}}=\dfrac{h_3}{L},\ c_{\mathrm{Lh4}}=\dfrac{h_4}{L},\ c_{\mathrm{Lh5}}=\dfrac{h_5}{L} \end{array}\right\} \quad \cdots\cdots (4.3.23)$$

次に，車体，台車枠，輪軸の変位を，時間の無次元量 $\tau$ に関する未定係数 $A_m(\tau)$, $A_{\mathrm{t1}}(\tau)$, $A_{\mathrm{t2}}(\tau)$, $B_{\mathrm{c}}(\tau)$, $B_{\mathrm{t1}}(\tau)$, $B_{\mathrm{t2}}(\tau)$, $B_{\mathrm{w}n}(\tau)$, $C_{\mathrm{t1}}(\tau)$, $C_{\mathrm{t2}}(\tau)$ $(m=1,\ldots,M,\ n=1,\ldots,4)$ を用いて次のようにおく．

$$\left.\begin{array}{l} \overline{w}_{\mathrm{c}}(\xi,\tau)=\sum_{m=1}^{M}A_m(\tau)\xi^{m-1},\ \overline{w}_{\mathrm{t1}}(\tau)=A_{\mathrm{t1}}(\tau),\ \overline{w}_{\mathrm{t2}}(\tau)=A_{\mathrm{t2}}(\tau), \\ \overline{u}_{\mathrm{c}}(\tau)=B_{\mathrm{c}}(\tau),\ \overline{u}_{\mathrm{t1}}(\tau)=B_{\mathrm{t1}}(\tau),\ \overline{u}_{\mathrm{t2}}(\tau)=B_{\mathrm{t2}}(\tau),\ \overline{u}_{\mathrm{w}n}(\tau)=B_{\mathrm{w}n}(\tau), \\ \overline{\theta}_{\mathrm{t1}}(\tau)=C_{\mathrm{t1}}(\tau),\ \overline{\theta}_{\mathrm{t2}}(\tau)=C_{\mathrm{t2}}(\tau) \end{array}\right\} \quad \cdots\cdots (4.3.24)$$

ここでは，車体の上下変位は剛体変位と弾性変位の両方を表現できるよう $\xi$ のべき関数で表し，それ以外は剛体変位のみ考慮している．

以上で準備ができたので，各エネルギーの総和を，

$$\overline{T}_{\mathrm{total}}=\overline{T}_{\mathrm{c}}+\overline{T}_{\mathrm{t}}+\overline{T}_{\mathrm{w}},\ \bar{\overline{U}}_{\mathrm{total}}=\bar{\overline{U}}_{\mathrm{c}},\ \bar{\overline{V}}_{\mathrm{total}}=\bar{\overline{V}}_{\mathrm{s}}+\bar{\overline{V}}_{\mathrm{a}}+\bar{\overline{V}}_{\mathrm{w}}+\bar{\overline{V}}_{\mathrm{b}}+\bar{\overline{V}}_{\mathrm{y}} \quad \cdots\cdots (4.3.25)$$

とし，各変位関数中の未定係数を一般化座標とするラグランジュの方程式[24]

$$\frac{d}{d\tau}\left(\frac{\partial\overline{T}_{\mathrm{total}}}{\partial\dot{\mathbf{q}}}\right)-\left(\frac{\partial\overline{T}_{\mathrm{total}}}{\partial\mathbf{q}}\right)+\left(\frac{\partial\bar{\overline{U}}_{\mathrm{total}}}{\partial\mathbf{q}}\right)+\left(\frac{\partial\bar{\overline{V}}_{\mathrm{total}}}{\partial\mathbf{q}}\right)=\mathbf{0} \quad \cdots\cdots (4.3.26)$$

を用いることで，軌道高低変位による加振を受ける車両の運動方程式が次のような（$M$+11）元の連立２階常微分方程式として得られる（$M$ は式(4.3.24)における車体上下変位を表現するべき関数の級数の項数）．

$$\mathbf{T}\ddot{\mathbf{q}}+\mathbf{V}_{\mathrm{vd}}\dot{\mathbf{q}}+(\mathbf{U}+\mathbf{V}_{\mathrm{Re+sd}})\mathbf{q}=\mathbf{z} \quad \cdots\cdots (4.3.27)$$

ここで $\mathbf{T}$，$\mathbf{U}$ はそれぞれ $\overline{T}_{\mathrm{total}}, \bar{\overline{U}}_{\mathrm{total}}$ から得られる係数行列，$\mathbf{V}_{\mathrm{vd}}$ は $\bar{\overline{V}}_{\mathrm{total}}$ の粘性減衰に関わる項から得られる係数行列，$\mathbf{V}_{\mathrm{Re+sd}}$ は $\bar{\overline{V}}_{\mathrm{total}}$ の実部と内部減衰に関わる項から得られ

[24] 粘性減衰を有する系にラグランジュの方程式を適用する場合，通常は散逸関数を定義するが，定常応答を仮定し図 4.3.3 のように粘性減衰を含む複素ばねを導入することで，形式的には減衰のない系と同様の取り扱いをすることができる．結果は散逸関数を導入する場合と一致する．

る係数行列である．また $\mathbf{q}$ は未定係数を並べたベクトル，右辺の $\mathbf{z}$ は軌道からの上下変位による外力ベクトルである．なお，式(4.3.26)，(4.3.27)におけるドット（$\dot{}$）は $\tau$ による微分を表す．

式(4.3.12)で表される軌道高低変位に対する定常応答を求めることとすると，車両各部の変位の時間変化を表す関数は $e^{j\omega t}=e^{j\tau}$ とおくことができるので，$\tau$ の関数である未定係数ベクトル（一般化座標）と外力ベクトルは以下のように書くことができる．

$$\left.\begin{aligned}\mathbf{q}&=\left[A_m(\tau)\ A_{t1}(\tau)\ A_{t2}(\tau)\ B_c(\tau)\ B_{t1}(\tau)\ B_{t2}(\tau)\ B_{wn}(\tau)\ C_{t1}(\tau)\ C_{t2}(\tau)\right]^{\mathrm{T}}\\&=\left[\hat{A}_m\ \hat{A}_{t1}\ \hat{A}_{t2}\ \hat{B}_c\ \hat{B}_{t1}\ \hat{B}_{t2}\ \hat{B}_{wn}\ \hat{C}_{t1}\ \hat{C}_{t2}\right]^{\mathrm{T}}e^{j\tau}\equiv\hat{\mathbf{q}}e^{j\tau}\ ;\quad m=1,\dots,M,\ n=1,\dots,4,\\\mathbf{z}&\equiv\hat{\mathbf{z}}e^{j\tau}\end{aligned}\right\} \quad\cdots(4.3.28)$$

ここで $\hat{\mathbf{q}}$，$\hat{\mathbf{z}}$ は $\tau$ に依存しない未定係数および外力のベクトル，$^{\mathrm{T}}$ は転置を表す．式(4.3.28)を式(4.3.27)に代入することにより，次式のような $\hat{\mathbf{q}}$ に関する$(M+11)$元の複素連立1次方程式が得られる．

$$\left\{-\lambda^4\mathbf{T}+j\lambda^2\mathbf{V}_{\mathrm{vd}}+(\mathbf{U}+\mathbf{V}_{\mathrm{Re+sd}})\right\}\hat{\mathbf{q}}=\hat{\mathbf{z}} \quad\cdots(4.3.29)$$

角周波数 $\omega$ に対応する $\lambda$ を指定し，その角周波数における軌道からの上下変位入力の大きさを与えれば，左辺の{ }内と右辺の要素が全て定まるため，この方程式を解くことができる．したがって，指定する角周波数を更新しながら単位加振変位入力（すなわち $\hat{Z}_1\equiv1$）に対する応答を計算することで，車両の任意の部位における周波数応答関数 $H_{\mathrm{o}}(f)$ を求めることができる．ただし $f=\omega/2\pi$ は周波数[Hz]である．$H_{\mathrm{o}}(f)$ が得られれば，軌道からの上下変位入力に対する車両各部の応答を計算できる．例えば，軌道高低変位のパワースペクトル密度を $P_{\mathrm{i}}(f)$ として，次式の関係によりその軌道高低変位に対する車両の応答のパワースペクトル密度 $P_{\mathrm{o}}(f)$ を求めることができる．

$$P_{\mathrm{o}}(f)=\left|H_{\mathrm{o}}(f)\right|^2P_{\mathrm{i}}(f) \quad\cdots(4.3.30)$$

このような弾性振動を扱う解析は煩雑に感じることがあるかもしれないが，コンピュータを用いた数式処理を用いるとその労力を軽減できる．その一例として，MATLAB Symbolic Math Toolbox を利用したサンプルプログラムを付録 A7 に示しておくので参考にしていただきたい．

### (2) 輪軸の質量アンバランスによる加振に対する応答解析

次に，微小な質量アンバランスが存在する輪軸の回転に起因する加振を考慮した振動解析について紹介する[29].

第 $n$ 輪軸に質量アンバランスがある場合を考える．輪軸アンバランスは，輪軸の質量 $m_{wn}$ と偏心量 $\varepsilon_n$ の積で表され，単位は[kg･m]である．この輪軸が回転すると，遠心力により次のような力 $P_{en}$ が生じる．

$$P_{en} = m_{wn}\varepsilon_n\left(\frac{v}{r_{wn}}\right)^2 \quad \cdots\cdots (4.3.31)$$

ただし，$v$ は車両の速度[m/s]，$r_{wn}$ は第 $n$ 輪軸の車輪半径である．この場合のラグランジュの運動方程式は，式(4.3.26)の代わりに

$$\frac{d}{d\tau}\left(\frac{\partial\bar{T}_{\mathrm{total}}}{\partial\dot{\mathbf{q}}}\right)-\left(\frac{\partial\bar{T}_{\mathrm{total}}}{\partial\mathbf{q}}\right)+\left(\frac{\partial\bar{\bar{U}}_{\mathrm{total}}}{\partial\mathbf{q}}\right)+\left(\frac{\partial\bar{\bar{V}}_{\mathrm{total}}}{\partial\mathbf{q}}\right)=\bar{\mathbf{P}} \quad \cdots\cdots (4.3.32)$$

となる．ここで $\bar{T}_{\mathrm{total}}, \bar{\bar{U}}_{\mathrm{total}}, \bar{\bar{V}}_{\mathrm{total}}$ は軌道高低変位による入力を省略したこと（$\bar{z}_n = 0, n = 1,\ldots,4$）以外は式(4.3.25)と同一である．また右辺の $\bar{\mathbf{P}}$ は，輪軸の前後変位に対応する成分にアンバランスを有する車輪の回転に伴う力を並べた外力ベクトルで，左辺と同様の無次元化を行うと次のようになる．

$$\bar{\mathbf{P}} = \{0 \ \ldots \ 0 \ \underbrace{\bar{P}_{e1} \ \bar{P}_{e2} \ \bar{P}_{e3} \ \bar{P}_{e4}}_{M+6\cdots M+9} \ 0 \ 0\}^{\mathrm{T}} \quad \cdots\cdots (4.3.33)$$

$$\bar{P}_{en} = \frac{L^2}{EI}m_{wn}\varepsilon_n\left(\frac{v}{r_{wn}}\right)^2 e^{j(\tau-\phi_n)};\ n = 1,\ldots,4 \quad \cdots\cdots (4.3.34)$$

ただし，$\phi_1 = 0$ とすると，$\phi_2 \sim \phi_4$ は１軸の輪軸のアンバランスに対する 2〜4 軸のアンバランスの位相差である．複数の輪軸にアンバランスが存在する場合，輪軸ごとの微妙な車輪半径の差異や，走行に伴う微小なすべりなどにより，車輪回転とともに時々刻々と輪軸間のアンバランスの位相関係は変化する．そして 4.2 節で述べたように同一台車内で同位相，台車間で逆位相の条件になると車体曲げ振動の加振が顕著になる．

式(4.3.32)の左辺は，式(4.3.26)と同様であるので，$\bar{\mathbf{P}} = \hat{\mathbf{P}}e^{j\tau}$ とおき直して両辺から時間の無次元量に関する要素 $e^{j\tau}$ を落とすと，

$$\{-\lambda^4\mathbf{T} + j\lambda^2\mathbf{V}_{\mathrm{vd}} + (\mathbf{U} + \mathbf{V}_{\mathrm{Re+sd}})\}\hat{\mathbf{q}} = \hat{\mathbf{p}} \quad \cdots\cdots (4.3.35)$$

という $\hat{\mathbf{q}}$ に関する$(M+11)$元の複素連立１次方程式を得る．ただし，

$$\hat{\mathbf{P}} = \{0 \ \dots \ 0 \ \underbrace{\hat{P}_{\mathrm{e}1} \ \hat{P}_{\mathrm{e}2} \ \hat{P}_{\mathrm{e}3} \ \hat{P}_{\mathrm{e}4}}_{M+6 \ \cdots \ M+9} \ 0 \ 0\}^{\mathrm{T}} \qquad \cdots (4.3.36)$$

$$\hat{P}_{\mathrm{e}n} = \frac{L^2}{EI} m_{\mathrm{w}n} \varepsilon_n \omega^2 \ e^{-j\phi_n}; \ n = 1, \dots, 4 \qquad \cdots (4.3.37)$$

であり，$v = r_{\mathrm{w}n}\omega$ の関係を用いた[25]．また式(4.3.19)における $\bar{z}_n$ は 0 とした($n$=1,...,4)．なお，この場合の左辺の $\lambda$ と右辺に含まれる角周波数 $\omega$ は車輪回転の角速度に対応しており，式(4.3.29)における $\lambda$ および $\omega$ とは物理的な意味が異なることにも注意する．ただし，$\lambda$ と $\omega$ の関係は式(4.3.13)のとおりである．

各輪軸における偏心量 $\varepsilon_n$ と輪軸間のアンバランスの位相差 $\phi_n$ を設定し，$\omega$ および $\lambda$ を指定して式(4.3.35)を $\hat{\mathbf{q}}$ について解くことにより，車輪回転周波数に対する車両各部の応答を求めることができる．

### 4.3.3 箱形モデルによる振動解析

車体の３次元振動解析のための簡便な解析モデルとして，図 4.3.4 に示すような箱形モデルが提案されている(35)．このモデルは，車体の屋根と床を弾性平板，側面をはりの組合せ，前後の妻（つま）部を剛体平板で表現し，各面の結合部に仮想的なばねを導入して車体を六面体箱形構造物として表すものである．箱形モデルは，20 Hz 程度までの周波数領域での実車の振動形状の特徴を考慮するとともに，はりや平板といった物理的意味がつかみやすい簡易な構造で車体を構成し，重要度が低いと考えられる部位や方向の運動は無視している．これにより，着目する振動形を表現可能な自由度を持ちつつ通常の FEM モデルに比べ計算規模が小さく，要素の質量や剛性など計算に必要な入力パラメータの数も少ない，という特徴を有する．

屋根と床は上下（$z$ 方向）の曲げ自由度を持つ弾性平板，前後の妻（つま）部は上下自由度を持つ剛体板としている．側面ははりの組み合わせで構成し，柱部材に対応するはり（$y$ 方向の曲げ変形と $z$ 方向の伸び変形を考慮）と長手部材に対応するはり（$y$ および $z$ 方向の曲げ変形を考慮）とする．添字 $i$ は箱形モデルの各面を区別するもので $i$=1 は屋根，$i$=2 は床，$i$=3, 4 は前後の妻（つま），$i$=5, 6 は左右の側を表すこととする．これらの部材を，仮想的に設定した回転・並進運動を拘束するばね（仮想ばね）を用いて結合することで車体を表現する（図 4.3.5）．仮想ばねを導入することで，各部材ごとに定義した

[25] 輪軸間の車輪半径差による速度の違いは無視している．

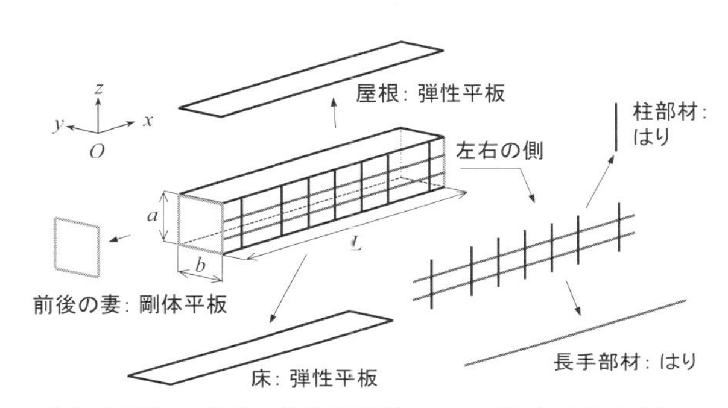


(a) 六面体の構成と全体座標系 $O$-$xyz$（原点は床中央）

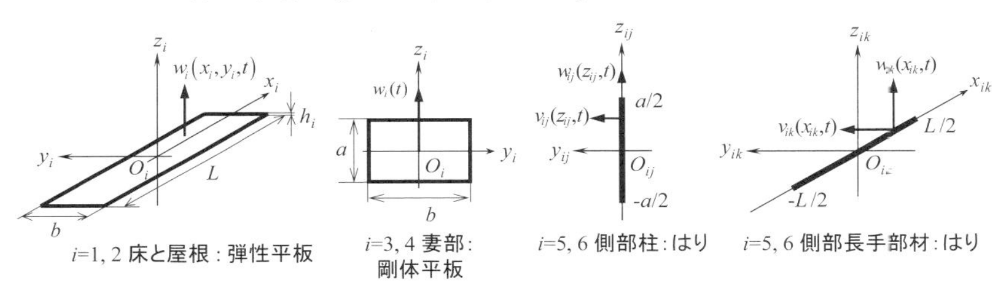


(b) 六面体各部の構成要素と局所座標系

図 4.3.4　車体を平板とはりの接続系として構成した振動解析モデル（箱形モデル）

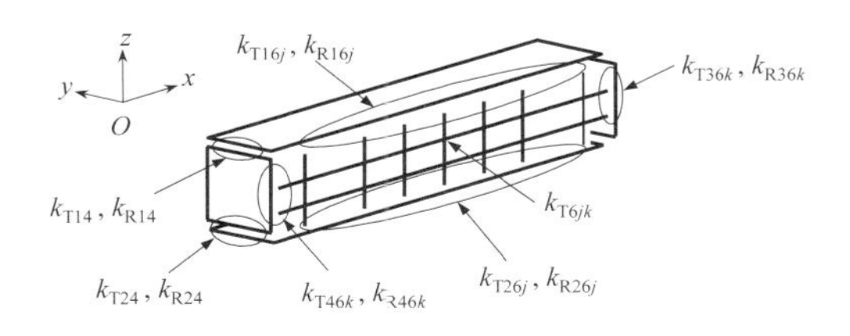

図 4.3.5　車体を構成する部材を結合する仮想ばね

局所座標系に対して定式化することができ，変位を表す試験関数には拘束のない（周辺あるいは両端が自由な）境界条件に対するものが適用できる，など解析を簡単にすることができる利点がある．なお，車体の長手方向（$x$ 方向），まくらぎ方向（$y$ 方向），高さ方向（$z$ 方向）の長さをそれぞれ $L$, $b$, $a$ とする．

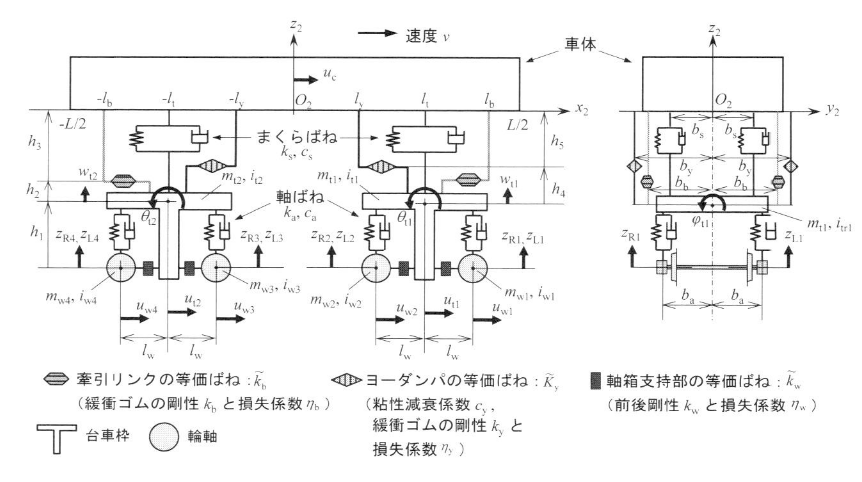


図 4.3.6　車体支持系のモデル化

車体を支持する台車系は図 4.3.6 に示すように，台車枠は前後，上下，ピッチング，ローリングの自由度を持つ剛体，輪軸は上下，前後の自由度を持つ剛体とし，剛体としての車体前後自由度を考慮する．なお台車のピッチング角は図 4.3.6 の向きにとる．

以下，本節では箱形モデルによる車両振動解析の流れのみを示すこととする．詳細な手順については付録 A9 を参照していただきたい．

本解析法ではラグランジュの方程式を用いて運動方程式を導出するため，車体や台車の構成要素のエネルギーの総和を求める．

$$\bar{T}_{\text{total}} = \sum_{i=1}^{4} \bar{T}_i + \sum_{i=5}^{6} \left( \sum_{j=1}^{J} \bar{T}_{ij} + \sum_{k=1}^{K} \bar{T}_{ik} \right) + \bar{T}_c + \bar{T}_t + \bar{T}_w \quad \cdots\cdots (4.3.38)$$

$$\tilde{\bar{U}}_{\text{total}} = \sum_{i=1}^{2} \tilde{\bar{U}}_i + \sum_{i=5}^{6} \left( \sum_{j=1}^{J} \tilde{\bar{U}}_{ij} + \sum_{k=1}^{K} \tilde{\bar{U}}_{ik} \right) \quad \cdots\cdots (4.3.39)$$

$$\tilde{\bar{V}}_{\text{total}} = \sum_{l=1}^{2} \sum_{i=3}^{4} \bar{V}_{li} + \sum_{i=5}^{6} \left\{ \sum_{j=1}^{J} \left( \sum_{k=1}^{K} \bar{V}_{ijk} + \sum_{l=1}^{2} \bar{V}_{lij} \right) + \sum_{l=3}^{4} \sum_{k=1}^{K} \bar{V}_{lik} \right\} + \tilde{\bar{V}}_s + \tilde{\bar{V}}_a + \tilde{\bar{V}}_w + \tilde{\bar{V}}_b + \tilde{\bar{V}}_y$$

$$\cdots\cdots (4.3.40)$$

ただし，$T$, $U$, $V$ はそれぞれ運動エネルギー，平板やはりの弾性変形によるひずみエネルギー，仮想ばねや台車（車体と台車間の結合要素を含む）のばね系（ダンパをモデル化した粘性減衰や緩衝ゴムや部材の内部減衰をモデル化した損失係数の効果も含む複素ばね系とする）によるポテンシャルエネルギーである．また添字の $i$（$i=1,\ldots,6$）は車体の6面を指定するインデックス，$j,k$（$j=1,\ldots,J$, $k=1,\ldots,K$）は側面を構成する柱および長手方向部材を表すはりを指定するインデックス，ローマン体の添字 c, t, w はそれぞれ車体前後，台車枠（上下およびピッチング），輪軸前後の各自由度に関する量であることを表すインデックス，同じくローマン体の添字 a, b, s, y はそれぞれ軸ばね，牽引リンク，空気ばね，ヨーダンパに関する量であることを示すインデックスである．なお $V$ の右辺の $l$（$l$=1,2）は屋根（$l$=1）と床（$l$=2）あるいは前後の妻（$l$=3,4）を区別するインデックスである．また，バー(¯)を付した記号は無次元量，チルダ（~）を付した記号は複素量を表す．

次に，弾性平板とはりの変位を以下のような形で仮定する．

$$\left.\begin{aligned}&\overline{w}_i(\xi_i,\eta_i,\tau)=\sum_{m=1}^{M}\sum_{n=1}^{N}A_{mn}^{(i)}(\tau)\,X_m^{(i)}(\xi_i)\,Y_n^{(i)}(\eta_i),\\&\overline{v}_{ij}(\zeta_{ij},\tau)=\sum_{p=1}^{P}B_p^{(ij)}(\tau)\,Z_p^{(ij)}(\zeta_{ij}),\ \overline{w}_{ij}(\zeta_{ij},\tau)=\sum_{q=1}^{Q}C_q^{(ij)}(\tau)\,Z_q^{(ij)}(\zeta_{ij}),\\&\overline{v}_{ik}(\xi_{ik},\tau)=\sum_{r=1}^{R}B_r^{(ik)}(\tau)\,Z_r^{(ik)}(\zeta_{ik}),\ \overline{w}_{ik}(\xi_{ik},\tau)=\sum_{s=1}^{S}B_s^{(ik)}(\tau)\,Z_s^{(ik)}(\zeta_{ik}),\end{aligned}\right\}\quad\cdots\cdots(4.3.41)$$

ただし $A_{mn}^{(i)}(\tau), B_p^{(ij)}(\tau), C_q^{(ij)}(\tau), B_r^{(ik)}(\tau), B_s^{(ik)}(\tau)$ は時間関数，$A$ は弾性平板の曲げ，$B$ ははりの曲げ，$C$ ははりの伸縮の自由度に対応する一般化座標であり，上付（下付）の添字 $i,j,k$ はそれぞれ，箱形モデルの面，側面の柱および長手方向部材を区別する添字である．また，$X_m^{(i)}(\xi_i), Y_n^{(i)}(\eta_i), Z_p^{(ij)}(\zeta_{ij}), Z_q^{(ij)}(\zeta_{ij}), Z_r^{(ik)}(\zeta_{ik}), Z_s^{(ik)}(\zeta_{ik})$ は変位の試験関数である．

さらに車体前後，車体妻（つま）部上下，台車枠の上下・前後・回転（ピッチング，ローリング），輪軸前後の各剛体変位についても，

$$\overline{u}_I(\tau)=R^{(u_I)}(\tau),\ \overline{w}_I(\tau)=R^{(w_I)}(\tau),\ \overline{\theta}_I(\tau)=R^{(\theta_I)}(\tau),\ \overline{\varphi}_I(\tau)=R^{(\varphi_I)}(\tau)\quad\cdots\cdots(4.3.42)$$

と各自由度に対応する一般化座標で表しておく．この式中の $I$ は c, t$m$, w$n$（$m$=1,2 は台車を区別する添字，$n=1,\ldots,4$ は輪軸を区別する添字）を表す．なお，ここでは適当な基準平板の単位体積あたりの質量 $\rho_0$，板厚 $h_0$，曲げ剛性 $D_0$ を用いて，以下のような無次元化を行っている．

$$
\left.
\begin{array}{l}
\xi_i = x_i / L,\ \xi_{ik} = x_{ik} / L,\ \eta_i = y_i / b,\ \zeta_{ij} = z_{ij} / a,\ \tau = \omega t,\ \Lambda^4 = \dfrac{\rho_0 h_0 L^4}{D_0}\omega^2, \\
\left(\bar{T}, \bar{U}, \bar{V}\right) = \left(T, U, V\right) \times \dfrac{1}{D_0}, \\
\text{屋根・床の変位}\ (i = 1, 2)\ :\ \left\{\bar{u}_c(\tau), \bar{w}_i(\xi_i, \eta_i, \tau)\right\} = \left\{u_c(t), w_i(x_i, y_i, t)\right\} / h_0, \\
\text{妻の変位}\ (i = 3, 4)\ :\ \bar{w}_i(\tau) = w_i(t) / h_0, \\
\text{側柱の変位}\ (i = 5, 6)\ :\ \left\{\bar{v}_{ij}(\zeta_{ij}, \tau), \bar{w}_{ij}(\tau)\right\} = \left\{v_{ij}(z_{ij}, t), w_{ij}(t)\right\} / h_0, \\
\text{側長手方向部材の変位}\ (i = 5, 6)\ :\ \left\{\bar{v}_{ik}(\xi_{ik}, \tau), \bar{w}_{ik}(\xi_{ik}, \tau)\right\} = \left\{v_{ik}(x_{ik}, t), w_{ik}(x_{ik}, t)\right\} / h_0, \\
\text{台車枠・輪軸の変位}\ :\left\{\bar{w}_{t1}(\tau), \bar{w}_{t2}(\tau), \bar{u}_{t1}(\tau), \bar{u}_{t2}(\tau), \bar{u}_{wn}(\tau)\right\} \\
\qquad = \left\{w_{t1}(t), w_{t2}(t), u_{t1}(t), u_{t2}(t), u_{wn}(t)\right\} / h_0, \\
\text{台車枠のピッチング・ローリング角変位}\ : \\
\qquad \bar{\theta}_{t1}(\tau) = \theta_{t1}(t),\ \bar{\theta}_{t2}(\tau) = \theta_{t2}(t),\ \bar{\varphi}_{t1}(\tau) = \varphi_{t1}(t),\ \bar{\varphi}_{t2}(\tau) = \varphi_{t2}(t), \\
\text{変位入力}\ :\ \left\{\bar{z}_L(\tau), \bar{z}_R(\tau)\right\} = \left\{z_L(t), z_R(t)\right\} / h_0,
\end{array}
\right\}
\quad \cdots\cdots (4.3.43)
$$

これらのエネルギーをラグランジュの運動方程式

$$
\frac{d}{d\tau}\left(\frac{\partial \bar{T}_{\text{total}}}{\partial \dot{\mathbf{q}}}\right) - \left(\frac{\partial \bar{T}_{\text{total}}}{\partial \mathbf{q}}\right) + \left(\frac{\partial \bar{\bar{U}}_{\text{total}}}{\partial \mathbf{q}}\right) + \left(\frac{\partial \bar{\bar{V}}_{\text{total}}}{\partial \mathbf{q}}\right) = \mathbf{0} \quad \cdots\cdots (4.3.44)
$$

に代入して整理すると，車両の運動方程式を複素連立 1 次方程式として得ることができる．ただし，式(4.3.44)におけるドット（˙）は $\tau$ による微分，$\mathbf{q}$ は一般化座標からなるベクトルである．

以上の解析手順についても，はりモデルの場合と同様に数式処理を用いた計算機による運動方程式の導出が可能である．

### (1) 軌道からの上下変位による加振に対する応答解析

輪軸に入力される軌道からの上下変位の扱いは，はりモデルの場合の式(4.3.10)～式(4.3.12)と同様の考え方になるが, 箱形モデルの場合は図 4.3.6 のように左右レールからの加振を受けるところが異なる．すなわち，左右車輪位置の変位入力を添字 L, R により区別を付けて次式のように表す．

$$
z_{Ln}(t) = Z_{L1} e^{j\omega(t - t_n)},\ z_{Rn}(t) = Z_{R1} e^{j\omega(t - t_n)};\quad n = 1, \ldots, 4 \quad \cdots\cdots (4.3.45)
$$

ここで $t_n$ は式(4.3.11)で示される第 1 輪軸と第 $n$ 輪軸との間の時間差であり，$Z_{L1}$，$Z_{R1}$ はそれぞれ第 1 輪軸位置における左右レールの上下変位の角周波数 $\omega$ [rad/s]に関する成分の大きさである．この変位入力に対して式(4.3.43)の無次元化を行うと，

$\bar{z}_{L1}(\tau)=\bar{Z}_{L1}e^{j\tau}$，$\bar{z}_{R1}(\tau)=\bar{Z}_{R1}e^{j\tau}$ と表すことができる．したがってこの変位加振に対する定常応答として，変位関数の時間関数からなる一般化座標は，時間に関する項を $e^{j\tau}$ とし，時間に依存しない未定係数ベクトルを$\hat{\mathbf{q}}$として，$\mathbf{q}=\hat{\mathbf{q}}e^{j\tau}$ と書くことができる．

これらを用いて，最終的に車両の運動方程式は次式となる．

$$\left\{-\Lambda^4\mathbf{T}+j\Lambda^2\mathbf{V}_{\mathrm{vd}}+(\mathbf{U}+\mathbf{V}_{\mathrm{Re+sd}})\right\}\hat{\mathbf{q}}=\hat{\mathbf{z}} \quad \cdots\cdots (4.3.46)$$

ここで **T**，**U** はそれぞれ $\bar{T}_{\mathrm{total}}$，$\bar{\tilde{U}}_{\mathrm{total}}$ から得られる係数行列，$\mathbf{V}_{\mathrm{vd}}$ は $\bar{\tilde{V}}_{\mathrm{total}}$ の粘性減衰に関わる項から得られる係数行列，$\mathbf{V}_{\mathrm{Re+sd}}$ は $\bar{\tilde{V}}_{\mathrm{total}}$ の実部と内部減衰に関わる項から得られる係数行列である．また右辺の$\hat{\mathbf{z}}$は軌道からの上下変位による加振力を表す外力ベクトルで，式(4.3.46)の変位入力の無次元量の時間に依存しない成分を要素に含む．

左右レールで異なる変位入力を受けるため，応答加速度の PSD を求めるには，式(4.3.30)は修正が必要である．すなわち，左あるいは右レールのみからの変位入力がある場合の車両各部の応答を $w_{\mathrm{L}}(f)$，$w_{\mathrm{R}}(f)$ とし（$f=\omega/2\pi$ は周波数[Hz]），これらを用いて左右レールで異なる変位入力を受ける車両各部の応答の PSD は次式となる[36]．

$$P_{\mathrm{o}}(f)=\left|H_{\mathrm{L}}(f)\right|^2P_{\mathrm{L}}(f)+H_{\mathrm{L}}^*(f)H_{\mathrm{R}}(f)P_{\mathrm{LR}}(f)$$
$$+H_{\mathrm{R}}^*(f)H_{\mathrm{L}}(f)P_{\mathrm{RL}}(f)+\left|H_{\mathrm{R}}(f)\right|^2P_{\mathrm{R}}(f) \quad \cdots\cdots (4.3.47)$$

ただし，$H_{\mathrm{L}}(f)$，$H_{\mathrm{R}}(f)$は，左レールおよび右レールのみから変位入力を受ける場合の車両の任意の部位の周波数応答関数で，単位加振入力（$\bar{Z}_{\mathrm{L1}}=1, \bar{Z}_{\mathrm{R1}}=0$ および $\bar{Z}_{\mathrm{R1}}=1, \bar{Z}_{\mathrm{L1}}=0$）の場合，$H_{\mathrm{L}}(f)=w_{\mathrm{L}}(f)$および$H_{\mathrm{R}}(f)=w_{\mathrm{R}}(f)$である．なお，*は複素共役を表す．また，$P_{\mathrm{L}}(f)$，$P_{\mathrm{R}}(f)$は，左右レールそれぞれの高低変位の PSD，$P_{\mathrm{LR}}(f)$，$P_{\mathrm{RL}}(f)$は，それらのクロススペクトル密度（CSD）である．

### (2) 車体に直接加振力を受ける場合の応答解析

4.2 節で述べたように，実車の固有振動モード特性を調べるため，加振器により車体を直接加振する定置加振試験が行われる．定置加振試験では，加振入力と車体各部の応答加速度間の入出力関係（周波数応答関数 Frequency Response Function，以下 FRF）が明確となるよう 1 台の加振器により車体に直接加振力を与えることが多い．そのような加振条件で測定された FRF は固有モード特性とともに振動解析モデルの妥当性検証にも有効であるため，ここでは車体に直接加振力が作用する際の応答解析について示す．

この場合，軌道からの上下変位による入力項を無視，すなわち式(4.3.45)における$Z_{L1}$，$Z_{R1}$をともに 0 とし，代わりに床を構成する平板の一点$(x_2, y_2)=(x_0, y_0)$に調和加振力$Q_0(t) = |Q_0|e^{j\omega t}$を受けるものとする．これを無次元化した表現は$\overline{Q}_0(\tau) = \hat{Q}_0 e^{j\tau}$となる．ただし，$\hat{Q}_0$は時間に依存しない無次元加振力である．また，ラグランジュの運動方程式は式(4.3.44)の右辺に一般化力からなるベクトル$\bar{\mathbf{Q}}$を追加した次式となる．

$$\frac{d}{d\tau}\left(\frac{\partial \overline{T}_{\mathrm{total}}}{\partial \dot{\mathbf{q}}}\right)-\left(\frac{\partial \overline{T}_{\mathrm{total}}}{\partial \mathbf{q}}\right)+\left(\frac{\partial \bar{\tilde{U}}_{\mathrm{total}}}{\partial \mathbf{q}}\right)+\left(\frac{\partial \bar{\tilde{V}}_{\mathrm{total}}}{\partial \mathbf{q}}\right)=\bar{\mathbf{Q}} \quad \cdots\cdots (4.3.48)$$

集中調和外力$\overline{Q}_0(\tau)$による床の無次元仮想変位を$\delta\overline{w}_2$とすると，仮想仕事は

$$\delta\overline{W} = \overline{Q}_0\delta\overline{w}_2(\xi_0, \eta_0) = \hat{Q}_0 e^{j\tau}\sum_{m=1}^{M}\sum_{n=1}^{N}\delta A_{mn}^{(2)} X_m^{(2)}(\xi_0)\, Y_n^{(2)}(\eta_0) \quad \cdots\cdots (4.3.49)$$

となる．ここで式(4.3.49)の右辺の$\delta A_{mn}^{(2)} X_m^{(2)}(\xi_0)\, Y_n^{(2)}(\eta_0)$部分の上付添字の 2 は２乗ではなく，床の平板を示すインデックスであることに注意する．また$(\xi_0, \eta_0)$は加振力が作用する点の無次元座標である．一般化力は仮想仕事における一般化座標$\delta A_{mn}^{(2)}$の係数部分であり，次式で表される．

$$\overline{Q}_{mn} = \hat{Q}_0 e^{j\tau} X_m^{(2)}(\xi_0)\, Y_n^{(2)}(\eta_0) \quad \cdots\cdots (4.3.50)$$

したがって，式(4.3.49)の右辺の一般化力$\bar{\mathbf{Q}}$は，床面に対応する要素が式(4.3.50)であり，他は０となる列ベクトルとなる．式(4.3.48)より，式(4.3.46)と同様の形で右辺の外力項に$\hat{Q}_0$による加振力を含む運動方程式が得られ，それを解くことで単位加振力あたりのFRF を求めることができる．

### (3) 固有値解析

車体の固有振動モードを求めるため，箱形モデルによる実固有値解析を行う場合は，式(4.3.46)において，右辺の外力項と，左辺の粘性減衰および損失係数による項を無視して得られる次式を用いる．

$$(\mathbf{U}+\mathbf{V})_{\mathrm{Re}}\hat{\mathbf{q}} = \Lambda^4\mathbf{T}\hat{\mathbf{q}} \quad \cdots\cdots (4.3.51)$$

ここで$(\mathbf{U}+\mathbf{V})_{\mathrm{Re}}$は式(4.3.46)の$(\mathbf{U}+\mathbf{V}_{\mathrm{Re+sd}})$の実部を表す．式(4.3.51)は実対称行列の一般化固有値問題であり，その固有値として$\Lambda^4$が，各固有値に対する固有ベクトルとして$\hat{\mathbf{q}}$がそれぞれ得られ，固有値$\Lambda^4$から固有振動数を，$\hat{\mathbf{q}}$から固有振動モード形を計算することができる．

### 4.3.4　各モデルによる計算例と実測との比較

以下では，ここまで説明してきた3種類の振動解析モデル（はりモデル，FEMモデル，および箱形モデル）を用いた計算例と実測との比較を示す．

#### (1) はりモデルによる計算結果の例

まず，はりモデルにより走行時の車体の上下振動加速度PSDの計算結果を実際の測定結果と比較した例を図4.3.7に示す．これは4.2節の図4.2.6に示した新幹線を想定してはりモデルにより加速度PSDを計算した結果を実測結果と比較したものであり，計算に用いた諸元値（各パラメータの具体的な数値）は，付録A8の表A8.1に示してある．はりモデルのPSDは，実測データを取得する際に台車の軸箱で測定された上下加速度（軸箱加速度）から求めたPSDを$P_1(f)$とし，式(4.3.30)を用いて計算した．図の8.5 Hz付近のピークが車体の上下弾性振動（曲げの1次モード）に対応しており，このピークを含む10～12 Hz程度以下の周波数領域で両者は比較的良く一致している．

このように，はりモデルは車体弾性振動としてはりの1次の曲げと見なせるモードを対象とする場合には簡便で有用といえる．ただし，以下（図4.3.8，4.3.10）に示すように，はりの1次の曲げに類似の弾性振動モードをもつ新幹線でも，窓側席の足元など車体中心線上ではない部位では，はりの曲げとは異なる弾性振動モードによるピークも顕著になる場合があり，そのような部位の振動を議論する場合，はりモデルは適切とはいえない．

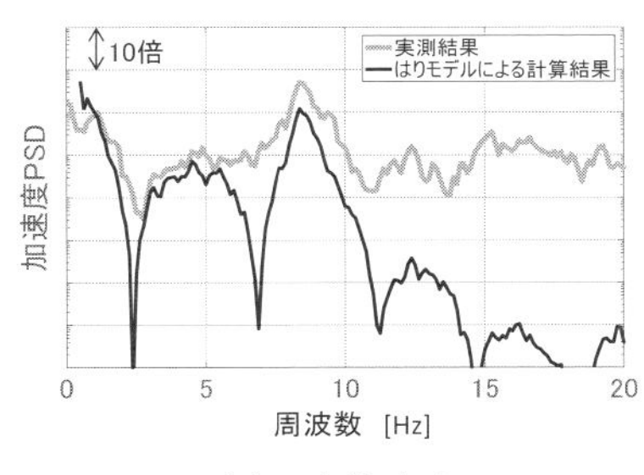


(a)　車体中央

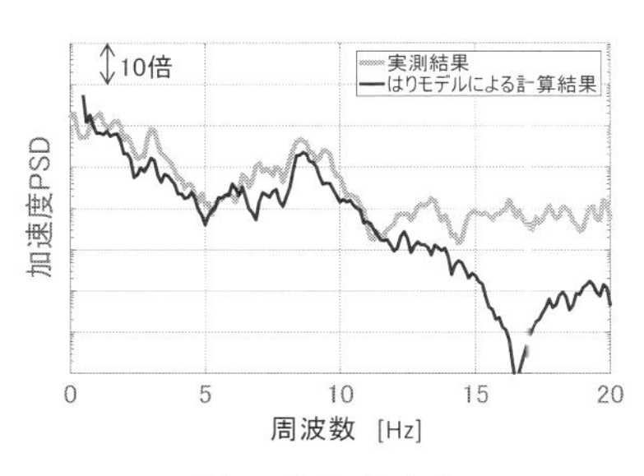


(b)　前台車直上

図4.3.7　はりモデルによる車体上下振動加速度ＰＳＤの計算結果と実測との比較（新幹線，速度300 km/h）

### (2) ＦＥＭによる計算結果の例

車体を定置で加振した条件における車体の応答を，加振力に対する床面の上下振動加速度の FRF（周波数応答関数）として FEM により計算した結果を定置加振試験の測定結果と比較したものを図 4.3.8 に示す．これは，鉄道総研が保有する新幹線タイプの試験車両を対象としたもので，灰太線（実測）は，動電型加振器を用いて車体中央付近の側はり部に加振力を加え，その加振力に対する床面の上下加速度の FRF を求めたもの，黒実線（FEM 計算結果）は FEM モデルを用いて定置加振試験と同じ加振条件に対する床面の応答加速度を計算し，加振力に対する FRF を求めたものである．また図(a)は車体中央，図(b)は中央部窓側の床面における FRF である．図の 10.5 Hz 付近のピークがはりの 1 次の曲げに類似のモードによるものであり，(b)の 9 Hz 付近のピークは車体のせん断変形モードに対応している．FEM による計算結果は，実車で測定された FRF とよく一致している．

また，この車体の固有振動モードの FEM による計算結果を実測データから求めたものとともに図 4.3.9 に示す．モード形状，固有振動数ともによく一致していることがわかる．

このように FEM モデルは，複数の弾性振動モードを含む 20 Hz 程度までの周波数領域における車体振動を議論する際に有効である．ただし，ここで用いた FEM モデルは要素数が約 62 万，節点数が約 111.5 万と大規模である．

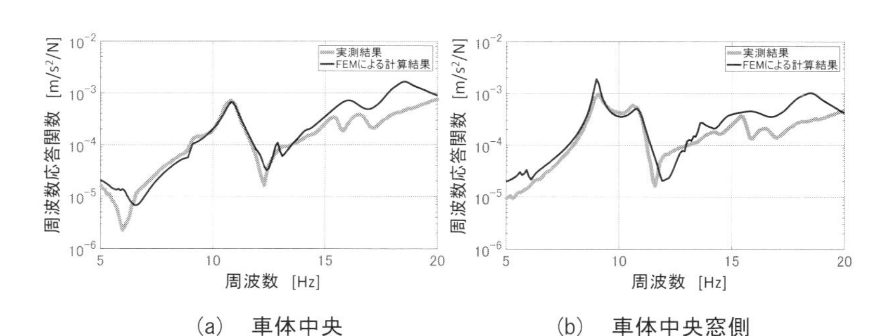


図 4.3.8 ＦＥＭによる車体床面の上下振動加速度ＦＲＦの計算結果と実測との比較（新幹線，定置加振試験での加振力に対する加速度 FRF）

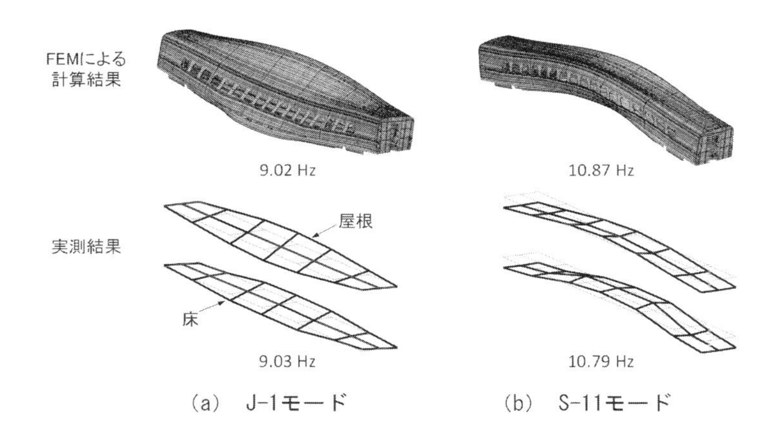


図 4.3.9　ＦＥＭモデルによる車体弾性振動の固有振動モード計算結果と実測との比較（新幹線）

### (3) 箱形モデルによる計算結果の例

箱形モデルにより定置加振試験における車体床面加速度の FRF と車体弾性振動の固有モードを計算した例を実測結果とともに以下に示す(37).

図 4.3.10（FRF）と図 4.3.11（固有振動モード）はある営業用新幹線車両の計算結果と実測結果の比較である．車体側ヨーダンパ取付部に加振力を与え，車体中央と中央部窓側の床面の上下加速度の加振力に対する FRF を求めている．この FRF の 9 Hz 付近，10 Hz 付近のピークはそれぞれ，車体せん断モード（図 4.3.11(a)），曲げ 1 次モード（同図(b)）に対応している．

図 4.3.12（FRF）と図 4.3.13（固有振動モード）は，鉄道総研が保有する通勤車タイプの試験車両に対する計算結果と実測結果の比較である．車体中央付近の側はり部に加振入力を与え，加振力に対する車体中央と中央部窓側の床面の上下加速度の FRF を求めている．この FRF の 7.7 Hz 付近，13 Hz 付近のピークはそれぞれ，図 4.3.13 の(a)と(d)のモードに対応している．

これらの図から，はりの曲げと見なせるような振動モードだけでなく，車体断面のせん断変形を伴うモードや，屋根と床が異なる形状や方向で変形するモードなどに関しても箱形モデルは対応可能であり，15～20 Hz 程度の周波数領域における車体振動を

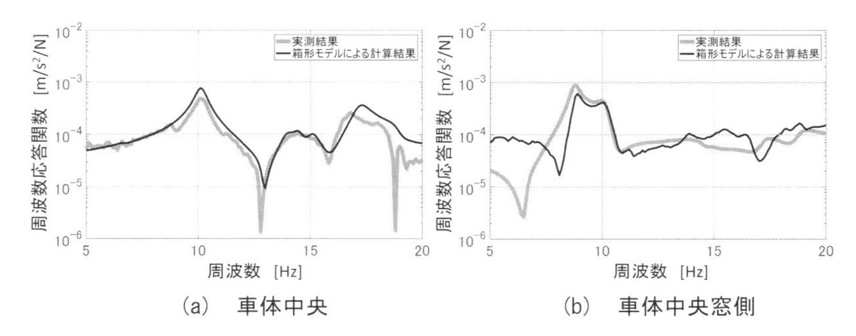


(a) 車体中央　　(b) 車体中央窓側

図 4.3.10 箱形モデルによる車体床面の上下振動加速度 FRF 計算結果と実測との比較（新幹線の定置加振試験，加振力に対する加速度 FRF）

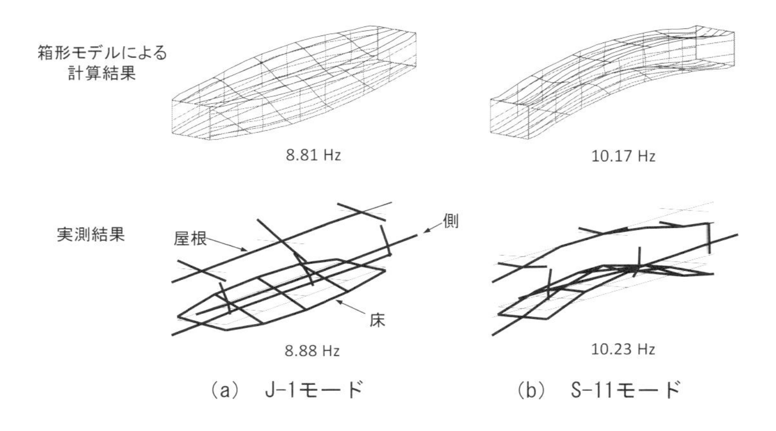


(a) J-1モード　　(b) S-11モード

図 4.3.11 箱形モデルによる固有振動モードの計算結果と実測との比較（新幹線，Hz を付した数字は固有振動数）

議論する際に有効なことが確認できる．

箱形モデルにより精度良い計算結果を得るためには，この車体モデルを構成するはりや平板の曲げ剛性，それらを接続する仮想ばね定数などのモデルパラメータを適切に調整する必要がある．これらは車体の設計図面から物理的に算定される量ではなく，対象に応じて設定される箱形モデル特有のパラメータであり，選択の任意性がある．

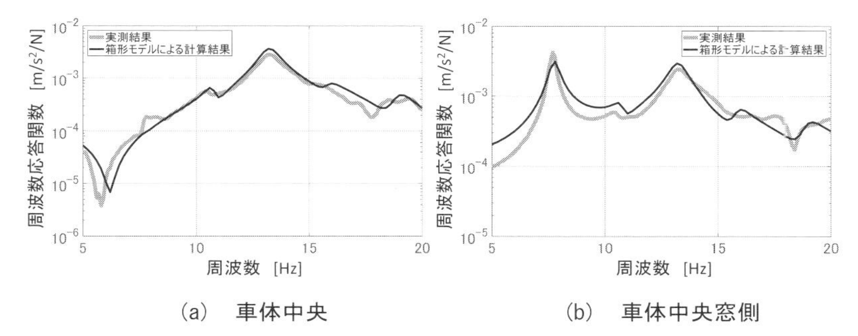


(a)　車体中央　　　(b)　車体中央窓側

図 4. 3. 12　箱形モデルによる車体床面の上下振動加速度 FRF 計算結果と実測との比較（通勤形車両の定置加振試験，加振力に対する加速度 FRF）

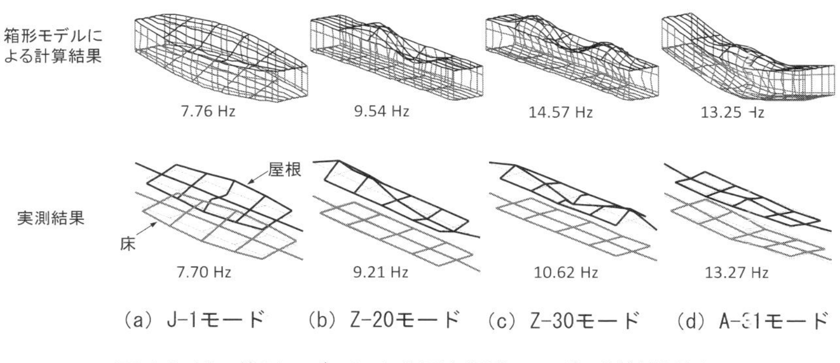


(a) J-1モード　(b) Z-20モード　(c) Z-30モード　(d) A-31モード

図 4. 3. 13　箱形モデルによる固有振動モードの計算結果と実測との比較（通勤形車両，Hz を付した数字は固有振動数）

どのようなパラメータを与えるかは解析者に依存することになるが，計算規模（モデルサイズ）が小さいという箱形モデルの特徴を活かして，計算機を用いて実測データとの誤差が最小となるパラメータの組を自動的に選ぶことが可能である．ここで示した例では，GA（遺伝的アルゴリズム，genetic algorithm）を用い，実測された FRF との差異が最小となるモデルパラメータを自動的に決定している[38]．

## 第4章の参考文献


(1) 鈴木浩明：快適さを測る その心理・行動・行動生理的影響の評価，日本出版サービス，p.12, 1999.

(2) 宮本昌幸：鉄道車両の運動と制御に関する研究・開発動向，日本機械学会論文集 C 編, Vol.64, No.625，pp.3249-3255，1998.

(3) 鈴木浩明，手塚和彦，高井秀之：鉄道車両の乗り心地評価法と国際標準化，鉄道総研報告，鉄道総合技術研究所，Vol.16，No.1，pp.5-10，2002.

(4) 日本機械学会編：鉄道車両のダイナミクス，電気車研究会，pp.65-75，1994.

(5) 宮本昌幸：車両の運動力学入門(22)，鉄道車両と技術，22，pp.25-29，1997.

(6) 鈴木浩明：鉄道車両の振動乗り心地に関する人間科学的研究，鉄道総研報告，特別第 24 号，pp.35-70，1998.

(7) 北崎智之：自動車の振動評価，日本音響学会誌，Vol.53，No.1，pp39-43，1997.

(8) 有馬正和：船舶の乗り心地評価，日本音響学会誌，Vol.53，No.1，pp44-48，1997.

(9) 富岡隆弘，鈴木康文，上野友寛：鉄道車両の車体，台車および車体・台車間結合要素特性が振動乗り心地に与える影響，日本機械学会論文集 C 編，Vol.66，No.645，pp.1636-1644，2000.

(10) Janeway, R. N. : Human vibration tolerance criteria and application to ride evaluation, SAE Technical Paper Ser., No.750166, p.24, 1975.

(11) ORE reports C116/RP 8/E, Interaction Between Vehicle and Track. ORE, Utrecht, 1977.

(12) Knothe, K. and Stichel, S. : Rail Vehicle Dynamics, ISO 2631-1, (1997), Springer, pp.141-148, 2003.

(13) 中川千鶴，島宗亮平：高周波振動影響を反映した乗り心地評価法，第 19 回鉄道技術連合シンポジウム講演論文集，日本機械学会，pp.85-88，2012.

(14) ISO 2631-1: Mechanical vibration and shock -- Evaluation of human exposure to whole-body vibration -- Part 1: General requirements, International Organization for Standardization, 1997.

(15) ISO 2631-4: Mechanical vibration and shock -- Evaluation of human exposure to whole-body vibration -- Part 4: Guidelines for the evaluation of the effects of vibration and rotational motion on passenger and crew comfort in fixed-guideway transport systems, International Organization for Standardization, 2001.

(16) EN 12299:2009: Railway applications -Ride comfort for passengers- measurement and evaluation, CEN, 2009.

(17) 丸山弘志，景山充男：機械技術者のための鉄道工学，丸善，pp.122-128，1981.

(18) 榎本衛，佐々木君章，白戸宏明：乗り心地の向上をめざして，RRR，鉄道総合技術研究所，Vol.67，No.3，pp.4-7，2010.

(19) 小柳志郎，岡本勲，藤森聡二，寺田勝之，桧垣博，平石元実：車両の車体傾斜制御シミュレーション，日本機械学会論文集 C 編，Vol.55，No.510，pp.373-381，1989.

(20) 例えば，吉田秀久，永井正夫：可変リンク機構による鉄道車両の車体傾斜制御に関する基礎的研究－第 1 報リンク機構による基本振り子特性と完全車体傾斜条件－，日本機械学会論文集 C 編, Vol. 72, No. 721, pp.2748-2755，2006.

(21) 近藤圭一郎：鉄道車両技術入門，オーム社，p.56，2013.

(22) 鈴木浩明，白戸宏明，手塚和彦：列車内における乗り物酔いに影響する振動特性，人間工学，Vol.39，No.6，pp.267-274, 2003.

(23) 谷藤克也，永井健一，長屋幸助：高速で走行するボギー車の車体上下曲げ振動（台車間隔による軌道不整量平均化の影響），日本機械学会論文集 C 編，Vol. 56，No.529，pp.2327-2334，1990.
(24) 高速車両用輪軸研究委員会編：鉄道輪軸，丸善，pp.210-213，2008.
(25) 富岡隆弘：鉄道車両の乗り心地改善のための車体，台車特性および車体・台車間結合要素特性の最適化，日本機械学会論文集 C 編，Vol.68，No.671，pp.2106-2113，2002.
(26) 富岡隆弘，瀧上唯夫，下澤一行，加藤幸夫，加藤洋，荒木美津夫：立体構造物としての鉄道車両の詳細振動測定試験，日本機械学会第 10 回交通・物流部門大会講演論文集（Translog2001），pp.287-290，2001.
(27) 富岡隆弘，瀧上唯夫，山之口学，東義之，鈴木和馬：輪軸の質量アンバランスに起因する鉄道車両の車体振動抑制，日本機械学会論文集 C 編，Vol.77，No.780，pp.3078-3093，2011.
(28) 富岡隆弘，瀧上唯夫，相田健一郎：鉄道車両の振動モード解析への線形予測モデルの適用，日本機械学会論文集 C 編，Vol.75，No.753，pp.1295-1303，2009.
(29) 日本機械学会編：鉄道車両のダイナミクス，電気車研究会，pp.15-20，1994.
(30) Tomioka, T. and Takigami, T.：Reduction of bending vibration in railway vehicle carbody using carbody-bogie dynamic interaction，Vehicle System Dynamics，Vol.48，Supplement，pp.467-486，2010.
(31) 鈴木康文，阿久津勝則：車体の曲げ振動解析（車体曲げ剛性と振動乗り心地に関する一考察），鉄道総研報告，Vol.3，No.2，pp.44-50，1989.
(32) 例えば，Zhou, J. et al.：Influence of car body vertical flexibility on ride quality of passenger railway vehicles, Proc. IMechE Part F, Vol.223, pp.461-471，2009.
(33) 日本規格協会：JIS E7106 鉄道車両－旅客車用構体－設計通則，p.11，2006.
(34) 小田尚輝，西村誠一：空気ばね懸架の振動特性とその設計，日本機械学会論文集（第 1 部），Vol.35，No.273，pp.996-1002，1969.
(35) Tomioka, T. Takigami, T. and Suzuki, Y.：Numerical analysis of three-dimensional flexural vibration of railway vehicle car body，Vehicle System Dynamics，Vol.44，Supplement，pp.272-285，2006.
(36) J.S.ベンダット，A.G.ピアソル共著，得丸英勝他訳：ランダムデータの統計的処理，（株）培風館，p.146，1971.
(37) 富岡隆弘，瀧上唯夫，鈴木康文，秋山裕喜：実測データに基づく車体三次元弾性振動解析モデルの精度向上，鉄道総研報告，Vol.25，No.8，pp.11-16，2011.

# 付 録

## A1　すれ違い時の空気力変動

すれ違い時に図 A1.1 に示すような三角波形状に近似できる風圧力を自列車が対向列車から受ける場合を考える．このとき，車両の車体重心に作用する横力と重心まわりのモーメントを計算する式の例を以下に記す．なお，圧力の正負は，自列車の車体を押す方向の圧力を正とする．

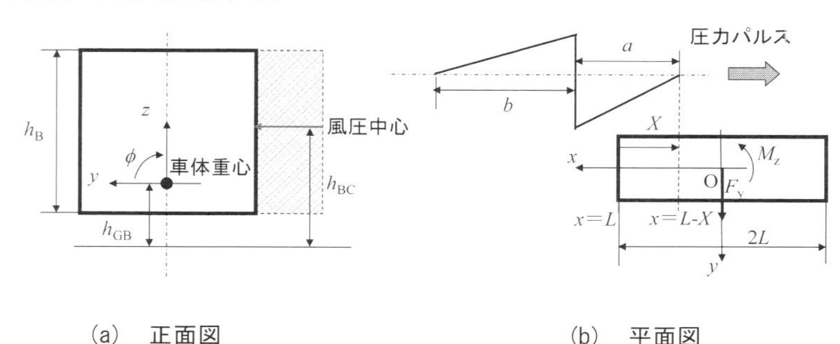


(a)　正面図　　　　(b)　平面図

図 A1.1　すれ違い時の風圧力パルスと車両に働く空気力（第 1 章・図 1.3.8）

【記号】

$C_{p+}$：正の圧力係数，$C_{p-}$：負の圧力係数，$\rho$：空気密度 [kg/m$^3$]

$a$：正の圧力パルスの進行方向長さ[m]

$b$：負の圧力パルスの進行方向長さ[m]

$v$：対向列車の速度 [m/s]，車体長 $2L$ [m]，$h_B$：車体高さ [m]

$h_{GB}$：車体重心高さ（レール頭頂面から車体重心までの高さ）[m]

$h_{BC}$：風圧中心高さ（レール頭頂面から空気力作用点までの高さ）[m]

$X$：風圧力が車体側面に作用している進行方向の距離 [m]

$x$：車体重心を原点とし進行方向を正とする車体に固定した座標 [m]

$P_y(x)$：$x$ の位置で車両が受ける圧力 [N/m$^2$]

$F_y(x)$：$x$ の位置で車体重心に作用する横力 [N]

$M_x(x)$：$x$ の位置で車体重心まわりに作用するロールモーメント [Nm]

$M_z(x)$：$x$ の位置で車体重心まわりに作用するヨーモーメント [Nm]

【計算式】

(1)～(5)共通：　$M_x(x) = -(h_{BC} - h_{GB})F_y(x)$

(1) $0 \leqq X \leqq a$ のとき

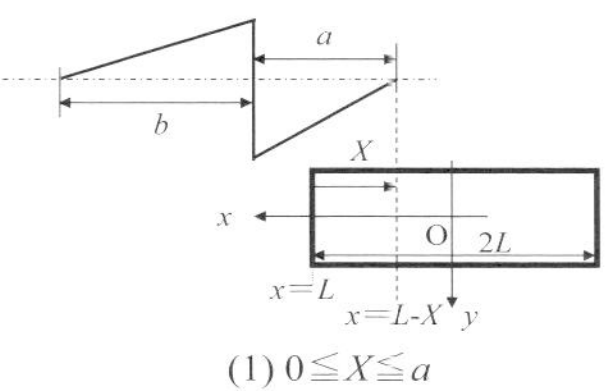

(1) $0 \leqq X \leqq a$

$$P_y(x) = \frac{1}{2}\rho v^2 C_{p+} \frac{x-(L-X)}{a}$$

$$= \frac{1}{2}\rho v^2 C_{p+} \frac{X-L+x}{a} \quad \cdots L-X \le x \le L$$

$$F_y(x) = h_B \int_{L-X}^{L} P_y(x)dx$$

$$= \frac{1}{2}\rho v^2 C_{p+} \frac{h_B}{a}\left[(X-L)x + \frac{x^2}{2}\right]_{L-X}^{L} = \frac{1}{2}\rho v^2 C_{p+} \frac{h_B}{a}\frac{X^2}{2}$$

$$M_z(x) = \int_{L-X}^{L} h_B P_y(x) x dx$$

$$= \frac{1}{2}\rho v^2 C_{p+} \frac{h_B}{a}\left[\frac{X-L}{2}x^2 + \frac{x^3}{3}\right]_{L-X}^{L}$$

$$= \frac{1}{2}\rho v^2 C_{p+} \frac{h_B}{a}\frac{X^2}{2}\left(L - \frac{X}{3}\right)$$

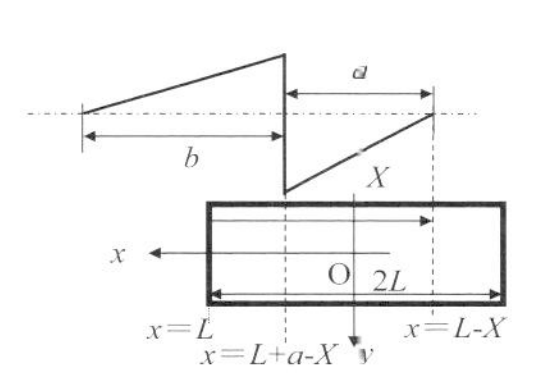

(2) $a < X \leqq 2L$

(2) $a < X \leqq 2L$ のとき

$$P_y(x) = \begin{cases} \frac{1}{2}\rho v^2 C_{p+} \frac{X-L+x}{a} & \cdots L-X \le x \le L+a-X \\ \frac{1}{2}\rho v^2 C_{p-} \frac{b-\{x-(L+a-X)\}}{b} & \cdots L+a-X < x \le L \end{cases}$$

$$F_y(x) = \frac{1}{2}\rho v^2 C_{p+} h_B \frac{a}{2} + h_B \int_{L+a-X}^{L} P_y(x)dx$$

$$= \frac{1}{2}\rho v^2 C_{p+} h_B \frac{a}{2} + \frac{1}{2}\rho v^2 C_{p-} \frac{h_B}{b}\left[(a+b+L-X)x - \frac{x^2}{2}\right]_{L+a-X}^{L}$$

$$= \frac{1}{2}\rho v^2 \frac{h_B}{2}\left[C_{p+}a + C_{p-}\frac{X-a}{b}(a+2b-X)\right]$$

$$M_z(x) = \int_{L-X}^{L+a-X} h_B P_y(x) x dx + \int_{L+a-X}^{L} h_B P_y(x) x dx$$

$$= \frac{1}{2}\rho v^2 C_{p+} \frac{h_B}{a}\left[\frac{X-L}{2}x^2 + \frac{x^3}{3}\right]_{L-X}^{L+a-X} + \frac{1}{2}\rho v^2 C_{p-} \frac{h_B}{b}\left[\frac{a+b+L-X}{2}x^2 - \frac{x^3}{3}\right]_{L+a-X}^{L}$$

$$= \frac{1}{2}\rho v^2 C_{p+} h_B a\left[\frac{L-X}{2} + \frac{a}{3}\right] + \frac{1}{2}\rho v^2 C_{p-} h_B \frac{X-a}{b}\left[\frac{(X-a)^2}{6} - \frac{(X-a)(b+L)}{2} + Lb\right]$$

(3) $2L < X \leqq a+b$ のとき

$$P_y(x) = \begin{cases} \frac{1}{2}\rho v^2 C_{p+} \frac{X-L+x}{a} & \cdots -L \le x \le L+a-X \\ \frac{1}{2}\rho v^2 C_{p-} \frac{b-\{x-(L+a-X)\}}{b} & \cdots L+a-X < x \le L \end{cases}$$

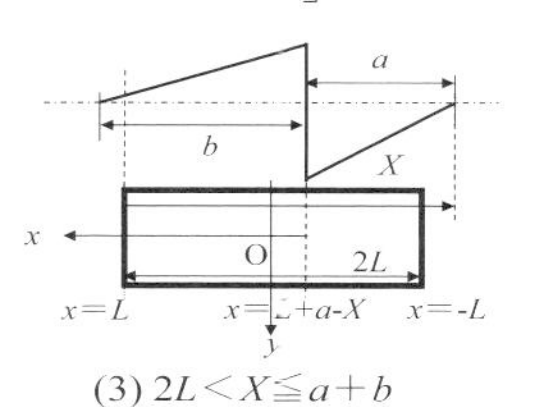

(3) $2L < X \leqq a+b$

$$F_y(x) = h_B \int_{-L}^{L+a-X} P_y(x)dx + h_B \int_{L+a-X}^{L} P_y(x)dx$$
$$= \frac{1}{2}\rho v^2 \frac{h_B}{2}\left[C_{p+} \frac{a^2 - (X-2L)^2}{a} + C_{p-} \frac{X-a}{b}(a+2b-X)\right]$$
$$M_z(x) = \int_{-L}^{L+a-X} h_B P_y(x)xdx + \int_{L+a-X}^{L} h_B P_y(x)xdx$$
$$= \frac{1}{2}\rho v^2 C_{p+} \frac{h_B}{a}\left[\frac{(X-L)(a-X)(a+2L-X)}{2} + \frac{(L+a-X)^3 + L^3}{3}\right]$$
$$+ \frac{1}{2}\rho v^2 C_{p-} h_B \frac{X-a}{b}\left[\frac{(X-a)^2}{6} - \frac{(X-a)(b+L)}{2} + Lb\right]$$

(4) $a+b<X \leqq 2L+a$ のとき

$$P_y(x) = \begin{cases} \frac{1}{2}\rho v^2 C_{p+} \frac{X-L+x}{a} & \cdots -L \le x \le L+a-X \\ \frac{1}{2}\rho v^2 C_{p-} \frac{a+b+L-X-x}{b} & \cdots L+a-X < x \le a+b+L-X \end{cases}$$

$$F_y(x) = h_B \int_{-L}^{L+a-X} P_y(x)dx + h_B \int_{L+a-X}^{a+b+L-X} P_y(x)dx$$
$$= \frac{1}{2}\rho v^2 \frac{h_B}{2}\left[C_{p+} \frac{a^2 - (X-2L)^2}{a} + C_{p-} b\right]$$
$$M_z(x) = \int_{-L}^{L+a-X} h_B P_y(x)xdx + \int_{L+a-X}^{a+b+L-X} h_B P_y(x)xdx$$
$$= \frac{1}{2}\rho v^2 C_{p+} \frac{h_B}{a}\left[\frac{(X-L)(a-X)(a+2L-X)}{2} + \frac{(L+a-X)^3 + L^3}{3}\right]$$
$$+ \frac{1}{2}\rho v^2 C_{p-} h_B b\left[\frac{a+L-X}{2} + \frac{b}{6}\right]$$

(4) $a+b<X \leqq 2L+a$

(5) $2L+a<X \leqq 2L+a+b$ のとき

$$P_y(x) = \frac{1}{2}\rho v^2 C_{p-} \frac{a+b+L-X-x}{b} \quad \cdots -L < x \le a+b+L-X$$
$$F_y(x) = h_B \int_{-L}^{a+b+L-X} P_y(x)dx$$
$$= \frac{1}{2}\rho v^2 C_{p-} \frac{h_B}{2b}\left[(a+b+L-X)(a+b+3L-X) + L^2\right]$$
$$M_z(x) = \int_{-L}^{a+b+L-X} h_B P_y(x)xdx$$
$$= \frac{1}{2}\rho v^2 C_{p-} \frac{h_B}{b}\left[\frac{(a+b-X)^3}{6} - \frac{(a+b-X)L^2}{2} - \frac{L^3}{3}\right]$$

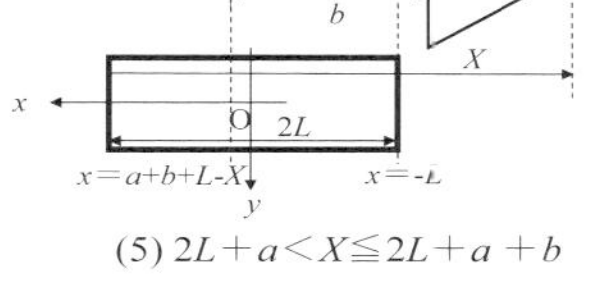

(5) $2L+a<X \leqq 2L+a+b$

## A2　クリープ係数算出プログラムの例

クリープ係数算出に関して MATLAB を利用したサンプルプログラムを示す.

Creep_calc.m　メインプログラム

```
1  %クリープ係数導出プログラム
2  clear;
3  %% -----数値の入力
4  E=2.1*10^11; nu=0.28; P=3.8*10^4;           %車輪·レールの縦弾性係数[N/m^2], ポアソン比[-], 輪重[N]
5  Rwx=0.43; Rwy=inf;                          %x軸方向車輪曲率半径[m], %y軸方向車輪曲率半径[m]
6  Rrx=inf; Rry=0.3;                           %x軸方向レール曲率半径[m], %y軸方向レール曲率半径[m]
7  gamma=1/20;                                 %踏面勾配[-]
8
9  %% -----各種計算
10 c_wheel=[1/Rwx;1/Rwy];                      %車輪曲率:[x軸方向車輪曲率;y軸方向車輪曲率]
11 c_rail=[1/Rrx;1/Rry];                       %レール曲率:[x軸方向レール曲率;y軸方向レール曲率]
12 N=P/cos(gamma);                             %接触点の法線方向に働く力
13
14 %% -----接触楕円の長径, 短径を求める
15 axis=HertzSolution(E,nu,N,c_wheel,c_rail);
16 a=axis(1); b=axis(2);                       %接触楕円のx方向半径,y方向半径
17
18 %% -----Kalkerの無次元係数を求める
19 C=CCA(nu,axis);                             %関数の実行:C=[C11(1);C22(1);C23(1);C33(1)]
20
21 %% -----クリープ係数を求める
22 T=[E*a*b;E*a*b;E*(a*b)^(3/2);E*(a*b)^2]; %クリープ係数を求める準備[κ11,κ22,κ23,κ33]
23 kappa=C.*T                                  %クリープ係数計算結果, kappa=[κ11,κ22,κ23,κ33]
```

HertzSolution.m　接触楕円の短軸, 長軸の長さを求めるサブルーチン

```
1  function datas=HertzSolution(E,nu,N,c_wheel,c_rail)
2  if N<=0                                                %接触面に働く垂直方向の力が0以下の場合はa=b=0
3      datas=[0;0];
4  end
5  A=(c_wheel(1)+c_rail(1))/2;                            %A=1/2*(1/Rwx+1/Rrx)
6  B=(c_wheel(2)+c_rail(2))/2;                            %B=1/2*(1/Rwy+1/Rry)
7  eta=180/pi*acos(abs((A-B)/(A+B)));                     %η=180/π*arccos(|(A-B)/(A+B)|)
8  matrixM=[0.00,0.05,0.10,0.18,0.26,...
9           0.36,0.47,0.62,0.79,1.00];                    %epsilonを求めるための配列
10 matrixE=[1.0000,1.0160,1.0505,1.0965,1.1507,...
11          1.2111,1.2763,1.3456,1.4181,1.4933,1.571]; %constEを求めるための配列
12 epsilon=interp1(matrixM,abs(eta/10+1),'spline');      %epsilonを求める
13 constE=interp1(matrixE,10*epsilon+1,'spline');        %constEを求める
14 a=(3*N*(1-nu^2)*constE*epsilon/pi/E/(A+B))^(1/3);     %楕円半径の計算
15 b=a/epsilon;                                           %楕円半径の計算
16
17 if A>B                                                 %x方向軸長とy軸方向軸長を決める
18     datas=[a;b];
19 else
20     datas=[b;a];
21 end
```

CCA.m　Kalkerの無次元係数を求めるサブルーチン

```
1  function datas=CCA(nu,axis)
2  Cmat=[ 2.510, 2.590, 2.680, 2.780, 2.880, 2.980, 3.090, 3.190, 3.290,...      %Cマトリクスの定義
3         3.400, 3.510, 3.650, 3.820, 4.060, 4.370, 4.840, 5.570, 6.960,10.700;
4         2.520, 2.630, 2.750, 2.880, 3.010, 3.140, 3.280, 3.410, 3.540,...
5         3.670, 3.810, 3.990, 4.210, 4.500, 4.900, 5.480, 6.400, 8.140,12.800;
6         2.530, 2.660, 2.810, 2.980, 3.140, 3.310, 3.480, 3.650, 3.820,...
7         3.980, 4.160, 4.390, 4.670, 5.040, 5.560, 6.310, 7.510, 9.790,16.000;
8         0.344, 0.483, 0.607, 0.720, 0.827, 0.930, 1.030, 1.130, 1.230,...
9         1.330, 1.440, 1.580, 1.760, 2.010, 2.350, 2.880, 3.790, 5.720,12.200;
10        0.473, 0.603, 0.715, 0.823, 0.929, 1.030, 1.140, 1.250, 1.360,...
11        1.470, 1.590, 1.750, 1.950, 2.230, 2.620, 3.240, 4.320, 6.630,14.600;
12        0.731, 0.809, 0.889, 0.977, 1.070, 1.180, 1.290, 1.400, 1.510,...
13        1.630, 1.770, 1.940, 2.180, 2.500, 2.960, 3.700, 5.010, 7.890,18.000;
14        6.420, 3.460, 2.490, 2.020, 1.740, 1.560, 1.430, 1.340, 1.270,...
15        1.210, 1.160, 1.100, 1.050, 1.010, 0.958, 0.912, 0.868, 0.828, 0.795;
16        8.280, 4.270, 2.960, 2.320, 1.930, 1.680, 1.500, 1.370, 1.270,...
17        1.190, 1.110, 1.040, 0.965, 0.892, 0.819, 0.747, 0.674, 0.601, 0.526;
18       11.700, 5.660, 3.720, 2.770, 2.220, 1.860, 1.600, 1.420, 1.270,...
19        1.160, 1.060, 0.954, 0.852, 0.751, 0.650, 0.549, 0.446, 0.341, 0.228;
20        2.510, 2.590, 2.680, 2.780, 2.880, 2.980, 3.090, 3.190, 3.290,...
21        3.400, 3.510, 3.650, 3.820, 4.060, 4.370, 4.840, 5.570, 6.960,10.700;
22        3.310, 3.370, 3.440, 3.530, 3.620, 3.720, 3.810, 3.910, 4.010,...
23        4.120, 4.220, 4.360, 4.540, 4.780, 5.100, 5.570, 6.340, 7.780,11.700;
24        4.850, 4.810, 4.800, 4.820, 4.830, 4.910, 4.970, 5.050, 5.120,...
25        5.200, 5.300, 5.420, 5.580, 5.800, 6.100, 6.570, 7.340, 8.820,12.900];
26 a=axis(1); b=axis(2); apb=a/b;  %接触楕円のx方向半径,接触楕円のy方向半径,apb=a/b
27
28 if apb<0.1                      %a/b<0.1のときa/b=0.1とする
29     apb=0.1;
30 elseif apb>10                   %a/b＞10のときa/b=10とする
31     apb=10;
32 end
33 if apb<1                        %a/b<1のときip0=a/b*10とする
34     ip0=apb*10;
35 else                            %a/b>=1のときip0=20-10*a/bとする
36     ip0=20-10/apb;
37 end
38 ip=floor(ip0);                  %以下Kalkerの無次元係数を求める
39 for i=1:4
40     ii=3*(i-1);
41     for j=1:3
42         if ip>=19
43             temp(j)=Cmat(ii+j,19);
44         else
45             temp(j)=Cmat(ii+j,ip)*(1+ip-ip0)+Cmat(ii+j,ip+1)*(ip0-ip);
46         end
47     end
48     Q1=8*temp(1)-16*temp(2)+8*temp(3);
49     Q2=-6*temp(1)+8*temp(2)-2*temp(3);
50     Q3=temp(1);
51     C(i)=Q1*nu^2+Q2*nu+Q3;
52 end
53 datas=[C(4);C(1);C(2);C(3)];
```

## A3　17自由度モデルの運動方程式導出プログラムの例

車両の走行安定性解析（2.4.1 項）に関して解析諸元の一例（表 A3.1）と MATLAB Symbolic Math Toolbox を利用した運動方程式生成のサンプルプログラムを示す.

表 A3.1　計算に用いる諸元

| 記号 | 項目 | 数値例 | 単位 |
|---|---|---|---|
| $m_{\mathrm{B}}$ | 車体質量 | 22000 | kg |
| $i_{\mathrm{Bx}}$ | 車体 $x$ 軸まわり慣性半径 | 1.4 | m |
| $i_{\mathrm{Bz}}$ | 車体 $z$ 軸まわり慣性半径 | 5.7 | m |
| $m_{\mathrm{T}}$ | 台車枠質量 | 1600 | kg |
| $i_{\mathrm{Tx}}$ | 台車枠 $x$ 軸まわり慣性半径 | 0.66 | m |
| $i_{\mathrm{Tz}}$ | 台車枠 $z$ 軸まわり慣性半径 | 1.1 | m |
| $m_{\mathrm{W}}$ | 輪軸質量 | 1300 | kg |
| $i_{\mathrm{Wz}}$ | 輪軸 $z$ 軸まわり慣性半径 | 0.62 | m |
| $k_{\mathrm{Tx}}$ | まくらばね前後剛性 | 150 | kN/m |
| $k_{\mathrm{Ty}}$ | まくらばね左右剛性 | 150 | kN/m |
| $k_{\mathrm{Tz}}$ | まくらばね上下剛性 | 350 | kN/m |
| $c_{\mathrm{Tx}}$ | まくらばね前後減衰係数 | 0 | kN/(m/s) |
| $c_{\mathrm{Ty}}$ | まくらばね左右減衰係数 | 0 | kN/(m/s) |
| $c_{\mathrm{Tz}}$ | まくらばね上下減衰係数 | 35 | kN/(m/s) |
| $k_{\mathrm{Wx}}$ | 軸箱前後剛性 | 8000 | kN/m |
| $k_{\mathrm{Wy}}$ | 軸箱左右剛性 | 6000 | kN/m |
| $k_{\mathrm{Wz}}$ | 軸箱上下剛性 | 1000 | kN/m |
| $c_{\mathrm{Wx}}$ | 軸箱前後減衰係数 | 0 | kN/(m/s) |
| $c_{\mathrm{Wy}}$ | 軸箱左右減衰係数 | 0 | kN/(m/s) |
| $c_{\mathrm{Wz}}$ | 軸箱上下減衰係数 | 1 | kN/(m/s) |
| $c_{\mathrm{LD}}$ | 左右動ダンパ減衰係数 | 20 | kN/(m/s) |
| $2a_{\mathrm{B}}$ | 台車中心間距離 | 13.8 | m |
| $2a_{\mathrm{T}}$ | 軸距 | 2.1 | m |
| $2b_{\mathrm{T}}$ | まくらばね取付位置の左右間隔 | 2 | m |
| $2b_{\mathrm{W}}$ | 軸ばね取付位置の左右間隔 | 2 | m |
| $h_{\mathrm{T}}$ | 車体－台車枠の重心間距離 | 1.3 | m |
| $h_{\mathrm{W}}$ | 台車枠－輪軸の重心間距離 | 0.07 | m |
| $h_{\mathrm{TH}}$ | 車体重心高さ—まくらばね中心高さの距離 | 1.1 | m |
| $h_{\mathrm{TL}}$ | 台車枠重心高さ—まくらばね中心高さの距離 | 0.2 | m |
| $h_{\mathrm{WH}}$ | 台車枠重心高さ—軸ばね中心高さの距離 | 0.035 | m |
| $h_{\mathrm{LDH}}$ | 車体重心高さ—左右動ダンパ中心高さの距離 | 1.3 | m |
| $h_{\mathrm{LDL}}$ | 台車枠重心高さ—左右動ダンパ中心高さの距離 | 0 | m |
| $2b_0$ | 車輪・レール接触点の左右間隔 | 1.12 | m |
| $r_0$ | 中立位置での車輪回転半径 | 0.43 | m |
| $\gamma$ | 踏面勾配 | 1/20 | - |
| $\kappa_{11}$ | 縦クリープ係数 | $18.9\times10^3$ | kN |
| $\kappa_{22}$ | 横クリープ係数 | $17.1\times10^3$ | kN |

vehicle_17dof.m MATLABによる運動方程式の導出と固有値の計算

```
1   %一車両17自由度モデルの運動方程式導出
2   clear;
3   %% 各種変数・パラメータの定義
4   syms yW11 psiW11 yW12 psiW12 yW21 psiW21 yW22 psiW22                     %輪軸変位
5   syms yT1 psiT1 phiT1 yT2 psiT2 phiT2                                     %台車枠変位
6   syms yB psiB phiB                                                        %車体変位
7   syms yW11t(t) psiW11t(t) yW12t(t) psiW12t(t) yW21t(t)...
8                                 psiW21t(t) yW22t(t) psiW22t(t)             %輪軸変位(t関数)
9   syms yT1t(t) psiT1t(t) phiT1t(t) yT2t(t) psiT2t(t) phiT2t(t)             %台車枠変位(t関数)
10  syms yBt(t) psiBt(t) phiBt(t)                                            %車体変位(t関数)
11  syms DyW11 DpsiW11 DyW12 DpsiW12 DyW21 DpsiW21 DyW22 DpsiW22             %輪軸速度
12  syms DyT1 DpsiT1 DphiT1 DyT2 DpsiT2 DphiT2                               %台車枠速度
13  syms DyB DpsiB DphiB                                                     %車体速度
14  syms DyW11t(t) DpsiW11t(t) DyW12t(t) DpsiW12t(t) DyW21t(t)...
15                                 DpsiW21t(t) DyW22t(t) DpsiW22t(t)         %輪軸速度(t関数)
16  syms DyT1t(t) DpsiT1t(t) DphiT1t(t) DyT2t(t) DpsiT2t(t) DphiT2t(t)       %台車枠速度(t関数)
17  syms DyBt(t) DpsiBt(t) DphiBt(t)                                         %車体速度(t関数)
18  syms DDyW11 DDpsiW11 DDyW12 DDpsiW12 DDyW21 DDpsiW21 DDyW22 DDpsiW22     %輪軸加速度
19  syms DDyT1 DDpsiT1 DDphiT1 DDyT2 DDpsiT2 DDphiT2                         %台車枠加速度
20  syms DDyB DDpsiB DDphiB                                                  %車体加速度
21  syms mW mT mB IWz  ITx ITz IBx IBz                                       %質量，慣性モーメント
22  syms kWx kWy kWz cWx cWy cWz kTx kTy kTz cTx cTy cTz cLD                 %ばね定数，ダンパ減衰係数
23  syms bW aT aB bT hWH hTH hTL hLDL hLDH b0 r0                             %寸法
24  syms kappa11 kappa22                                                     %クリープ係数
25  syms gamma sigma                                                         %踏面勾配，線形化定数
26  syms V                                                                   %走行速度
27
28  %% 一般化座標の定義
29  %座標
30  X=[yW11,psiW11,yW12,psiW12,yT1,psiT1,phiT1,yW21,psiW21,yW22,psiW22,...
31     yT2,psiT2,phiT2,yB,psiB,phiB];
32  %一階微分
33  DX_DT=[DyW11,DpsiW11,DyW12,DpsiW12,DyT1,DpsiT1,DphiT1,DyW21,DpsiW21,...
34         DyW22,DpsiW22,DyT2,DpsiT2,DphiT2,DyB,DpsiB,DphiB];
35  %二階微分
36  D2X_DT2=[DDyW11,DDpsiW11,DDyW12,DDpsiW12,DDyT1,DDpsiT1,DDphiT1,...
37           DDyW21,DDpsiW21,DDyW22,DDpsiW22,DDyT2,DDpsiT2,DDphiT2,...
38           DDyB,DDpsiB,DDphiB];
39  %一般化座標(時間関数)
40  Xt=[yW11t(t),psiW11t(t),yW12t(t),psiW12t(t),yT1t(t),psiT1t(t),...
41      phiT1t(t),yW21t(t),psiW21t(t),yW22t(t),psiW22t(t),yT2t(t),...
42      psiT2t(t),phiT2t(t),yBt(t),psiBt(t),phiBt(t)];
43  %一般化座標の一階微分(時間関数)
44  DX_DTt=[DyW11t(t),DpsiW11t(t),DyW12t(t),DpsiW12t(t),DyT1t(t),...
45          DpsiT1t(t),DphiT1t(t),DyW21t(t),DpsiW21t(t),DyW22t(t),...
46          DpsiW22t(t),DyT2t(t),DpsiT2t(t),DphiT2t(t),DyBt(t),...
47          DpsiBt(t),DphiBt(t)];
48
49  %% 各種エネルギーの定義
50  %運動エネルギー
51  T_Wf=1/2*mW*DyW11^2+1/2*IWz*DpsiW11^2+1/2*mW*DyW12^2+1/2*IWz*DpsiW12^2;    %前台車の輪軸
52  T_Tf=1/2*mT*DyT1^2+1/2*ITz*DpsiT1^2+1/2*ITx*DphiT1^2;                      %前台車の台車枠
53  T_Wr=1/2*mW*DyW21^2+1/2*IWz*DpsiW21^2+1/2*mW*DyW22^2+1/2*IWz*DpsiW22^2;    %後台車の輪軸
```

vehicle_17dof.m （続き）

```
54  T_Tr=1/2*mT*DyT2^2+1/2*ITz*DpsiT2^2+1/2*ITx*DphiT2^2;                      %後台車の台車枠
55  T_B=1/2*mB*DyB^2+1/2*IBz*DpsiB^2+1/2*IBx*DphiB^2;                          %車体
56  T=T_Wf+T_Tf+T_Wr+T_Tr+T_B;                                                 %運動エネルギーの合計
57
58  %ばねのポテンシャルエネルギー
59  %前台車1次ばね
60  U_T1W1kwx=1/2*kWx*((-bW*psiT1)-(-bW*psiW11))^2+...
61            1/2*kWx*((bW*psiT1)-(bW*psiW11))^2;                              %第1軸前後方向両側
62  U_T1W1kwy=2*1/2*kWy*((yT1+aT*psiT1-hWH*phiT1)-yW11)^2;                      %第1軸左右方向両側
63  U_T1W1kwz=1/2*kWz*((-bW*phiT1)-(-bW*sigma/b0*yW11))^2+...
64            1/2*kWz*((bW*phiT1)-(bW*sigma/b0*yW11))^2;                       %第1軸上下方向両側
65  U_T1W2kwy=2*1/2*kWy*((yT1-aT*psiT1-hWH*phiT1)-yW12)^2;                      %第2軸前後方向両側
66  U_T1W2kwx=1/2*kWx*((-bW*psiT1)-(-bW*psiW12))^2+...
67            1/2*kWx*((bW*psiT1)-(bW*psiW12))^2;                              %第2軸左右方向両側
68  U_T1W2kwz=1/2*kWz*((-bW*phiT1)-(-bW*sigma/b0*yW12))^2+...
69            1/2*kWz*((bW*phiT1)-(bW*sigma/b0*yW12))^2;                       %第2軸上下方向両側
70  U_T1=U_T1W1kwx+U_T1W1kwy+U_T1W1kwz+U_T1W2kwx+U_T1W2kwy+U_T1W2kwz;          %前台車1次ばね合計
71  %後台車1次ばね
72  U_T2W1kwx=1/2*kWx*((-bW*psiT2)-(-bW*psiW21))^2+...
73            1/2*kWx*((bW*psiT2)-(bW*psiW21))^2;                              %第3軸前後方向両側
74  U_T2W1kwy=2*1/2*kWy*((yT2+aT*psiT2-hWH*phiT2)-yW21)^2;                      %第3軸左右方向両側
75  U_T2W1kwz=1/2*kWz*((-bW*phiT2)-(-bW*sigma/b0*yW21))^2+...
76            1/2*kWz*((bW*phiT2)-(bW*sigma/b0*yW21))^2;                       %第3軸上下方向両側
77  U_T2W2kwx=1/2*kWx*((-bW*psiT2)-(-bW*psiW22))^2+...
78            1/2*kWx*((bW*psiT2)-(bW*psiW22))^2;                              %第4軸前後方向両側
79  U_T2W2kwy=2*1/2*kWy*((yT2-aT*psiT2-hWH*phiT2)-yW22)^2;                      %第4軸左右方向両側
80  U_T2W2kwz=1/2*kWz*((-bW*phiT2)-(-bW*sigma/b0*yW22))^2+...
81            1/2*kWz*((bW*phiT2)-(bW*sigma/b0*yW22))^2;                       %第4軸上下方向両側
82  U_T2=U_T2W1kwx+U_T2W1kwy+U_T2W1kwz+U_T2W2kwx+U_T2W2kwy+U_T2W2kwz;          %後台車1次ばね合計
83  %前台車2次ばね
84  U_BT1kTx=1/2*kTx*((-bT*psiB)-(-bT*psiT1))^2+...
85           1/2*kTx*((bT*psiB)-(bT*psiT1))^2;
86  U_BT1kTy=2*1/2*kTy*((yB-hTH*phiB+aB*psiB)-(yT1+hTL*phiT1))^2;
87  U_BT1kTz=1/2*kTz*((-bT*phiB)-(-bT*phiT1))^2+...
88           1/2*kTz*((bT*phiB)-(bT*phiT1))^2;
89  U_BT1=U_BT1kTx+U_BT1kTy+U_BT1kTz;                                          %前台車2次ばね合計
90  %後台車2次ばね
91  U_BT2kTx=1/2*kTx*((-bT*psiB)-(-bT*psiT2))^2+...
92           1/2*kTx*((bT*psiB)-(bT*psiT2))^2;
93  U_BT2kTy=2*1/2*kTy*((yB-hTH*phiB-aB*psiB)-(yT2+hTL*phiT2))^2;
94  U_BT2kTz=1/2*kTz*((-bT*phiB)-(-bT*phiT2))^2+...
95           1/2*kTz*((bT*phiB)-(bT*phiT2))^2;
96  U_BT2=U_BT2kTx+U_BT2kTy+U_BT2kTz;                                          %後台車2次ばね合計
97  %運動エネルギーの合計
98  U=U_T1+U_T2+U_BT1+U_BT2;
99  %ラグランジュ関数
100 L=T-U;
101
102 %ダンパの散逸関数の定義
103 %前台車1次ばね系
104 D_T1W1cwx=1/2*cWx*((-bW*DpsiT1)-(-bW*DpsiW11))^2+...
105           1/2*cWx*((bW*DpsiT1)-(bW*DpsiW11))^2;                            %第1軸前後方向両側
106 D_T1W1cwy=2*1/2*cWy*((DyT1+aT*DpsiT1-hWH*DphiT1)-DyW11)^2;                  %第1軸左右方向両側
```

vehicle_17dof.m （続き）

```
107  D_T1W1cwz=1/2*cWz*((-bW*DphiT1)-(-bW*sigma/b0*DyW11))^2+...
108            1/2*cWz*((bW*DphiT1)-(bW*sigma/b0*DyW11))^2;              %第1軸上下方向両側
109  D_T1W2cwx=1/2*cWx*((-bW*DpsiT1)-(-bW*DpsiW12))^2+...
110            1/2*cWx*((bW*DpsiT1)-(bW*DpsiW12))^2;                     %第2軸前後方向両側
111  D_T1W2cwy=2*1/2*cWy*((DyT1-aT*DpsiT1-hWH*DphiT1)-DyW12)^2;          %第2軸左右方向両側
112  D_T1W2cwz=1/2*cWz*((-bW*DphiT1)-(-bW*sigma/b0*DyW12))^2+...
113            1/2*cWz*((bW*DphiT1)-(bW*sigma/b0*DyW12))^2;              %第2軸上下方向両側
114  D_T1=D_T1W1cwx+D_T1W1cwy+D_T1W1cwz+D_T1W2cwx+D_T1W2cwy+D_T1W2cwz;   %前台車1次ばね合計
115  %後台車1次ばね系
116  D_T2W1cwx=1/2*cWx*((-bW*DpsiT2)-(-bW*DpsiW21))^2+...
117            1/2*cWx*((bW*DpsiT2)-(bW*DpsiW21))^2;                     %第3軸前後方向両側
118  D_T2W1cwy=2*1/2*cWy*((DyT2+aT*DpsiT2-hWH*DphiT2)-DyW21)^2;          %第3軸左右方向両側
119  D_T2W1cwz=1/2*cWz*((-bW*DphiT2)-(-bW*sigma/b0*DyW21))^2+...
120            1/2*cWz*((bW*DphiT2)-(bW*sigma/b0*DyW21))^2;              %第3軸上下方向両側
121  D_T2W2cwx=1/2*cWx*((-bW*DpsiT2)-(-bW*DpsiW22))^2+...
122            1/2*cWx*((bW*DpsiT2)-(bW*DpsiW22))^2;                     %第4軸前後方向両側
123  D_T2W2cwy=2*1/2*cWy*((DyT2-aT*DpsiT2-hWH*DphiT2)-DyW22)^2;          %第4軸左右方向両側
124  D_T2W2cwz=1/2*cWz*((-bW*DphiT2)-(-bW*sigma/b0*DyW22))^2+...
125            1/2*cWz*((bW*DphiT2)-(bW*sigma/b0*DyW22))^2;              %第4軸上下方向両側
126  D_T2=D_T2W1cwx+D_T2W1cwy+D_T2W1cwz+D_T2W2cwx+D_T2W2cwy+D_T2W2cwz;   %後台車1次ばね合計
127  %前台車2次ばね系
128  D_BT1cTx=1/2*cTx*((-bT*DpsiB)-(-bT*DpsiT1))^2+...
129           1/2*cTx*((bT*DpsiB)-(bT*DpsiT1))^2;
130  D_BT1cTy=2*1/2*cTy*((DyB-hTH*DphiB+aB*DpsiB)-(DyT1+hTL*DphiT1))^2;  %前後方向両側
131  D_BT1cTz=1/2*cTz*((-bT*DphiB)-(-bT*DphiT1))^2+...
132      1/2*cTz*((bT*DphiB)-(bT*DphiT1))^2;                             %上下方向両側
133  D_BT1cld=1/2*cLD*((DyB-hLDH*DphiB+aB*DpsiB)-(DyT1+hLDL*DphiT1))^2;  %左右動ダンパ
134  D_BT1=D_BT1cTx+D_BT1cTy+D_BT1cTz+D_BT1cld;                          %前台車2次ばね合計
135  %後台車2次ばね系
136  D_BT2cTx=1/2*cTx*((-bT*DpsiB)-(-bT*DpsiT2))^2+...
137           1/2*cTx*((bT*DpsiB)-(bT*DpsiT2))^2;                        %前後方向両側
138  D_BT2cTy=2*1/2*cTy*((DyB-hTH*DphiB-aB*DpsiB)-(DyT2+hTL*DphiT2))^2;  %左右方向両側
139  D_BT2cTz=1/2*cTz*((-bT*DphiB)-(-bT*DphiT2))^2+...
140           1/2*cTz*((bT*DphiB)-(bT*DphiT2))^2;                        %上下方向両側
141  D_BT2cld=1/2*cLD*((DyB-hLDH*DphiB-aB*DpsiB)-(DyT2+hLDL*DphiT2))^2;  %左右動ダンパ
142  D_BT2=D_BT2cTx+D_BT2cTy+D_BT2cTz+D_BT2cld;                          %後台車2次ばね系の合計
143  %散逸関数
144  D=D_T1+D_T2+D_BT1+D_BT2;
145
146  %% ラグランジュの運動方程式
147  for i=1:length(Xt)
148      DL_D2XDT2=diff(L,DX_DT(i));                                     %{dL/(dX/dt)}を計算
149      for j=1:length(Xt)                                              %一般化座標，加速度を
150          DL_D2XDT2=subs(DL_D2XDT2,X(j),Xt(j));                       %時間の関数に置き換え
151          DL_D2XDT2=subs(DL_D2XDT2,DX_DT(j),DX_DTt(j));
152      end
153      D_DT_DLDX2(i,1)=diff(DL_D2XDT2,1);                              %{d/dt*dL/(dX/dt)}
154      for j=1:length(Xt)
155          D_DT_DLDX2(i,1)=subs(D_DT_DLDX2(i,1),diff(DX_DTt(j),1),D2X_DT2(j));
156          D_DT_DLDX2(i,1)=subs(D_DT_DLDX2(i,1),diff(Xt(j),1),DX_DT(j));
157          D_DT_DLDX2(i,1)=subs(D_DT_DLDX2(i,1),DX_DTt(j),DX_DT(j));
158          D_DT_DLDX2(i,1)=subs(D_DT_DLDX2(i,1),Xt(j),X(j));
159      end
```

vehicle_17dof.m　（続き）

```
160      DL_DX(i,1)=diff(L,X(i));                                          %{dL/dX}を計算
161      DD_DXDT(i,1)=diff(D,DX_DT(i));                                    %{dD/(dX/dt)}を計算
162  end
163  EM=simplify(D_DT_DLDX2-DL_DX+DD_DXDT);
164  M_mat=jacobian(EM,D2X_DT2);                                           %質量マトリクス
165  Kspl_mat=jacobian(EM,X);                                              %剛性マトリクス
166  Cdmp_mat=jacobian(EM,DX_DT);                                          %減衰マトリクス
167
168  %% クリープ力に関する項
169  %クリープ力の復元力の項
170  K_c_m=[-2*kappa22*psiW11;2*kappa11*b0*gamma/r0*yW11;
171      -2*kappa22*psiW12;2*kappa11*b0*gamma/r0*yW12;0;0;0;...
172      -2*kappa22*psiW21;2*kappa11*b0*gamma/r0*yW21;...
173      -2*kappa22*psiW22;2*kappa11*b0*gamma/r0*yW22;0;0;0;0;0;0];
174  %クリープ力の減衰力の項
175  C_c_m=[2*kappa22/V*DyW11;2*kappa11*b0^2/V*DpsiW11;...
176          2*kappa22/V*DyW12;2*kappa11*b0^2/V*DpsiW12;0;0;0;...
177          2*kappa22/V*DyW21;2*kappa11*b0^2/V*DpsiW21;...
178          2*kappa22/V*DyW22;2*kappa11*b0^2/V*DpsiW22;0;0;0;0;0;0];
179  K_c_mat=jacobian(K_c_m,X);                                           %復元力のマトリクス
180  C_c_mat=jacobian(C_c_m,DX_DT);                                       %減衰マトリクス
181
182  %% 車両諸元の入力
183  mB=22000; iBx=1.4; iBz=5.7;                   %車体質量[kg], 慣性半径(x軸)[m],慣性半径(z軸)[m]
184  IBx=mB*iBx^2; IBz=mB*iBz^2;                   %車体慣性モーメント(x軸),(z軸)[kgm^2]
185  mT=1600; iTx=0.66; iTz=1.1;                   %台車枠質量[kg], 慣性半径(x軸)[m], 慣性半径(z軸)[m]
186  ITx=mT*iTx^2; ITz=mT*iTz^2;                   %台車枠慣性モーメント(x軸),(z軸周り)[kgm^2]
187  mW=1300; iWz=0.62; IWz=mW*iWz^2;              %輪軸質量[kg], 慣性半径(z軸)[m], 慣性モーメント[kgm^2]
188  kTx=150*10^3; kTy=150*10^3; kTz=350*10^3;     %まくらばねばね定数(前後),(左右),(上下)[N/m]
189  cTx=0*10^3; cTy=0*10^3; cTz=35*10^3;          %まくらばね減衰係数(前後),(左右),(上下)[N/(m/s)]
190  kWx=8*10^6; kWy=6*10^6; kWz=1*10^6;           %軸箱剛性(前後),(左右),(上下)[N/m]
191  cWx=0*10^3; cWy=0*10^3; cWz=1*10^3;           %軸箱減衰係数(前後),(左右),(上下)[N/(m/s)]
192  cLD=20*10^3;                                  %左右動ダンパ減衰係数[N/(m/s)]
193  aB=13.8/2; aT=2.1/2;                          %台車中心間距離の半分[m],台車軸間距離の半分[m]
194  bT=2/2; bW=2/2;                               %まくらばね左右間隔の半分[m],軸ばねの左右間隔の半分[m]
195  hTH=1.1;                                      %まくらばね中心高さ(車体重心高さから)[m]
196  hTL=0.2;                                      %まくらばね中心高さ(台車枠重心高さから)[m]
197  hWH=0.035;                                    %台車枠重心高さ−軸ばね中心高さの距離[m]
198  hLDH=1.3;                                     %車体重心高さ−左右動ダンパ中心高さの距離[m]
199  hLDL=0;                                       %台車枠重心高さ−左右動ダンパ中心高さの距離[m]
200  b0=1.12/2; r0=0.43;                           %車輪・レール接触点間距離の半分[m],車輪半径[m]
201  gamma=1/20; sigma=gamma;                      %踏面勾配[-],線形化定数
202  kappa11=18.9*10^6; kappa22=17.1*10^6;         %縦クリープ係数[N], 横クリープ係数[N]
203  V=50;                                         %走行速度[m/s]
204
205  %% 数値の代入,固有値の計算
206  dof=length(X);
207  M=eval(M_mat);                                                        %質量マトリクス
208  K=eval(Kspl_mat)+eval(K_c_mat);                                       %剛性マトリクス
209  C=eval(Cdmp_mat)+eval(C_c_mat);                                       %減衰マトリクス
210  A=[-inv(M)*C -inv(M)*K;eye(dof) zeros(dof)];                         %状態方程式のA
211  eig_value=eig(A)                                                      %固有値の計算
```

## A4　車両転覆のモデル（車両のばね系の影響を表す係数の計算式）

第2章2.5.2項に記したばね系の影響を表す諸係数の計算式を以下に示す．転覆限界の計算に用いるため，上下・左右のストッパに当たっていることを前提としている．また，ここに記す計算式は，複雑な形をした詳細な式の重力復元力の項を無視し，ストッパゴムのばね定数がまくらばねのばね定数に比べて十分大きいと仮定した近似式である．

【記号】

$C_y$：単位左右力当たりの車体重心の左右変位 [m/N]

$D_y$：単位モーメント当たりの車体重心の左右変位 [m/Nm]

$C_\phi$：単位左右力当たりの車体重心まわりのロール角変位 [rad/N]

$D_\phi$：単位モーメント当たりの車体重心まわりのロール角変位 [rad/Nm]

$y_{B0}$：ストッパ当たりを生じるまでの車体左右変位（にほぼ等しい）[m]

$\phi_{B0}$：ストッパ当たりを生じるまでの車体ロール角変位（にほぼ等しい）[rad]

$h_1$：車体重心～車軸中心間距離 [m]，$h_2$：車体重心～空気ばね中心間距離[m]

$h_3$：車軸中心～左右動ストッパ中心間距離 [m]

$y_S$：左右動ストッパ遊間 [m]，$z_S$：上下動ストッパ遊間 [m]

$2b$：車輪・レール接触点間距離 [m]，$2b_1$：左右の軸ばね中心間距離 [m]

$2b_2$：左右のまくらばね中心間距離 [m]

$2b_S$：左右の上下動ストッパ中心間距離 [m]

$k_1$：軸ばね上下ばね定数（1軸箱あたり） [N/m]

$k_2$：まくらばね上下ばね定数（台車片側あたり） [N/m]

$k_y$：まくらばね左右ばね定数（台車片側あたり） [N/m]

$k_{ys}$：左右動ストッパゴムばね定数（台車片側あたり） [N/m]

$k_{zs}$：上下動ストッパゴムばね定数（台車片側あたり） [N/m]

$k_r$：アンチローリング装置の回転ばね定数 [Nm/rad]

【計算式】

(1) ボルスタレス台車

$K_1 = 4k_1b_1^2$，$K_2 = 2k_2b_2^2 + k_{zs}b_2^2 + k_r$，$K_y = 2k_y + k_{ys}$，$h_s' = h_1 - h_2 - h_3$ とおく．

$$C_y = \frac{h_1^2}{K_1} + \frac{h_2^2}{K_2} + \frac{1}{K_y} + \frac{2k_{ys}h_2h_s'}{K_2K_y},\quad C_\phi = D_y$$

$$D_y = -\frac{h_1}{K_1} - \frac{h_2}{K_2} - \frac{k_{ys}h'_s}{K_2 K_y}, \quad D_\phi = \frac{1}{K_1} + \frac{1}{K_2}$$

$$y_{B0} = \frac{k_{ys}y_s}{K_y} + \frac{h_2 z_s}{b_s}\left(1 + \frac{k_{ys}h'_s}{K_y h_2}\right), \quad \phi_{B0} = -\frac{z_s}{b_s}$$

### (2) 揺れまくらつり式台車(A4-1)

揺れまくらつり式台車の車体支持装置を図 A4.1 に示す．揺れまくら装置に関する記号を新たに以下のように定める．

$h_0$：車体重心～揺れまくらつり延長　交点間距離 [m]

$h_2$：車体重心～下揺れまくら中心間距離 [m]

$h_5$：揺れまくらつり延長交点～左右動ストッパ中心間距離 [m]

$h_s$：下揺れまくら中心～左右動ストッパ中心間距離 [m]

$K_0 = k_{ys}h_5^2$，$K_1 = 4k_1b_1^2$，$K_2 = 4k_2b_2^2 + k_{ys}h_s^2 + k_r$，$K'_2 = 4k_2b_2^2 + k_r$ とおく．

$$C_y = \frac{h_1^2}{K_1} + \frac{h_0^2 K_2}{K_0 K'_2} + \frac{h_2^2}{K'_2}\left(1 - \frac{2h_0 h_s}{h_2 h_5}\right), \quad C_\phi = D_y$$

$$D_y = -\frac{h_1}{K_1} + \frac{h_0 K_2}{K_0 K'_2} - \frac{h_2}{K'_2}\left(1 + \frac{h_s}{h_5} - \frac{h_0 h_s}{h_2 h_5}\right), \quad D_\phi = \frac{1}{K_1} + \frac{K_2}{K_0 K'_2} + \frac{1}{K'_2}\left(1 + \frac{2h_s}{h_5}\right)$$

$$y_{B0} = -\frac{h_0}{h_5}y_s + \frac{2k_2 z_s b_2 h_2}{K'_2}\left(1 - \frac{h_0 h_s}{h_2 h_5}\right),$$

$k_r$＝0 のとき：$y_{B0} = -\frac{h_0}{h_5}y_s + \frac{z_s h_2}{2b_2}\left(1 - \frac{h_0 h_s}{h_2 h_5}\right)$

$$\phi_{B0} = \frac{y_s}{h_5}\left(1 + \frac{2k_{ys}h_s^2}{K'_2}\right) - \frac{2k_2 z_s b_2}{K'_2}\left(1 + \frac{h_s}{h_5}\right)$$

$k_r$＝0 のとき：$\phi_{B0} = \frac{y_s}{h_5}\left(1 + \frac{2k_{ys}h_s^2}{K'_2}\right) - \frac{z_s}{2b_2}\left(1 + \frac{h_s}{h_5}\right)$

### (3) 制御振子台車（ばね間振子）

ころ式制御装置付き台車（ばね間振子）を用いた車体傾斜車両の例を図 A4.2 に示す．振子制御装置に関する記号を新たに以下のように定める．

$h_0$：車体重心～振子回転中心間距離（振子長さ）[m]，$h_f$：振子のうでの長さ [m]

$f$：振子制御力 [N]，$k_{ps}$：振子ストッパゴムばね定数（台車片側あたり） [N/m]

$\phi_{0S}$：振子ストッパ当たりを生じる振子角 [rad]

$K_1 = 4k_1b_1^2$， $K_2 = 2k_2b_2^2 + k_{zs}b_2^2 + k_r$， $K_y = 2k_y + k_{ys}$， $h_s' = h_1 - h_2 - h_3$ とおく．

$$C_y = \frac{h_0^2}{k_{ps}h_f^2} + \frac{h_1^2}{K_1} + \frac{h_2^2}{K_2} + \frac{1}{K_y} + \frac{2k_{ys}h_2h_s'}{K_2K_y}, \quad C_\phi = D_y$$

$$D_y = \frac{h_0}{k_{ps}h_f^2} - \frac{h_1}{K_1} - \frac{h_2}{K_2} - \frac{k_{ys}h_s'}{K_2K_y}, \quad D_\phi = \frac{1}{k_{ps}h_f^2} + \frac{1}{K_1} + \frac{1}{K_2}$$

$$y_{B0} = h_0\left(\phi_{0s} - \frac{f}{k_{ps}h_f}\right) + y_s + \frac{z_s}{b_s}\left(h_2 + h_s'\right), \quad \phi_{B0} = \phi_{0s} - \frac{f}{k_{ps}h_f} - \frac{z_s}{b_s}$$

なお，上式において，振子ストッパゴムばね定数 $k_{ps}=\infty$，ストッパ当たりを生じる振子角 $\phi_{0S}=0$ とすると，ボルスタレス台車の場合と同じになる．

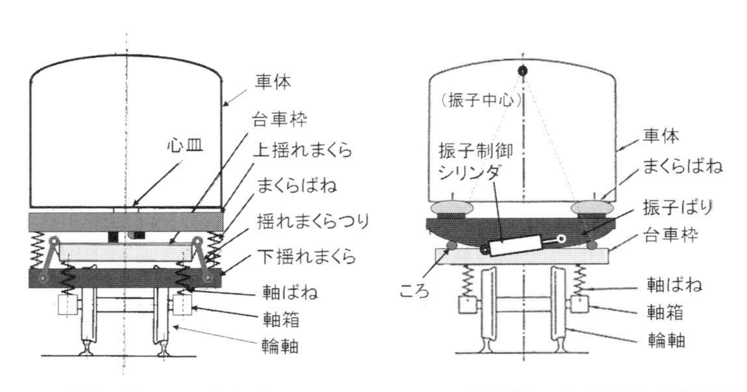


図 A4.1 揺れまくらつり式台車　　図 A4.2 制御振子台車(ばね間振子)

## 付録 A4 の参考文献

(A4-1) 松平精：ボギー車の横固有振動数，鉄道業務研究資料，Vol.12，No.23，pp.575-585，1955.

## A5　輪重横圧推定式プログラムの例

輪重横圧推定式によるシミュレーション例(2.6.5 項)のサンプルプログラムを示す.

PQ_estimation.m　MATLAB を用いたサンプルプログラム

```
 1  %輪重横圧推定プログラム
 2  clear;
 3  % ----- 環境設定
 4  g=9.8; dx=0.5;                              %重力加速度 [m/s^2],サンプリング間隔 [m]
 5  % ----- 軌道パラメータ入力
 6  StL1=30; TCL1=45; CCL=90;                   %曲線前直線長 [m],入口緩和曲線長 [m],定常曲線長 [m]
 7  TCL2=45; StL2=30;                           %出口緩和曲線長 [m], 曲線後直線長 [m]
 8  R=200; C=0.125; G=1.067;                    %定常曲線半径 [m], カント量 [m], 軌間 [m]
 9  delta2=0;                                   %局所的な水準変位(なし)
10  % ----- 車両パラメータ入力
11  v=25/3.6;                                   %走行速度 [m/s]
12  gamma=1;                                    %静止輪重比 [-]
13  kappa=0.4;                                  %κ(0.4, 0.5, 0.55のいずれか) [-]
14  W_prof=2;                                   %1:基本踏面 2:円弧・修正円弧踏面
15  alpha=deg2rad(65);                          %フランジ角 [rad]
16  r0=0.43; b=0.56;                            %踏面中心位置車輪半径 [m],左右接触点間隔の半分 [m]
17  MB=22000/2; Mb=1600; Mw=1300;               %半車体質量 [kg],台車枠質量 [kg],%輪軸質量 [kg]
18  hGB=1.8; h1=0.5;                            %レール面上車体重心高さ [m],台車ばね間重心高さ [m]
19  b1=2/2; b2=2/2;                             %1/2左右軸ばね間隔 [m],1/2左右まくらばね間隔 [m]
20  k1=1000*10^3;                               %上下軸ばね定数/軸箱 [N/m]
21  k2=350*10^3;                                %上下まくらばね定数/台車片側 [N/m]
22  k2x=150*10^3;                               %まくらばね前後剛性 [N/m]
23  L=13.8/2; aT=2.1/2;                         %1/2台車中心間距離 [m],1/2軸距 [m]
24  ex=0; ey=0;                                 %車体重心のx方向偏位 [m],車体重心のy方向偏位 [m]
25  kphi=0;                                     %ｱﾝﾁﾛｰﾘﾝｸﾞ装置回転ばね定数 [Nm/rad]
26  e=0;                                        %台車中心からトーションバーまでの距離 [m]
27  GjB=inf; GjT=inf;                           %車体相当ねじり剛性,台車相当ねじり剛性 [Nm^2/rad]
28  % ----- 軌道上の曲線位置を計算
29  BTC=StL1; BCC=StL1+TCL1;                    %BTC[m], BCC[m]
30  ECC=StL1+TCL1+CCL; ETC=StL1+TCL1+CCL+TCL2;  %ECC[m], ETC[m]
31  LAll=StL1+TCL1+CCL+TCL2+StL2;               %軌道全長 [m]
32  rambda1=TCL1/C;rambda2=TCL2/C;              %入口緩和曲線カント逓減倍率, 出口緩和曲線カント逓減倍率
33
34  % ----- 距離ベースのデータ作成(曲率, カント)
35  x=0:dx:LAll;                                                             %位置データ作成
36  CX=zeros(size(x));RX=zeros(size(x));kappaX=zeros(size(x));               %初期化(カント,曲率,κ)
37  for i=1:1:length(x)
38      if x(i)>BTC && x(i)<=BCC                                             %入口緩和曲線の場合
39          CX(i)=C*(x(i)-BTC)/TCL1;                                         %カント量
40          RX(i)=1/R*(3*(x(i)-BTC)^2/TCL1^2-2*(x(i)-BTC)^3/TCL1^3);         %曲率
41      end
42      if x(i)>BCC && x(i)<=ECC                                             %定常曲線の場合
43          CX(i)=C;                                                         %カント量
44          RX(i)=1/R;                                                       %曲率
45      end
46      if x(i)>ECC && x(i)<=ETC                                             %出口緩和曲線の場合
47          CX(i)=C*(1-(x(i)-ECC)/TCL2);                                     %カント量
48          RX(i)=-1/R*(3*(x(i)-ECC)^2/TCL2^2-2*(x(i)-ECC)^3/TCL2^3)+1/R;    %曲率
49      end
50  end
```

PQ_estimation.m（続き）

```
 51  % ----- 距離ベースのデータ作成(κ)
 52  if W_prof==1                                                             %基本踏面の場合
 53      if kappa==0.55                                                       %0.55に飽和するモデル
 54          for i=1:1:length(x)
 55              if RX(i)<1/500
 56                  kappaX(i)=RX(i)*0.45/(1/500);
 57              elseif RX(i)>=1/500 && RX(i)<1/200
 58                  kappaX(i)=(RX(i)-1/500)*(0.55-0.45)/(1/200-1/500)+0.45;
 59              elseif RX(i)>1/200
 60                  kappaX(i)=0.55;
 61              end
 62          end
 63      elseif kappa==0.5                                                    %0.5に飽和するモデル
 64          for i=1:1:length(x)
 65              if RX(i)<1/500
 66                  kappaX(i)=RX(i)*0.4/(1/500);
 67              elseif RX(i)>=1/500 && RX(i)<1/200
 68                  kappaX(i)=(RX(i)-1/500)*(0.5-0.4)/(1/200-1/500)+0.4;
 69              elseif RX(i)>1/200
 70                  kappaX(i)=0.5;
 71              end
 72          end
 73      elseif kappa==0.4                                                    %0.4に飽和するモデル
 74         for i=1:1:length(x)
 75              if RX(i)<1/500
 76                  kappaX(i)=RX(i)*0.35/(1/500);
 77              elseif RX(i)>=1/500 && RX(i)<1/200
 78                  kappaX(i)=(RX(i)-1/500)*(0.4-0.35)/(1/200-1/500)+0.35;
 79              elseif RX(i)>1/200
 80                  kappaX(i)=0.4;
 81              end
 82         end
 83      end
 84  elseif W_prof==2                                                         %円弧・修正円弧踏面
 85      if kappa==0.55                                                       %0.55に飽和するモデル
 86         for i=1:1:length(x)
 87              if RX(i)<1/400
 88                  kappaX(i)=RX(i)*0.4/(1/400);
 89              elseif RX(i)>=1/400 && RX(i)<1/160
 90                  kappaX(i)=(RX(i)-1/400)*(0.5-0.4)/(1/160-1/400)+0.4;
 91              elseif RX(i)>=1/160 && RX(i)<1/100
 92                  kappaX(i)=(RX(i)-1/160)*(0.55-0.5)/(1/100-1/160)+0.5;
 93              elseif RX(i)>=1/100
 94                  kappaX(i)=0.55;
 95              end
 96         end
 97      elseif kappa==0.5                                                    %0.5に飽和するモデル
 98         for i=1:1:length(x)
 99              if RX(i)<1/400
100                  kappaX(i)=RX(i)*0.35/(1/400);
101              elseif RX(i)>=1/400 && RX(i)<1/100
102                  kappaX(i)=(RX(i)-1/400)*(0.5-0.35)/(1/100-1/400)+0.35;
103              elseif RX(i)>=1/100
```

PQ_estimation.m（続き）

```
104                 kappaX(i)=0.5;
105             end
106         end
107     elseif kappa==0.4                                          %0.4に飽和するモデル
108         for i=1:1:length(x)
109             if RX(i)<1/400
110                 kappaX(i)=RX(i)*0.3/(1/400);
111             elseif RX(i)>=1/400 && RX(i)<1/100
112                 kappaX(i)=(RX(i)-1/400)*(0.4-0.3)/(1/100-1/400)+0.3;
113             elseif RX(i)>=1/100
114                 kappaX(i)=0.4;
115             end
116         end
117     end
118 end
119 % ----- 静止輪重 P0
120 MT=Mb+Mw*2;                                                   %輪軸を含む台車質量 [kg]
121 P0=ones(size(x))*(MT+MB)*g/4*gamma;                           %静止輪重 [N]
122 % ----- 超過遠心力による輪重減少量 ΔP1
123 hGT=(Mb*h1+Mw*2*r0)/(MT);                                     %レール面上台車重心高さ [m]
124 hG=(MB*hGB+MT*hGT)/(MB+MT);                                   %車両重心高さ [m]
125 hG_ast=1.25*hG;                                               %有効車両重心高さ [m]
126 dP1=-1/4/b*(MB+MT)*hG_ast*(v^2*RX-CX/G*g);                    %輪重減少量 [N]
127 % ----- 軌道面のねじれによる輪重減少量 ΔP2
128 K1=4*k1*b1^2; K2=2*k2*b2^2;                                   %軸ばね,まくらばねロール剛性
129 kphi1_p=1/(2/K1+1/(GjT/aT+kphi*e/2/aT));
130 Kphi=1/(1/K1+1/(K2+kphi)+L/GjB);                              %総合回転ばね定数
131 dP2=zeros(size(x));                                           %初期化(ΔP2)
132 for i=1:1:length(x)
133     if x(i)>BTC && x(i)<=BCC                                  %入口緩和曲線の場合
134         deltaL_p=2*L/rambda1+delta2;                          %軌道の台車中心間平面性変位
135         deltaaT_p=2*aT/rambda1+delta2;                        %軌道の軸距平面性変位
136         dP2(i)=-1/8*(1/b^2*(deltaL_p/2*Kphi+deltaaT_p*kphi1_p)); %輪重減少量ΔP2 [N]
137     end
138     if x(i)>ECC && x(i)<=ETC                                  %出口緩和曲線の場合
139         deltaL_p=2*L/rambda1+delta2;                          %軌道の台車中心間平面性変位
140         deltaaT_p=2*aT/rambda2+delta2;                        %軌道の軸距平面性変位
141         dP2(i)=1/8*(1/b^2*(deltaL_p/2*Kphi+deltaaT_p*kphi1_p)); %輪重減少量ΔP2 [N]
142     end
143 end
144 % ----- 超過遠心力による横圧 ΔQ2
145 dQ2=2*P0.*(v^2.*RX-CX/G*g)/g;                                 %横圧ΔQ2 [N]
146 % ----- ボギー角による輪軸横圧 ΔQ3
147 dQ3=zeros(size(x)); beta=zeros(size(x));                      %初期化(ΔQ3,β)
148 for i=1:1:length(x)
149     if x(i)>BTC && x(i)<=ETC
150         if kappaX(i)<=0.5                                     %κが0.5以下のとき
151             if 1/RX(i)<=200
152                 beta(i)=0.7;
153             elseif 1/RX(i)>200 && 1/RX(i)<=1000
154                 beta(i)=0.7*(380-1/RX(i))/180;
155             elseif 1/RX(i)>1000
156                 beta(i)=-2.4;
```

PQ_estimation.m（続き）

```
157             end
158         end
159         if kappaX(i)>0.5                                        %κが0.5超の場合
160             if 1/RX(i)<=160
161                 beta(i)=0.7;
162             elseif 1/RX(i)>160 && 1/RX(i)<=1000
163                 beta(i)=0.7*(310-1/RX(i))/150;
164             elseif 1/RX(i)>1000
165                 beta(i)=-3.2;
166             end
167         end
168     end
169     dQ3(i)=2*k2x*b2^2*L/aT*RX(i).*beta(i);                      %輪軸横圧ΔQ3 [N]
170 end
171 % ----- 輪軸に作用する左右力の影響による輪重減少量ΔP3
172 dFy=beta.*(2*k2x*b2^2*L/aT*RX);                                 %輪軸への左右力以外の力ΔFy
173 eta=ones(size(x));                                              %初期化(補正係数η,すべて1)
174 dP3=zeros(size(x));                                             %初期化(ΔP3,すべて0)
175 for i=1:1:length(x)
176     if dFy(i)<0                                                 %ΔFyが負の場合
177         eta(i)=0;
178     else                                                        %ΔFyがゼロまたは正の場合
179         eta(i)=1;
180     end
181     dP3(i)=-eta(i).*dFy(i)/tan(alpha);                          %輪重減少量ΔP3 [N]
182 end
183 % ----- 転向横圧ΔQ1
184 Pin=(MT+MB)*g/4*(2-gamma)+dP1+dP2+dP3;                          %内軌側輪重Pin [N]
185 dQ1=kappaX.*Pin;                                                %転向横圧ΔQ1 [N]
186 % ----- 輪重横圧計算
187 P=P0-dP1-dP2-dP3; Q=dQ1+dQ2+dQ3;                                %輪重P [N], 横圧Q [N]
188 PQ=Q./P;                                                        %推定脱線係数Q/P
189
190 %%% ↓グラフ出力↓ %%%%%
191 % ----- 推定横圧波形
192 figure(1); hold on; box on; grid on;                            %グラフオープン
193     set(gca,'FontSize',9,'Fontname','Times New Roman');         %フォント
194     set(gcf,'PaperPosition',[0 0 14 4.5]);                      %グラフサイズ
195     xlabel('Distance along track [m]'); xlim([0 250]);          %X軸ラベルと軸範囲
196     ylabel('\slQ \rm[kN]'); ylim([-10 30]);                     %Y軸ラベルと軸範囲
197     plot([BTC BTC],[-10 30],'g--',[BCC BCC],[-10 30],'g--',...  %BTC,BCC位置を表示
198          [ECC ECC],[-10 30],'g--',[ETC ETC],[-10 30],'g--')     %ECC,ETC位置を表示
199     plot(x,Q/1000,'k','Linewidth',1);                           %データプロット
200     saveas(figure(1),'EstimatedQ.png'); close(figure(1));       %グラフ保存とクローズ
201 % ----- 推定輪重波形
202 figure(1); hold on; box on; grid on;                            %グラフオープン
203     set(gca,'FontSize',9,'Fontname','Times New Roman');         %フォント
204     set(gcf,'PaperPosition',[0 0 14 4.5]);                      %グラフサイズ設定
205     xlabel('Distance along track [m]'); xlim([0 250]);          %X軸ラベルと軸範囲
206     ylabel('\slP \rm[kN]');                                     %Y軸ラベルと軸範囲
207     plot([BTC BTC],[10 50],'g--',[BCC BCC],[10 50],'g--',...    %BTC,BCC位置を表示
208          [ECC ECC],[10 50],'g--',[ETC ETC],[10 50],'g--')       %ECC,ETC位置を表示
209     plot(x,P/1000,'k','Linewidth',1);                           %データプロット
210     saveas(figure(1),'EstimatedP.png'); close(figure(1));       %グラフ保存とクローズ
```

PQ_estimation.m（続き）

```
211 % ----- 推定脱線係数波形
212 figure(1); hold on; box on; grid on;                                   %グラフオープン
213     set(gca,'FontSize',9,'Fontname','Times New Roman');                %フォント
214     set(gcf,'PaperPosition',[0 0 14 4.5]);                             %グラフサイズ設定
215     xlabel('Distance along track [m]');      xlim([0 250]);            %X軸ラベルと軸範囲
216     ylabel('\slQ/P \rm[-]'); ylim([-0.2 1.2]);                         %Y軸ラベルと軸範囲
217     plot([BTC BTC],[-0.2 1.2],'g--',[BCC BCC],[-0.2 1.2],'g--',... %BTC,BCC位置を表示
218          [ECC ECC],[-0.2 1.2],'g--',[ETC ETC],[-0.2 1.2],'g--')    %ECC,ETC位置を表示
219     plot(x,Q./P,'k','Linewidth',1);                                    %データプロット
220     saveas(figure(1),'EstimatedPQ.png'); close(figure(1));             %グラフ保存とクローズ
221 % ----- κの波形
222 figure(1); hold on; box on; grid on;                                   %グラフオープン
223     set(gca,'FontSize',9,'Fontname','Times New Roman');                %フォント
224     set(gcf,'PaperPosition',[0 0 14 4.5]);                             %グラフサイズ設定
225     xlabel('Distance along track [m]');     xlim([0 250]);             %X軸ラベルと軸範囲
226     ylabel('\sl\kappa \rm[-]'); ylim([-0.1 0.5]);                      %Y軸ラベルと軸範囲
227     plot([BTC BTC],[-0.1 0.5],'g--',[BCC BCC],[-0.1 0.5],'g--',... %BTC,BCC位置を表示
228          [ECC ECC],[-0.1 0.5],'g--',[ETC ETC],[-0.1 0.5],'g--')    %ECC,ETC位置を表示
229     plot(x,kappaX,'k','Linewidth',1);                                  %データプロット
230     saveas(figure(1),'Kappa.png'); close(figure(1));                   %グラフ保存とクローズ
```

## A6　軌道変位のパワースペクトル密度

軌道変位実形状データの周波数分析により得られるパワースペクトル密度（PSD）を用いて車両の応答を調べる場合がある．軌道測定データは軌道延長方向の距離に対する変位量として得られるので，軌道延長方向距離の単位を[m]，変位量の単位を[mm]とすると，PSD の単位は[$\mathrm{mm^2/m^{-1}=mm^2 \cdot m}$]となる．この場合の PSD は軌道変位のランダムな変動の２乗平均値に対する各空間周波数（spatial frequency）成分の寄与を表す．なお空間周波数は軌道変位波長 $\lambda$ [m]の逆数 $F$=1/$\lambda$ [1/m]である．実測データから得られる PSD は測定区間（分析区間）ごとに異なるが，例えばある線区の複数の測定区間に対する PSD の算術平均値を計算することで，その線区の軌道状態を代表するとみなせる PSD を定めることができる．旧国鉄時代に東海道新幹線区間において実測された多数の高低変位データから求めた軌道高低変位の PSD の例を図 A6.1 に示す[(A6-1)(A6-2)]．

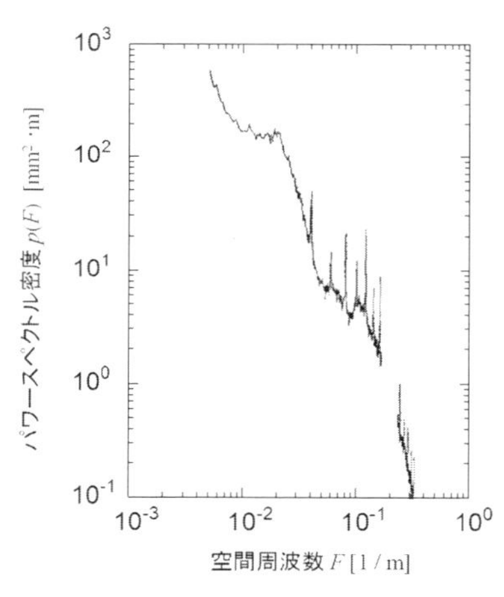


**図 A6.1　実測データに基づく軌道高低変位の PSD の例[(A6-1)(A6-2)]（新幹線）**

そのような PSD の概形を波長（あるいは空間周波数）成分ごとに異なるいくつかの曲線で近似して定式化することもでき，それにより数値シミュレーションによる車両の振動乗り心地の推定・評価に活用しやすくなる．図 A6.2 に近似軌道高低変位 PSD の例を示す．これは図 A6.1 の実測データに基づく高低変位 PSD を数本の曲線で近似したもので，それらの曲線は

$$p(F) = AF^b \qquad \text{(A6.1)}$$

で与えられている．ただし，$p(F)$ は軌道高低変位の PSD [$\mathrm{mm^2 \cdot m}$]，$F$ は空間周波数 [$\mathrm{m^{-1}}$]，$A, b$ は表 A6.1 に示す定数である[(A6-1)]．

同様の近似曲線は通り変位，水準変位についても定めることができる．例えば少し古い資料だが，旧国鉄の文献(A6-3)には，在来線の通り・水準・高低変位の多数の軌道検測データを著大変位値の発生頻度により軌道状態を良好，普通，悪いの 3 つにランク分けした上で，それぞれについて軌道変位 PSD を近似した曲線が示されている．また，文献(A6-4)には，表 A6.1 に示したものとは別の区間の新幹線の高低変位 PSD を近似した曲線が示されている．これらの近似曲線の定数を表 A6.2 に示す．いずれも２本の曲線で PSD を近似している．なお，表 A6.2 の在来線の例は，文献(A6-3)において「良好」にランクされた軌道状態の場合を示し，23～27 m の波長成分を除外してある．これは実測に基づく PSD には，レール長 25 m に近い波長成分に対応した卓越ピークが認められるためである．その卓越値は軌道変位の種類や線区の条件等により変化するため統一的な倍率を設定するのが難しいが，目安としては 30%程度の割増しを行うことで大きな誤りは生じないとされている．また，実測の軌道変位 PSD には，$\lambda = 8.5$ m，12.5 m 付近にも顕著な卓越値が認められ，それらの波長成分に対しては，近似曲線の算出値をそのまゝ使用するのではなく，表中に示した倍率をかけて使用することとされている．

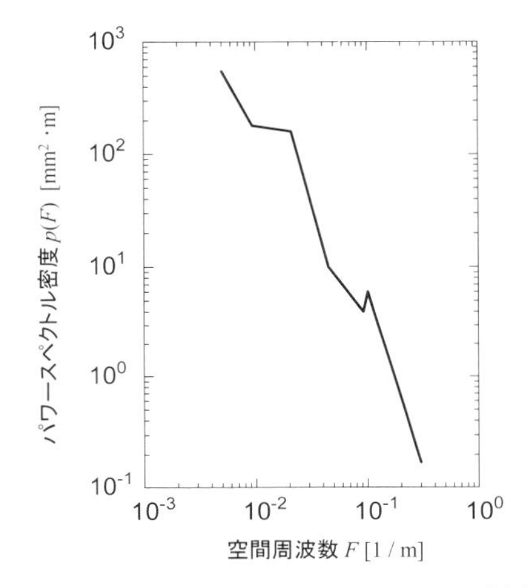


図 A6.2　軌道高低変位の近似 PSD の例(A6-1)（新幹線）

表 A6.1　図 A6.2 の軌道高低変位の近似 PSD を表す曲線の定数

| 波長の範囲 | $A$ | $b$ |
|---|---|---|
| $\lambda < 9.9$ m | $3.162\times10^{-3}$ | -3.29 |
| $9.9 \leqq \lambda < 10.85$ m | $1.862\times10^{5}$ | 4.51 |
| $10.85 \leqq \lambda < 22.2$ m | $1.914\times10^{-1}$ | -1.28 |
| $22.2 \leqq \lambda < 47.6$ m | $1.202\times10^{-4}$ | -3.64 |
| $47.6 \leqq \lambda < 106.4$ m | $9.12\times10^{1}$ | -0.146 |
| $106.4 \leqq \lambda$ m | $4.677\times10^{-2}$ | -1.77 |

表 A6.2 軌道変位の近似 PSD を表す曲線の定数の例

| 軌道変位の種類 | | 波長の範囲 | $A$ | $b$ | 卓越値の近似曲線算出値に対する倍率 | | |
|---|---|---|---|---|---|---|---|
| | | | | | $\lambda$= 8.5 m 近傍 | $\lambda$= 12.5m 近傍 | $\lambda$= 25 m 近傍 |
| 在来線(A6-3) | 通り | $7.5 \leqq \lambda \leqq$ 23 m | $6.500\times10^{-3}$ | -3.0580 | 1.53 | 1.50 | 1.37 |
| | | $27 \leqq \lambda \leqq$ 51 m | $1.714\times10^{-1}$ | -2.0500 | | | |
| | 水準 | $7.5 \leqq \lambda \leqq$ 23 m | $1.794\times10^{-1}$ | -1.7941 | 1.39 | 1.28 | 1.11 |
| | 高低 | $7.5 \leqq \lambda \leqq$ 23 m | $1.381\times10^{-1}$ | -1.9691 | 1.91 | 1.92 | 1.56 |
| | | $27 \leqq \lambda \leqq$ 51 m | $3.800\times10^{-3}$ | -3.1003 | | | |
| 新幹線(A6-4) | 高低 | $8.47 \leqq \lambda <$ 71.4 m | $4.0\times10^{-2}$ | -1.7 | - | - | - |
| | | $71.4 \leqq \lambda$ m | $6.1\times10^{-8}$ | -4.9 | - | - | - |

ここで示したのは空間周波数に対する軌道変位の PSD であるが，第 4 章で述べたように車両の振動や振動乗り心地を評価する際には周波数（単位は[Hz]）に対する加速度（単位は[m/s$^2$]）の PSD が用いられる．そこで，空間周波数領域[m$^{-1}$]の PSD を周波数領域[Hz]の PSD に変換する手順を説明する．

軌道変位上を走行する車両が受ける加振の周期（あるいは周波数）は，軌道変位の波長と速度に応じて定まり，その関係は次式で表される(A6-5)．

$$f = v/\lambda = vF,\ P_{\mathrm{d}}(f) = c \cdot p(F)/v \qquad \text{(A6.2)}$$

ただし $f$ は周波数[Hz]で，波長 $\lambda$ [m]の軌道変位上を速度 $v$ [m/s]で走行する車両が受ける加振の周期[s]の逆数であり，$P_{\mathrm{d}}(f)$ は周波数領域における軌道変位の PSD [m$^2$/Hz]，$c$ は軌道変位の単位換算定数，$p(F)$ は空間周波数領域の軌道変位の PSD，$p(F)$ の単位が[mm$^2$/m$^{-1}$]の場合 $c = 10^{-6}$ である（この場合の $c$ は軌道変位の単位を[mm]から[m]に換算するための定数）．これを式(A6.1)の近似曲線に用いれば，軌道変位 PSD の近似曲線は周波数領域で次式となる．

$$P_{\mathrm{d}}(f) = cA(f/v)^b / v \qquad \text{(A6.3)}$$

さらに，定常的な加振状態を仮定すれば，加速度 PSD を $P_{\mathrm{a}}(f) = \omega^4 P_{\mathrm{d}}(f)$ と書くことができる．ただし $\omega = 2\pi f$ は角周波数[rad/s]であり，$P_{\mathrm{a}}(f)$ の単位は[(m/s$^2$)$^2$/Hz]である．

この加速度 PSD は，第 4 章の式(4.3.30)における入力の PSD として活用できる．付録 A7 に示したサンプルプログラムにおいて，`Calc_applox_track_irg.m` は，図 A6.2,

表 A6.1 に示した軌道高低変位 PSD の近似曲線を生成し（26〜38 行目），周波数領域の加速度 PSD に変換する計算（47 行目）を行っており，`BeamModel_Sample.m` において車両の応答加速度 PSD を計算する際の入力として用いている．`Calc_applox_track_irg.m` の 26〜38 行目の定数を変更することで，他の近似曲線で表される軌道変位の PSD を求めることができる．

また，第 3 章で述べたような時間領域における数値シミュレーションにおける入力としてこの PSD 近似曲線を用い，逆 FFT を行って時間領域の軌道変位データを生成することも可能である．ただし PSD は振幅に関する情報しかもたないため，逆 FFT 計算に必要な位相情報を補う必要があり，計算機により擬似乱数を生成して，位相角を $[0\ \ 2\pi]$ の範囲で一様に分布する乱数として与える，といった方法が用いられる(A6-6)．

## 付録 A6 の文献


(A6-1) 鈴木康文：鉄道車両の振動解析法および制振法に関する研究，鉄道総研報告，特別第 16 号，p.23，1997.

(A6-2) 日本機械学会編：車両システムのダイナミックスと制御，養賢堂，p.140，1999.

(A6-3) 鉄道技術研究所軌道研究室：軌道狂いのパワースペクトル，鉄道技術研究所速報，No.80-183，pp.35-37，1980.

(A6-4) 佐々木浩一：鉄道車両の上下振動に関する台車支持系の改善手法（空気ばね支持系の新たな設計指標），日本機械学会論文集 C 編，Vol.74，No.745，pp.2229-2239，2008

(A6-5) 日本機械学会編：車両システムのダイナミックスと制御，養賢堂，pp.25-26，1999.

(A6-6) 谷藤克也，吉岡博，宮下智：生成軌道不整形状を用いた振動乗り心地の予測，日本機械学会論文集 C 編，Vol.56，No.523，pp.574-581，1990.

## A7 数式処理を用いたはりモデルによる振動解析プログラムの例

はりモデル（4.3.2 項）による軌道高低変位に対する車体上下弾性振動解析用の MATLAB Symbolic Math Toolbox を利用したサンプルプログラムを示す．

| BeamModel_Sample.m　　メインプログラム |
|---|

```
1   % 車体はりモデルの輪軸からの変位加振に対する周波数応答の計算 （無次元化・変数分離後のエネルギーを用いた定式化）
2   % 係数行列構成完了までシンボリック計算で行い, 最後に数値を代入する
3   clear all; tstart0=tic;
4
5   % ----- 入力ファイルの定義
6   fname='TestInputData.m';                                          % 車両諸元を記述したファイルの名前
7   % ----- 各種定義
8   syms xi Lambda4 tau;                                              % 位置,加振周波数,時間の無次元量
9   syms Wc Wt1 Wt2 Uc Ut1 Ut2 Uw1 Uw2 Uw3 Uw4 Th_t1 Th_t2;           % 車体・台車・輪軸の変位
10  syms dWc dWt1 dWt2 dUc dUt1 dUt2 dUw1 dUw2 dUw3 dUw4 dTh_t1 dTh_t2; % 車体・台車・輪軸の変位の時間微分
11  syms At1 At2 Bc Bt1 Bt2 Bw1 Bw2 Bw3 Bw4 Ct1 Ct2;                 % 未定定数
12  syms z1 z2 z3 z4;                                                 % 軌道から輪軸への変位の無次元量
13  syms ks_cp ka_cp kw_cp;                                           % 空気ばね,軸ばね,軸箱前後支持部の剛性
14  syms kb_cp ky_cp;                                                 % 牽引ﾘﾝｸ,ﾖｰﾀﾞﾝﾊﾟを複素ばねで表現
15  syms eta_c eta_b eta_y eta_w;                                     % 車体,緩衝ゴムの損失係数
16  syms xif xir;                                                     % 車体の空気ばね支持位置の無次元量
17  syms xibf xibr xiyf xiyr;                                         % 牽引ﾘﾝｸ,ﾖｰﾀﾞﾝﾊﾟ取付位置の無次元量
18  syms nb ny;                                                       % 1台車あたりの牽引ﾘﾝｸ,ﾖｰﾀﾞﾝﾊﾟの数
19  M=10;                                                             % べき関数の項数
20  interval=[-1/2 1/2];                                              % はり両端座標(積分区間).
21  Vel=300;                                                          % 速度[km/h]
22  % ----- 車体の変位関数に関するシンボリックオブジェクト定義
23  for m=1:M
24    tmpstr=num2str(m);
25    eval(['syms A' tmpstr ';']); eval(['qa(m)=A' tmpstr ';']);          % 時間関数ﾍﾞｸﾄﾙAmの定義
26    eval(['syms dA' tmpstr ';']); eval(['dqa(m)=dA' tmpstr ';']);       % Amの時間1階微分の定義
27    eval(['syms X' tmpstr ';']); eval(['Xm(m)=X' tmpstr ';']);          % 変位の試験関数ﾍﾞｸﾄﾙXmの定義
28    eval(['syms DX' tmpstr ';']); eval(['DXm(m)=DX' tmpstr ';']);       % Xmの変位の1階微分DXmの定義
29    eval(['syms DDX' tmpstr ';']); eval(['DDXm(m)=DDX' tmpstr ';']);    % Xmの変位の2階微分DDXmの定義
30    eval(['X' tmpstr '=xi^(' tmpstr '-1);']);                          % べき関数を用いた変位関数の定義
31  end
32  Wc=qa*Xm.'; dWc=dqa*Xm.';                                         % 車体の変位関数とその時間微分
33
34  % *** 車体変位関数の位置に関する被積分項の構成
35  p_dWc_p2=sum(sum((diag(dqa.'*Xm))*(diag(dqa.'*Xm).')));          % 時間微分はd
36  p_DDWc_p2=sum(sum((diag(qa.'*DDXm))*(diag(qa.'*DDXm).')));       % 位置による微分はD
37
38  % ----- 車体の変位関数の微分
39  for m=1:M
40    tmpstr=num2str(m);
41    eval(['DX' tmpstr '=diff(xi^(' tmpstr '-1),xi);']);               % 変位関数の位置による1階微分
42    eval(['DDX' tmpstr '=diff(diff(xi^(' tmpstr '-1),xi),xi);']);     % 変位関数の位置による2階微分
43  end
44  % ----- はり全長に渡る積分
45  Int_dWc_p2=int(eval(p_dWc_p2),xi,interval(1),interval(2));
46  Int_DDWc_p2=int(eval(p_DDWc_p2),xi,interval(1),interval(2));
47
48  % ----- 無次元化に伴い生じる定数のシンボリックオブジェクト定義
49  eval(['syms C_Mt C_Mw;']);                                        % 質量比(前後台車同一,全輪軸同一)
50  eval(['syms C_Lt C_Lw;']);                                        % 回転慣性半径に関する無次元量
51  eval(['syms C_Lw C_Lh1 C_Lh2 C_Lh3 C_Lh4 C_Lh5;']);               % 長さに関する無次元量
52
53  tmpt=toc(tstart0); disp(['### 0:各種定義終了 (' num2str(tmpt) 'sec)']); tstart1=tic;
```

BeamModel_Sample.m（続き）

```
54
55  % ----- エネルギーの定義
56  % *** 運動エネルギー
57  TTc=1/2*Lambda4*(Int_dWc_p2+dUc^2);                                   % 車体
58  TTt=1/2*Lambda4*C_Mt*(dWt1^2+dWt2^2+dUt1^2+dUt2^2 ...
59                       +C_Lt^2*(dTh_t1^2+dTh_t2^2));                    % 台車
60  TTw=1/2*Lambda4*C_Mw*(dUw1^2+dUw2^2+dUw3^2+dUw4^2);                   % 輪軸
61  % *** 車体曲げのひずみエネルギー
62  UUc=1/2*(1+j*eta_c)*Int_DDWc_p2;
63  % *** ばね要素のポテンシャルエネルギー(ダンパや損失係数を含め複素ばねとして扱い, _cpを付す)
64  VVs=1/2*2*ks_cp*((subs(eval(Wc),xi,xif)-Wt1)^2 ...
65                  +(subs(eval(Wc),xi,xir)-Wt2)^2);                      % 空気ばね部
66  VVa=1/2*2*ka_cp*((Wt1+C_Lw*Th_t1-z1)^2+(Wt1-C_Lw*Th_t1-z2)^2 ...
67                  +(Wt2+C_Lw*Th_t2-z3)^2+(Wt2-C_Lw*Th_t2-z4)^2);        % 軸ばね部
68  VVw=1/2*2*kw_cp*((Ut1+C_Lh1*Th_t1-Uw1)^2+(Ut1+C_Lh1*Th_t1-Uw2)^2 ...
69                  +(Ut2+C_Lh1*Th_t2-Uw3)^2+(Ut2+C_Lh1*Th_t2-Uw4)^2);    % 軸箱前後支持部
70  VVb=1/2*nb*kb_cp*((Uc+C_Lh3*subs(eval(diff(eval(Wc),xi)),xi,xibf) ...
71                    -(Ut1-C_Lh2*Th_t1))^2 ...
72                   +(Uc+C_Lh3*subs(eval(diff(eval(Wc),xi)),xi,xibr) ...
73                    -(Ut2-C_Lh2*Th_t2))^2);                             % 牽引リンク部
74  VVy=1/2*ny*ky_cp*((Uc+C_Lh5*subs(eval(diff(eval(Wc),xi)),xi,xiyf) ...
75                   -(Ut1-C_Lh4*Th_t1))^2 ...
76                  +(Uc+C_Lh5*subs(eval(diff(eval(Wc),xi)),xi,xiyr) ...
77                   -(Ut2-C_Lh4*Th_t2))^2);                              % ヨーダンパ部
78
79  tmpt=toc(tstart1); disp(['### 1:ｴﾈﾙｷﾞｰの定義終了 (' num2str(tmpt) 'sec)']); tstart2=tic;
80
81  % ----- Lagrangeの運動方程式の適用(その１：一般化座標, 一般化速度による微分)
82  q=[qa Wt1 Wt2 Uc Ut1 Ut2 Uw1 Uw2 Uw3 Uw4 Th_t1 Th_t2];                % 一般化座標
83  dq=[dqa dWt1 dWt2 dUc dUt1 dUt2 dUw1 dUw2 dUw3 dUw4 dTh_t1 dTh_t2];   % qの時間微分（一般化速度）
84  DT_Ddq=jacobian(eval(TTc+TTt+TTw),dq);                                % 運動ｴﾈﾙｷﾞｰの一般化速度での微分
85  DU_Dq=jacobian(eval(UUc+VVs+VVa+VVw+VVb+VVy),q);                      % ﾎﾟﾃﾝｼｬﾙｴﾈﾙｷﾞｰの一般化座標での微分
86
87  tmpt=toc(tstart2); disp(['### 2:一般化座標・速度での微分終了 (' num2str(tmpt) 'sec)']); tstart3=tic;
88
89  % ----- 時間関数( = 一般化座標)の置換(時間関数→時間非依存の未定定数×exp(j*tau))
90  % *** 車体の弾性変位
91  for m=1:M
92    tmpstr=num2str(m);
93    eval(['syms A_' tmpstr ';']);                                       % 時間非依存の未定定数A_mの定義
94    eval(['A' tmpstr '=A_' tmpstr '*exp(j*tau);']);                     % 時間関数の置換
95    eval(['qa_(m)=A_' tmpstr ';']);                                     % 未定定数ベクトルの定義
96    eval(['dA' tmpstr '=diff(A' tmpstr ',tau);']);                      % 時間関数の微分(一般化速度)の置換
97  end
98
99  % *** 剛体変位の一般化座標と一般化速度の置き換え
100 Wt1=At1*exp(j*tau); Wt2=At2*exp(j*tau);                               % 台車上下変位
101 Uc=Bc*exp(j*tau); Ut1=Bt1*exp(j*tau); Ut2=Bt2*exp(j*tau);             % 車体・台車前後変位
102 Uw1=Bw1*exp(j*tau); Uw2=Bw2*exp(j*tau);
103 Uw3=Bw3*exp(j*tau); Uw4=Bw4*exp(j*tau);                               % 輪軸前後変位
104 Th_t1=Ct1*exp(j*tau); Th_t2=Ct2*exp(j*tau);                           % 台車ピッチング
105 dWt1=diff(Wt1,tau); dWt2=diff(Wt2,tau);                               % 台車上下変位の時間微分
106 dUc=diff(Uc,tau); dUt1=diff(Ut1,tau); dUt2=diff(Ut2,tau);             % 車体・台車前後変位の時間微分
107 dUw1=diff(Uw1,tau); dUw2=diff(Uw2,tau);
108 dUw3=diff(Uw3,tau); dUw4=diff(Uw4,tau);                               % 輪軸前後変位の時間微分
109 dTh_t1=diff(Th_t1,tau); dTh_t2=diff(Th_t2,tau);                       % 台車ピッチングの時間微分
110
111 tmpt=toc(tstart3); disp(['### 3:時間関数の置換終了 (' num2str(tmpt) 'sec)']); tstart4=tic;
112
```

BeamModel_Sample.m（続き）

```
113  % ----- Lagrangeの運動方程式の適用(その２：時間微分と未定定数に対する係数行列の括りだし)
114  qc=[qa_ At1 At2 Bc Bt1 Bt2 Bw1 Bw2 Bw3 Bw4 Ct1 Ct2];                    % 未定定数ベクトル
115  KK=simplify(jacobian(eval(DU_Dq),qc)./exp(j*tau));                       % 剛性行列
116  MM=simplify(jacobian(diff(eval(DT_Ddq),tau),qc)./exp(j*tau));            % 質量行列
117  QQ=-(jacobian(DU_Dq,z1)*z1+jacobian(DU_Dq,z2)*z2 ...
118      +jacobian(DU_Dq,z3)*z3+jacobian(DU_Dq,z4)*z4);                       % 右辺の外力ベクトル
119
120  tmpt=toc(tstart4); disp(['### 4:係数行列の括りだし終了 (' num2str(tmpt) 'sec)']); tstart5=tic;
121  disp(['************************** 数式処理による係数行列構成終了']);
122
123  % ----- 車両諸元ファイル（このスクリプトと同じフォルダに置いておくこと）の読み込み
124  eval(fname(1:length(fname)-2));
125
126  % ----- 無次元変数の定義
127  C_Mt=mt/mc; C_Mw=(mw/mc)*(1+(iw/rw)^2);                                   % 前後台車同質量，全輪軸同質量
128  C_Lt=it/L; C_Lw=lw/L;
129  C_Lh1=h1/L; C_Lh2=h2/L; C_Lh3=h3/L; C_Lh4=h4/L; C_Lh5=h5/L;
130  k_nd=(L^3)/EI;                                                             % ばね定数(含複素ばね)の無次元化定数
131  kb_cp=kb*(1.0+j*eta_b)*k_nd; Ky_cp=ky*(1.0+j*eta_y);
132  kw_cp=kw*(1.0+j*eta_w)*k_nd;
133  ximp1=xmp1/L; ximp2=xmp2/L; xif=lt/L; xir=-lt/L;
134  xibf=lb/L; xibr=-lb/L; xiyf=ly/L; xiyr=-ly/L;
135
136  % ----- 周波数応答計算
137  ii=0; vsize=(f1-f0)/df+1;
138  hh1 = waitbar(0,'1','Name','FRF Calculation');
139  for ftmp=f0:df:f1;
140    ii=ii+1; waitbar(ii/vsize,hh1,['Now Calculating at ' num2str(ftmp) ' Hz ']);
141    ff(ii)=ftmp; omega=2*pi*ftmp; Lambda4=((mc*(L^3))/EI)*omega^2;
142
143    % *** 輪軸間の加振位相差(Vel=0 のときは全軸同相加振とする)
144    if Vel == 0.0
145      dt1=0.0; dt2=0.0; dt3=0.0;
146    else
147      dt1=2*lw*3.6/Vel; dt2=2*lt*3.6/Vel; dt3=dt1+dt2;
148    end
149    z1=1; z2=z1*exp(-j*omega*dt1); z3=z1*exp(-j*omega*dt2); z4=z1*exp(-j*omega*dt3);
150
151    % *** 空気ばね(4要素モデル)
152    Ks=ks2+ks1*(beta*(1.0+beta)+(cs1*omega/ks1)^2)/((1.0+beta)^2+(cs1*omega/ks1)^2);
153    Cs=cs1/((1.0+beta)^2+(cs1*omega/ks1)^2);
154
155    ks_cp=(Ks+j*omega*Cs)*k_nd;                                              % 2次ばね（空気ばね）の無次元化
156    ka_cp=(ka+j*omega*ca)*k_nd;                                              % 1次ばね（軸ばね）の無次元化
157    if abs(ky*cy) == 0.0
158      ky_cp=0;                                                               % kyもしくはcyが0の場合の処理
159    else
160      ky_cp=(j*cy*omega*Ky_cp/(Ky_cp+j*omega*cy))*k_nd;
161    end
162
163    CL=eval(KK+MM);                                                          % 複素連立1次方程式の係数行列
164    qq=CL\eval(QQ);                                                          % 複素連立1次方程式の求解
165
166    % *** 車体上の指定する点（xmp1およびxmp2）での変位周波数応答関数（FRF）の計算
167    Am=qq(1:M);
168    [FRF1(ii)]=carbody_frf(M,Am,ximp1);
169    [FRF2(ii)]=carbody_frf(M,Am,ximp2);                                      % carbody_frf: FRFを計算する関数
170  end
171  close(hh1);
172  tmpt=toc(tstart5); disp(['### 5:FRFの計算終了 (' num2str(tmpt) 'sec)']); tstart6=tic;
```

BeamModel_Sample.m（続き）

```
173
174  % ----- FRF の描画
175  figure(10); clf
176  HH1=loglog(ff,abs(FRF1),ff,abs(FRF2)); grid on
177    set(HH1,{'Color'},{'b';'r'},{'LineWidth'},{2;2});
178    set(gca,'GridlineStyle','-');
179    legend(['FRF at x= ' num2str(xmp1)],['FRF at x= ' num2str(xmp2)]);
180    title(['FRF on the carbody, input file:' fname]);
181    xlabel('Frequency, Hz'); ylabel('FRF Gain, m/m'); xlim([0 50]);
182
183  tmpt=toc(tstart6); disp(['### 6:FRFの描画終了 (' num2str(tmpt) 'sec)']); tstart7=tic;
184  tmpt=toc(tstart0); disp(['### ここまでの計算時間:' num2str(tmpt) 'sec']);
185
186   % ----- PSD の計算と描画
187  iPsdCal=input(['===> PSDの計算をしますか？ Yes：1, No：0 ']);
188  if iPsdCal==1;
189   [dataD]=Calc_applox_track_irg(Vel,f0,df,f1);                % 近似軌道変位曲線による入力PSD計算
190
191   hh2 = waitbar(0,'1','Name','PSD Calculation');
192   for ii=1:vsize;
193    ftmp=ff(ii);
194    waitbar(ii/vsize,hh2,['Now Calculating at ' num2str(ftmp) ' Hz ']);
195    PSD1(ii)=(abs(FRF1(ii))^2)*dataD(ii,2);
196    PSD2(ii)=(abs(FRF2(ii))^2)*dataD(ii,2);
197   end
198   close(hh2);
199
200   % ----- PSD の描画
201   figure(20); clf
202   HH2=loglog(ff,PSD1,ff,PSD2); grid on
203    set(HH2,{'Color'},{'b';'r'},{'LineWidth'},{2;2});
204    set(gca,'GridlineStyle','-');
205    legend(['PSD at x= ' num2str(xmp1)],['PSD at x= ' num2str(xmp2)]);
206    title(['PSD on the carbody, input file:' fname]);
207    xlabel('Frequency, Hz'); ylabel('Acc. PSD, (m/s^2)^2/Hz'); xlim([0 50]);
208
209   figure(30); clf
210   HH3=loglog(ff,dataD(:,2)); grid on
211    set(HH3,{'Color'},{'b'},{'LineWidth'},{2});
212    set(gca,'GridlineStyle','-');
213    title(['PSD of track irregularity at ' num2str(Vel) ' km/h']);
214    xlabel('Frequency, Hz'); ylabel('Acc. PSD, (m/s^2)^2/Hz'); xlim([0 50]);
215  end
216  tmpt=toc(tstart7); disp(['### 7:PSDの計算と描画終了 (' num2str(tmpt) 'sec)']);
217
218  disp(['*** 読み込んだ車両諸元ファイル:' fname]);
219  tmpt=toc(tstart0); disp(['### 合計計算時間:' num2str(tmpt) 'sec']);
```

carbody_frf.m　　車体の変位応答（周波数応答関数に相当）を計算する関数

```
1  function [ww]=carbody_frf(M,aam,xxi)
2
3  ww=0;
4  for m=1:M
5    ww=ww+aam(m).*xxi.^(m-1);
6  end
```

Calc_applox_track_irg.m　軌道変位 PSD の近似曲線の生成と周波数領域の加速度 PSD への変換を行う関数

```
1  function [dataD]=Calc_applox_track_irg(Vel,f0,df,f1)
2  %
3  % 近似軌道変位曲線(変位加振入力のPSD)の計算
4  %     * 近似軌道変位曲線（空間周波数領域でのPSD曲線）：鈴木康文，鉄道総研報告特別16号p.23より
5  %             lambda<  9.9  [m] : p(1/lambda)=3.162*(10^-3)*(1/lambda)^-3.29
6  %        9.9 <=lambda< 10.85 [m] : p(1/lambda)=1.862*(10^5)*(1/lambda)^4.51
7  %       10.85<=lambda< 22.2  [m] : p(1/lambda)=1.914*(10^-1)*(1/lambda)^-1.28
8  %       22.2 <=lambda< 47.6  [m] : p(1/lambda)=1.202*(10^-4)*(1/lambda)^-3.64
9  %       47.6 <=lambda<106.4  [m] : p(1/lambda)=9.12*(10^1)*(1/lambda)^-0.146
10 %      106.4 <=lambda        [m] : p(1/lambda)=4.677*(10^-2)*(1/lambda)^-1.77
11 %
12
13 vel=abs(Vel)/3.6;                                       % Vel:[km/h] => vel:[m/s] への変換
14 f_Hz=[f0:df:f1];                                        % f_Hz:周波数[Hz]
15 i_f=length(f_Hz);
16
17 % --------------- 空間周波数領域での近似軌道高低変位PSDの計算
18 for ii=1:i_f
19   if vel==0                                             % 速度=0のときはPSDは一定とする
20   psd_s(ii)=1;
21
22   elseif vel~=0
23     f_s=f_Hz/vel;                                       % f_s:空間周波数[1/m]
24     lambda=1/f_s(ii);
25
26     if lambda<9.9
27      AA=3.162*(10^-3); bb=-3.29;
28     elseif lambda<10.85
29      AA=1.862*(10^5); bb=4.51;
30     elseif lambda<22.2
31      AA=1.914*(10^-1); bb=-1.28;
32     elseif lambda<47.6
33      AA=1.202*(10^-4); bb=-3.64;
34     elseif lambda<106.4
35      AA=9.12*(10^1); bb=-0.146;
36     else
37      AA=4.677*(10^-2); bb=-1.77;
38     end
39     psd_s(ii)=AA*(f_s(ii)).^bb;
40   end
41 end
42
43 % --------------- 周波数領域の加速度PSDへの変換
44 if vel==0
45   psd_Hz=psd_s;                                         % 速度=0のときはPSDは一定とする
46 elseif vel~=0
47   psd_Hz=(psd_s/vel).*((2.0*pi*f_Hz).^4)*1.0e-6;        % 10^-6:[mm]から[m]への単位変換
48
49   figure(40); clf
50     HH4=loglog(f_s,psd_s); grid on
51     set(HH4,{'Color'},{'b'},{'LineWidth'},{2});
52     set(gca,'GridlineStyle','-');
53     title(['PSD of track irregularity']);
54     xlabel('Spatial Frequency, 1/m'); ylabel('Disp. PSD, (mm^2)m');
55     xlim([1e-3 1]);
56 end
57 dataD(:,1)=f_Hz; dataD(:,2)=psd_Hz;                     % 1列目周波数，2列目加速度PSD
```

TestInputData.m　　車両諸元を記述したファイル

```
 1  f0=0.5;f1=50;df=0.125;                               % 計算する周波数範囲と周波数刻み[Hz]
 2  L=24.5;EI=1.97e9; eta_c=0.064;                       % 車体長[m]，等価曲げ剛性[Nm^2]，損失係数
 3  mc=25.4e3; mt=2.61e3;                                % 車体重量[kg]，台車枠質量(前後台車同一)[kg]
 4  ks1=0.5e6; ks2=2.205e4; cs1=4.435e4; beta=0.333;   % 空気ばね（1個あたり）[N/m],[N/m],[Ns/m],[-]
 5  ka=1.795e6; ca=6.65e4;                               % 軸ばね（1個あたり）[N/m],[Ns/m]
 6  lt=8.75;                                             % 台車中心距離の1/2[m]
 7  xmp1=8.75; xmp2=0.0;                                 % 床上モニタ点位置[m]
 8  lb=8.75; nb=1;                                       % 前後の牽引リンク受け間隔の1/2[m]，牽引リンク数
 9  h1=0.08;                                             % 車軸中心－台車ばね間重心
10  h2=-0.08; h3=1.09;                                   % 台車枠重心－牽引リンク，牽引リンク－車体曲げ中立面 [m]
11  h4=-0.08; h5=1.09;                                   % 台車枠重心－ヨーダンパ，ヨーダンパ－車体曲げ中立面 [m]
12  kb=5.18e6; eta_b=0.1;                                % 牽引リンクゴムのばね定数[N/m]･損失係数（1本あたり）
13  ly=8.04;; ny=2;                                      % ヨーダンパ受けの位置[m]，ヨーダンパの数（1台車あたり）
14  ky=3.36e6; eta_y=0.1;                                % ヨーダンパゴムのばね定数･損失係数 [N/m], [-]（1本あたり）
15  cy=1.96e6;                                           % ヨーダンパの粘性減衰係数[Ns/m]（1本あたり）
16  kw=1.53e7; eta_w=0.1;                                % 軸箱の前後支持剛性[N/m]･損失係数（1軸箱あたり）
17  it=1.0; iw=0.3;                                      % 台車･輪軸の慣性半径[m]
18  mw=1.7e3; rw=0.43;                                   % 輪軸質量（全輪軸同一）[kg]，車輪半径（全車輪同一）[m]
19  lw=1.25;                                             % 軸距の1/2[m]
```

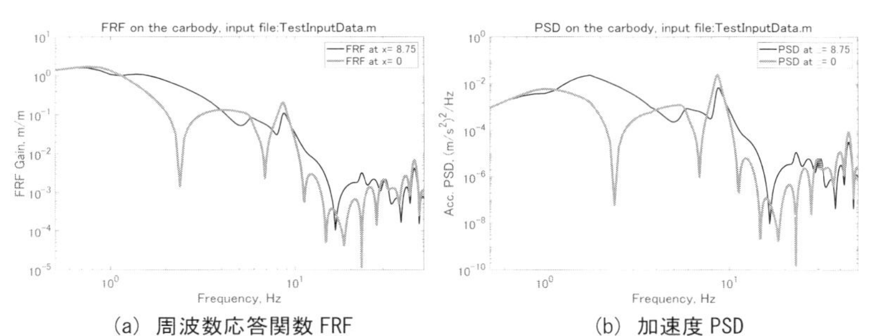


(a) 周波数応答関数 FRF　　　(b) 加速度 PSD

サンプルプログラム（BeamModel_Sample.m）の出力

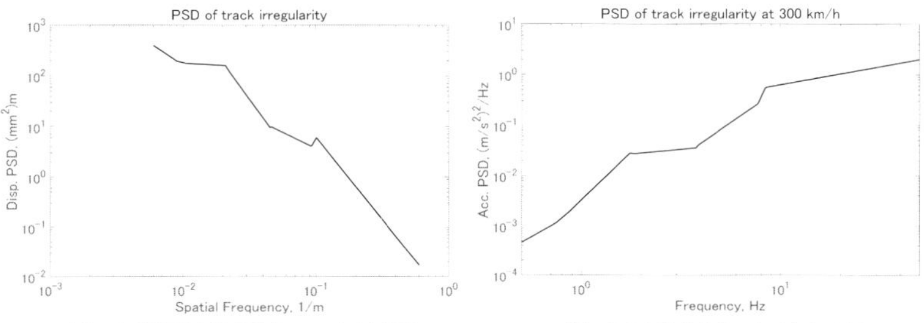


(a) 空間周波数領域での変位 PSD　　　(b) 周波数領域の加速度 PSD（速度 300 km/h）

Calc_applox_track_irg.m で計算した軌道変位 PSD の近似曲線

## A8　はりモデルの記号表と数値例

4.3.2 項で使われる記号一覧とその数値例を下表に示す．値は文献(A8-1)を参考に不明なものは推定値とした．この値をもとに図 4.3.7 の計算を行った．

表 A8.1　車体弾性振動解析のためのはりモデルの記号と数値例

| 記号 | 内容 | 数値例 | 単位 |
|---|---|---|---|
| $EI$ | 車体の等価曲げ剛性 | $1.97\times10^9$ | $Nm^2$ |
| $L$ | 車体長 | 24.5 | m |
| $M$ | 車体の変位関数 $\overline{w}_c(\xi,\tau)$ 中のべき級数の項数 | 10 | - |
| $c_a$ | 1 次ばね系（軸ダンパ）の粘性減衰係数 | $6.65\times10^4$ | Ns/m/個 |
| $c_{s1}$ | 空気ばね 4 要素モデルの減衰係数（絞りによる寄与） | $4.435\times10^4$ | Ns/m/個 |
| $c_y$ | ヨーダンパの粘性減衰係数 | $1.96\times10^6$ | Ns/m/本 |
| $h_1$ | 車輪中心から台車枠重心までの上下距離 | 0.08 | m |
| $h_2$ | 台車枠重心から牽引リンク取付高さまでの上下距離 | -0.08 | m |
| $h_3$ | 牽引リンク取付高さから車体曲げ中立面までの上下距離 | 1.09 | m |
| $h_4$ | 台車枠重心からヨーダンパ取付高さまでの上下距離 | -0.08 | m |
| $h_5$ | ヨーダンパ取付高さから車体曲げ中立面までの上下距離 | 1.09 | m |
| $i_t$ | 台車枠ピッチングの回転慣性半径 | 1.0 | m |
| $i_w$ | 輪軸の回転慣性半径 | 0.3 | m |
| $k_a$ | 1 次ばね系（軸ばね）のばね定数 | $1.795\times10^6$ | N/m/個 |
| $k_b$ | 牽引リンク緩衝ゴムのばね定数 | $5.18\times10^6$ | N/m/本 |
| $k_{s1}$ | 空気ばね 4 要素モデルのばね定数（空気圧縮による寄与） | $0.5\times10^6$ | N/m/個 |
| $k_{s2}$ | 同上（有効受圧面積変化による寄与） | $2.205\times10^4$ | N/m/個 |
| $k_w$ | 軸箱の前後支持剛性 | $1.53\times10^7$ | N/m/箱 |
| $k_y$ | ヨーダンパ緩衝ゴムのばね定数 | $3.36\times10^6$ | N/m/本 |
| $l_b$ | 車体中央から車体側牽引リンク取付位置までの前後距離 | 8.75 | m |
| $l_t$ | 前後台車中心間距離の 1/2 | 8.75 | m |
| $l_w$ | 同一台車内の輪軸間距離（軸距）の 1/2 | 1.25 | m |
| $l_y$ | 車体中央から車体側ヨーダンパ取付位置までの前後距離 | 8.04 | m |
| $m_c$ | 車体の質量 | $25.4\times10^3$ | kg |
| $m_{tm}$ | 台車枠の質量（$m$=1,2） | $2.61\times10^3$ | kg |
| $m_{wn}$ | 輪軸の質量（$n$=1,...,4） | $1.70\times10^3$ | kg |
| $n_b$ | 1 台車あたりの牽引リンクの数 | 1 | - |
| $n_y$ | 1 台車あたりのヨーダンパの数 | 2 | - |
| $r_w$ | 車輪半径 | 0.43 | m |
| $\beta$ | 空気ばね 4 要素モデルの定数（補助空気室に対する容積比） | 0.333 | - |
| $\eta_b$ | 牽引リンク緩衝ゴムの損失係数 | 0.1 | - |
| $\eta_c$ | 車体構造減衰の損失係数 | 0.064 | - |
| $\eta_w$ | 軸箱前後支持部の損失係数 | 0.1 | - |
| $\eta_y$ | ヨーダンパ緩衝ゴムの損失係数 | 0.1 | - |

### 付録 A8 の文献

(A8-1) 富岡隆弘，瀧上唯夫：台車との相互作用を利用した鉄道車両の車体上下曲げ振動低減法，日本機械学会論文集（C 編），Vol.70，No.696，pp.2419-2426，2004.

## A9　箱形モデルによる振動解析

第4章の図4.3.4～4.3.6を参照しながら箱形モデルの定式化を行う．

屋根（$i$=1），床（$i$=2）を構成する弾性平板の運動エネルギー$T_i$とひずみエネルギー$\tilde{U}_i$は次式のように表される．

$$T_i = \frac{1}{2}\frac{m_i}{bL}\int_{-b/2}^{b/2}\int_{-L/2}^{L/2}\dot{w}_i^2 dx_i dy_i \quad \cdots\cdots \text{(A9.1)}$$

$$\tilde{U}_i = \frac{1}{2}D_i(1+j\eta_i)\int_{-b/2}^{b/2}\int_{-L/2}^{L/2}\left[\left(\frac{\partial^2 w_i}{\partial x_i^2}+\frac{\partial^2 w_i}{\partial y_i^2}\right)^2 - 2(1-\nu_i)\left\{\frac{\partial^2 w_i}{\partial x_i^2}\frac{\partial^2 w_i}{\partial y_i^2}-\left(\frac{\partial^2 w_i}{\partial x_i \partial y_i}\right)^2\right\}\right]dx_i dy_i$$

$$\cdots\cdots \text{(A9.2)}$$

ここで，$m_i$は屋根，床の質量，$D_i$は弾性平板としての曲げ剛性，$\eta_i$と$\nu_i$（ニュー）は損失係数とポアソン比である．また，妻部（$i$=3,4）を構成する剛体板の運動エネルギー$T_i$は，$m_i$を妻部の質量として，次式のようになる．

$$T_i = \frac{1}{2}m_i\dot{w}_i^2 \quad \cdots\cdots \text{(A9.3)}$$

側部（$i$=5,6）の柱部材に対応するはり（添字$j=1,..,J$で指定）の運動エネルギー$T_{ij}$と，曲げ・伸びによるひずみエネルギー$\tilde{U}_{ij}$は以下のように書ける．

$$T_{ij} = \frac{1}{2}\frac{m_{ij}}{a}\int_{-a/2}^{a/2}\left(\dot{v}_{ij}^2+\dot{w}_{ij}^2\right)dz_{ij} \quad \cdots\cdots \text{(A9.4)}$$

$$\tilde{U}_{ij} = \frac{1}{2}\int_{-a/2}^{a/2}\left\{EI_{ij}(1+j\eta_{\mathrm{b}ij})\left(\frac{\partial^2 v_{ij}}{\partial z_{ij}^2}\right)^2 + EA_{ij}(1+j\eta_{\mathrm{s}ij})\left(\frac{\partial w_{ij}}{\partial z_{ij}}\right)^2\right\}dz_{ij} \quad \cdots\cdots \text{(A9.5)}$$

ただし，$m_{ij}$ははりの質量，$EI_{ij}$，$EA_{ij}$は曲げおよび伸び剛性，$\eta_{\mathrm{b}ij}$，$\eta_{\mathrm{s}ij}$は曲げおよび伸びによる変位に対応する損失係数である．同様に，側部（$i$=5,6）の長手部材に対応するはり（添字$k=1,..,K$で指定）の運動エネルギー$T_{ik}$と曲げ（$y$および$z$方向）によるひずみエネルギー$\tilde{U}_{ik}$は以下のようになる．

$$T_{ik} = \frac{1}{2}\frac{m_{ik}}{L}\int_{-L/2}^{L/2}\left(\dot{v}_{ik}^2+\dot{w}_{ik}^2\right)dx_{ik} \quad \cdots\cdots \text{(A9.6)}$$

$$\tilde{U}_{ik} = \frac{1}{2}\int_{-L/2}^{L/2}\left\{EI_{\mathrm{y}ik}(1+j\eta_{\mathrm{y}ik})\left(\frac{\partial^2 v_{ik}}{\partial x_{ik}^2}\right)^2 + EI_{\mathrm{z}ik}(1+j\eta_{\mathrm{z}ik})\left(\frac{\partial^2 w_{ik}}{\partial x_{ik}^2}\right)^2\right\}dx_{ik} \quad \cdots\cdots \text{(A9.7)}$$

$m_{ik}$ははりの質量，$EI_{\mathrm{y}ik}$，$EI_{\mathrm{z}ik}$はそれぞれ$y$, $z$方向の変位に対応する曲げ剛性，$\eta_{\mathrm{y}ik}$，

$\eta_{zik}$ は $y, z$ 方向の変位に対応する損失係数である．

各部材の結合部に部材間の並進を拘束する仮想ばね $k_T$ と回転（部材間の角度変化）を拘束する仮想ばね $k_R$ を導入し（図 4.3.5），それぞれのばねに蓄えられるポテンシャルエネルギーを求めると以下のようになる．

屋根（$l$=1），床（$l$=2）と妻部（$i$=3,4）の接続（複号は $l$=1 のとき正）：

$$V_{li}=\frac{1}{2}k_{Tli}\int_{-b/2}^{b/2}\left(w_l\Big|_{x_l=\pm L/2}-w_i\right)^2 dy_l+\frac{1}{2}k_{Rli}\int_{-b/2}^{b/2}\left(\frac{\partial w_l}{\partial x_l}\Bigg|_{x_l=\pm L/2}\right)^2 dy_l \quad \cdots\cdots (A9.8)$$

側部（$i$=5,6）のはり部材どうしの接続（$j$=1,..,$J$, $k$=1,..,$K$）：

$$V_{ijk}=\frac{1}{2}k_{Tyijk}\left(v_{ij}\Big|_{z_{ij}=z_{ik}}-v_{ik}\Big|_{x_{ik}=x_{ij}}\right)^2 +\frac{1}{2}k_{Tzijk}\left(w_{ij}\Big|_{z_{ij}=z_{ik}}-w_{ik}\Big|_{x_{ik}=x_{ij}}\right)^2+\frac{1}{2}k_{Rzijk}\left(\frac{\partial w_{ik}}{\partial x_{ik}}\Bigg|_{x_{ik}=x_{ij}}\right)^2 \quad \cdots\cdots (A9.9)$$

$z_{ik}$：側部の $j$ 番目の柱部材上での $k$ 番目の長手部材との接続位置，

$x_{ij}$：側部の $k$ 番目の長手部材上での $j$ 番目の柱部材との接続位置，

屋根（$l$=1），床（$l$=2）と側柱の接続（$i$=5, 6, $j$=1,.., $J$, 複号は $l$=1, $i$=5 のとき正）：

$$V_{lij}=\frac{1}{2}k_{Tlij}\left\{\left(w_l\Big|_{x_l=x_{ij},\ y_l=\pm\frac{b}{2}}-w_{ij}\Big|_{z_{ij}=\pm\frac{a}{2}}\right)^2+\left(v_{ij}\Big|_{z_{ij}=\pm\frac{a}{2}}\right)^2\right\}+\frac{1}{2}k_{Rlij}\left(\frac{\partial w_l}{\partial y_l}\Bigg|_{x_l=x_{ij},\ y_l=\pm\frac{b}{2}}+\frac{\partial v_{ij}}{\partial z_{ij}}\Bigg|_{z_{ij}=\pm\frac{a}{2}}\right)^2 \quad \cdots\cdots (A9.10)$$

$x_{ij}$：屋根・床における $j$ 番目の柱部材との $x$ 軸方向の接続位置，

妻部（$l$=3, 4）と側長手部材の接続（$i$=5, 6, $k$=1, 2,..., $K$, 複号は $l$=3 のとき正）：

$$V_{lik}=\frac{1}{2}k_{Tlik}\left\{\left(w_l-w_{ik}\Big|_{x_{ik}=\pm\frac{L}{2}}\right)^2+\left(v_{ik}\Big|_{x_{ik}=\pm\frac{L}{2}}\right)^2\right\}+\frac{1}{2}k_{Rlik}\left\{\left(\frac{\partial w_{ik}}{\partial x_{ik}}\Bigg|_{x_{ik}=\pm\frac{L}{2}}\right)^2+\left(\frac{\partial v_{ik}}{\partial x_{ik}}\Bigg|_{x_{ik}=\pm\frac{L}{2}}\right)^2\right\} \quad \cdots\cdots (A9.11)$$

以上で箱形構造物としての車体単体の振動解析に必要なエネルギーが示された．以降では走行中の鉄道車両の振動解析を想定し，車体が台車に支持され，軌道からの上下変位入力を受けるものとして解析を進める．

車体を支持する台車系は図 4.3.6 に示すように，台車枠は前後，上下，ピッチング，ローリングの自由度を持つ剛体，輪軸は上下，前後の自由度を持つ剛体とし，さらに剛体としての車体前後自由度を考慮すると，車体前後振動と台車系の各要素の運動エネルギーとそれらを結合するばね系に蓄えられるポテンシャルエネルギーは以下のようになる．

$$T_{\mathrm{c}} = \frac{1}{2} m_{\mathrm{c}} \dot{u}_{\mathrm{c}}^{2} \quad \cdots\cdots (\mathrm{A9.12})$$

$$T_{\mathrm{t}} = \frac{1}{2} m_{\mathrm{t1}} \left( \dot{w}_{\mathrm{t1}}^{2} + \dot{u}_{\mathrm{t1}}^{2} + i_{\mathrm{tp1}}^{2} \dot{\theta}_{\mathrm{t1}}^{2} + i_{\mathrm{tr1}}^{2} \dot{\varphi}_{\mathrm{t1}}^{2} \right) + \frac{1}{2} m_{\mathrm{t2}} \left( \dot{w}_{\mathrm{t2}}^{2} + \dot{u}_{\mathrm{t2}}^{2} + i_{\mathrm{tp2}}^{2} \dot{\theta}_{\mathrm{t2}}^{2} + i_{\mathrm{tr2}}^{2} \dot{\varphi}_{\mathrm{t2}}^{2} \right) \quad \cdots\cdots (\mathrm{A9.13})$$

$$T_{\mathrm{w}} = \frac{1}{2} \sum_{n=1}^{4} m_{\mathrm{w}n} \left\{ 1 + \left( \frac{i_{\mathrm{w}n}}{r_{\mathrm{w}n}} \right)^{2} \right\} \dot{u}_{\mathrm{w}n}^{2} \quad \cdots\cdots (\mathrm{A9.14})$$

$$\begin{aligned} \tilde{V}_{\mathrm{s}} &= \frac{1}{2} \tilde{K}_{\mathrm{s}} \left\{ \left( w_2 \big|_{x_2 = l_{\mathrm{t}},\, y_2 = -b_{\mathrm{s}}} - w_{\mathrm{t1}} + b_{\mathrm{s}} \varphi_{\mathrm{t1}} \right)^{2} + \left( w_2 \big|_{x_2 = l_{\mathrm{t}},\, y_2 = b_{\mathrm{s}}} - w_{\mathrm{t1}} - b_{\mathrm{s}} \varphi_{\mathrm{t1}} \right)^{2} \right\} \\ &\quad + \frac{1}{2} \tilde{K}_{\mathrm{s}} \left\{ \left( w_2 \big|_{x_2 = -l_{\mathrm{t}},\, y_2 = -b_{\mathrm{s}}} - w_{\mathrm{t2}} + b_{\mathrm{s}} \varphi_{\mathrm{t2}} \right)^{2} + \left( w_2 \big|_{x_2 = -l_{\mathrm{t}},\, y_2 = b_{\mathrm{s}}} - w_{\mathrm{t2}} - b_{\mathrm{s}} \varphi_{\mathrm{t2}} \right)^{2} \right\} \quad \cdots\cdots (\mathrm{A9.15}) \end{aligned}$$

$$\begin{aligned} \tilde{V}_{\mathrm{a}} &= \frac{1}{2} \sum_{n=1}^{2} \tilde{K}_{\mathrm{a}} \left[ \left\{ w_{\mathrm{t1}} - b_{\mathrm{a}} \varphi_{\mathrm{t1}} - (-1)^{n} l_{\mathrm{w}} \theta_{\mathrm{t1}} - z_{\mathrm{R}n} \right\}^{2} + \left\{ w_{\mathrm{t1}} + b_{\mathrm{a}} \varphi_{\mathrm{t1}} - (-1)^{n} l_{\mathrm{w}} \theta_{\mathrm{t1}} - z_{\mathrm{L}n} \right\}^{2} \right] \\ &\quad + \frac{1}{2} \sum_{n=3}^{4} \tilde{K}_{\mathrm{a}} \left[ \left\{ w_{\mathrm{t2}} - b_{\mathrm{a}} \varphi_{\mathrm{t2}} - (-1)^{n} l_{\mathrm{w}} \theta_{\mathrm{t2}} - z_{\mathrm{R}n} \right\}^{2} + \left\{ w_{\mathrm{t2}} + b_{\mathrm{a}} \varphi_{\mathrm{t2}} - (-1)^{n} l_{\mathrm{w}} \theta_{\mathrm{t2}} - z_{\mathrm{L}n} \right\}^{2} \right] \quad \cdots\cdots (\mathrm{A9.16}) \end{aligned}$$

$$\tilde{V}_{\mathrm{w}} = \frac{1}{2} \sum_{n=1}^{2} \tilde{k}_{\mathrm{w}} \left( u_{\mathrm{t1}} + h_1 \theta_{\mathrm{t1}} - u_{\mathrm{w}n} \right)^{2} + \frac{1}{2} \sum_{n=3}^{4} \tilde{k}_{\mathrm{w}} \left( u_{\mathrm{t2}} + h_1 \theta_{\mathrm{t2}} - u_{\mathrm{w}n} \right)^{2} \quad \cdots\cdots (\mathrm{A9.17})$$

$$\begin{aligned} \tilde{V}_{\mathrm{b}} &= \frac{1}{2} \tilde{k}_{\mathrm{b}} \left\{ \left( u_{\mathrm{c}} + h_3 \frac{\partial w_2}{\partial x_2} \bigg|_{\substack{x_2 = l_{\mathrm{b}}, \\ y_2 = -b_{\mathrm{b}}}} - u_{\mathrm{t1}} + h_2 \theta_{\mathrm{t1}} \right)^{2} + \left( u_{\mathrm{c}} + h_3 \frac{\partial w_2}{\partial x_2} \bigg|_{\substack{x_2 = l_{\mathrm{b}}, \\ y_2 = b_{\mathrm{b}}}} - u_{\mathrm{t1}} + h_2 \theta_{\mathrm{t1}} \right)^{2} \right\} \\ &\quad + \frac{1}{2} \tilde{k}_{\mathrm{b}} \left\{ \left( u_{\mathrm{c}} + h_3 \frac{\partial w_2}{\partial x_2} \bigg|_{\substack{x_2 = -l_{\mathrm{b}}, \\ y_2 = -b_{\mathrm{b}}}} - u_{\mathrm{t2}} + h_2 \theta_{\mathrm{t2}} \right)^{2} + \left( u_{\mathrm{c}} + h_3 \frac{\partial w_2}{\partial x_2} \bigg|_{\substack{x_2 = -l_{\mathrm{b}}, \\ y_2 = b_{\mathrm{b}}}} - u_{\mathrm{t2}} + h_2 \theta_{\mathrm{t2}} \right)^{2} \right\} \quad \cdots\cdots (\mathrm{A9.18}) \end{aligned}$$

$$\tilde{V}_{\mathrm{y}} = \frac{1}{2}\tilde{K}_{\mathrm{y}}\left\{\left(u_{\mathrm{c}} + h_5 \frac{\partial w_2}{\partial x_2}\bigg|_{\substack{x_2=l_y,\\ y_2=-b_y}} - u_{\mathrm{t1}} + h_4\theta_{\mathrm{t1}}\right)^2 + \left(u_{\mathrm{c}} + h_5 \frac{\partial w_2}{\partial x_2}\bigg|_{\substack{x_2=l_y,\\ y_2=b_y}} - u_{\mathrm{t1}} + h_4\theta_{\mathrm{t1}}\right)^2\right\}$$
$$+\frac{1}{2}\tilde{K}_{\mathrm{y}}\left\{\left(u_{\mathrm{c}} + h_5 \frac{\partial w_2}{\partial x_2}\bigg|_{\substack{x_2=-l_y,\\ y_2=-b_y}} - u_{\mathrm{t2}} + h_4\theta_{\mathrm{t2}}\right)^2 + \left(u_{\mathrm{c}} + h_5 \frac{\partial w_2}{\partial x_2}\bigg|_{\substack{x_2=-l_y,\\ y_2=b_y}} - u_{\mathrm{t2}} + h_4\theta_{\mathrm{t2}}\right)^2\right\}$$

............................................ (A9.19)

ただし，$m_{\mathrm{c}}$，$m_{\mathrm{t}m}$，$m_{\mathrm{w}n}$はそれぞれ，車体，台車枠，輪軸の質量，$i_{\mathrm{tp}m}$，$i_{\mathrm{tr}m}$は台車枠のピッチングとロールに関する慣性半径，$r_{\mathrm{w}n}$，$i_{\mathrm{w}n}$は車輪半径および輪軸の回転慣性半径であり，添字の $m$（$m$=1, 2）は前後の台車を，$n$（$n$=1,..., 4）は輪軸をそれぞれ指定している．

ここで，式(4.3.13)と同様に，適当な基準平板の単位体積あたりの質量$\rho_0$，板厚$h_0$，曲げ剛性$D_0$を用いて，以下のような無次元化を行う．

$$\left.\begin{array}{l}
\xi_i = x_i / L,\ \xi_{ik} = x_{ik} / L,\ \eta_i = y_i / b,\ \zeta_{ij} = z_{ij} / a,\ \tau = \omega t,\ \Lambda^4 = \dfrac{\rho_0 h_0 L^4}{D_0}\omega^2, \\
\left(\bar{T},\bar{U},\bar{V}\right) = \left(T,U,V\right)\times\dfrac{1}{D_0}, \\
\text{屋根・床の変位}\ (i=1,2)\ :\ \left\{\bar{u}_{\mathrm{c}}(\tau), \bar{w}_i(\xi_i,\eta_i,\tau)\right\} = \left\{u_{\mathrm{c}}(t), w_i(x_i,y_i,t)\right\}/h_0, \\
\text{妻の変位}\ (i=3,4)\ :\ \bar{w}_i(\tau) = w_i(t)/h_0, \\
\text{側柱の変位}\ (i=5,6)\ :\ \left\{\bar{v}_{ij}(\zeta_{ij},\tau), \bar{w}_{ij}(\tau)\right\} = \left\{v_{ij}(z_{ij},t), w_{ij}(t)\right\}/h_0, \\
\text{側長手方向部材の変位}\ (i=5,6)\ :\ \left\{\bar{v}_{ik}(\xi_{ik},\tau), \bar{w}_{ik}(\xi_{ik},\tau)\right\} = \left\{v_{ik}(x_{ik},t), w_{ik}(x_{ik},t)\right\}/h_0, \\
\text{台車枠・輪軸の変位}:\left\{\bar{w}_{\mathrm{t1}}(\tau), \bar{w}_{\mathrm{t2}}(\tau), \bar{u}_{\mathrm{t1}}(\tau), \bar{u}_{\mathrm{t2}}(\tau), \bar{u}_{\mathrm{w}n}(\tau)\right\} \\
\qquad = \left\{w_{\mathrm{t1}}(t), w_{\mathrm{t2}}(t), u_{\mathrm{t1}}(t), u_{\mathrm{t2}}(t), u_{\mathrm{w}n}(t)\right\}/h_0, \\
\text{台車枠のピッチング・ローリング角変位}: \\
\qquad \bar{\theta}_{\mathrm{t1}}(\tau) = \theta_{\mathrm{t1}}(t),\ \bar{\theta}_{\mathrm{t2}}(\tau) = \theta_{\mathrm{t2}}(t),\ \bar{\varphi}_{\mathrm{t1}}(\tau) = \varphi_{\mathrm{t1}}(t),\ \bar{\varphi}_{\mathrm{t2}}(\tau) = \varphi_{\mathrm{t2}}(t), \\
\text{変位入力}:\ \left\{\bar{z}_{\mathrm{L}}(\tau), \bar{z}_{\mathrm{R}}(\tau)\right\} = \left\{z_{\mathrm{L}}(t), z_{\mathrm{R}}(t)\right\}/h_0,
\end{array}\right\}$$

............................................................................ (A9.20)

ただし，バー(‾)を付した記号は無次元量を表す．

つぎに，平板とはりの変位を以下のように時間の無次元量 $\tau$ に関する未定係数を含む関数を用いて仮定する．

$$\left.\begin{aligned}
\bar{w}_i(\xi_i,\eta_i,\tau) &= \sum_{m=1}^{M}\sum_{n=1}^{N} A_{mn}^{(i)}(\tau)\, X_m^{(i)}(\xi_i)\, Y_n^{(i)}(\eta_i),\\
\bar{v}_{ij}(\zeta_{ij},\tau) &= \sum_{p=1}^{P} B_p^{(ij)}(\tau)\, Z_p^{(ij)}(\zeta_{ij}),\\
\bar{w}_{ij}(\zeta_{ij},\tau) &= \sum_{q=1}^{Q} C_q^{(ij)}(\tau)\, Z_q^{(ij)}(\zeta_{ij}),\\
\bar{v}_{ik}(\xi_{ik},\tau) &= \sum_{r=1}^{R} B_r^{(ik)}(\tau)\, Z_r^{(ik)}(\zeta_{ik}),\\
\bar{w}_{ik}(\xi_{ik},\tau) &= \sum_{s=1}^{S} B_s^{(ik)}(\tau)\, Z_s^{(ik)}(\zeta_{ik}),
\end{aligned}\right\} \quad \cdots\cdots \text{(A9.21)}$$

ただし，$A_{mn}^{(i)}(\tau), B_p^{(ij)}(\tau), C_q^{(ij)}(\tau), B_r^{(ik)}(\tau), B_s^{(ik)}(\tau)$は時間関数で，後述の式(A9.25)における一般化座標であり，$A$は平板の曲げ，$B$ははりの曲げ，$C$ははりの伸縮の自由度に対応する．なお，それらの上付の添字$i, j, k$はそれぞれ，箱形モデルの面，側面の柱および長手方向部材を区別する添字である．また，$X_m^{(i)}(\xi_i), Y_n^{(i)}(\eta_i), Z_p^{(ij)}(\zeta_{ij}), Z_q^{(ij)}(\zeta_{ij}), Z_r^{(ik)}(\zeta_{ik}), Z_s^{(ik)}(\zeta_{ik})$ はそれぞれ変位の試験関数である．一般に試験関数は，幾何学的境界条件を満たす必要がある．接続系の場合は，部材どうしの変位と傾きの連続性を考慮することになるため，接続部分が多いとそれらの条件を満たす試験関数を選ぶのが難しくなる．これに対し，仮想ばねを導入することにより端部が自由支持の境界条件を満たす関数を用いることができ，試験関数の選択が容易になる．具体的には，式(4.3.24)の第1式のべき関数をそのまま用いることができる．すなわち，

$$\left.\begin{aligned}
&X_m^{(i)}(\xi_i) = \xi_i^{m-1},\ Y_n^{(i)}(\eta_i) = \eta_i^{n-1},\ Z_p^{(ij)}(\zeta_{ij}) = \zeta_{ij}^{p-1},\ Z_q^{(ij)}(\zeta_{ij}) = \zeta_{ij}^{q-1},\\
&Z_r^{(ik)}(\zeta_{ik}) = \zeta_{ik}^{r-1},\ Z_s^{(ik)}(\zeta_{ik}) = \zeta_{ik}^{s-1}
\end{aligned}\right\} \quad \cdots\cdots \text{(A9.22)}$$

また，車体前後，車体妻部上下，台車枠の上下・前後・回転（ピッチング），輪軸前後の各剛体変位についても，

$$\bar{u}_I(\tau) = R^{u_I}(\tau),\ \bar{w}_I(\tau) = R^{w_I}(\tau),\ \bar{\theta}_I(\tau) = R^{\theta_I}(\tau),\ \bar{\varphi}_I(\tau) = R^{\varphi_I}(\tau) \quad \cdots\cdots \text{(A9.23)}$$

のように各自由度に対応する一般化座標で表しておく．ただし，この式中の$I$はc,t$m$,w$n$（添字の$m$=1, 2は台車，$n$=1,..., 4は輪軸を区別）を表す．

式(A9.1)～(A9.19)の各エネルギーを式(A9.20)により無次元化し，さらに式(A9.21), (A9.23)を代入し，各エネルギーの和，

$$\overline{T}_{\mathrm{total}} = \sum_{i=1}^{4} \overline{T}_i + \sum_{i=5}^{6} \left( \sum_{j=1}^{J} \overline{T}_{ij} + \sum_{k=1}^{K} \overline{T}_{ik} \right) + \overline{T}_{\mathrm{c}} + \overline{T}_{\mathrm{t}} + \overline{T}_{\mathrm{w}} \quad \cdots\cdots \text{(A9.24)}$$

$$\overline{\tilde{U}}_{\mathrm{total}} = \sum_{i=1}^{2} \overline{\tilde{U}}_i + \sum_{i=5}^{6} \left( \sum_{j=1}^{J} \overline{\tilde{U}}_{ij} + \sum_{k=1}^{K} \overline{\tilde{U}}_{ik} \right) \quad \cdots\cdots \text{(A9.25)}$$

$$\overline{\tilde{V}}_{\mathrm{total}} = \sum_{l=1}^{2} \sum_{i=3}^{4} \overline{V}_{li} + \sum_{i=5}^{6} \left\{ \sum_{j=1}^{J} \left( \sum_{k=1}^{K} \overline{V}_{ijk} + \sum_{l=1}^{2} \overline{V}_{lij} \right) + \sum_{l=3}^{4} \sum_{k=1}^{K} \overline{V}_{lik} \right\} + \overline{\tilde{V}}_{\mathrm{s}} + \overline{\tilde{V}}_{\mathrm{a}} + \overline{\tilde{V}}_{\mathrm{w}} + \overline{\tilde{V}}_{\mathrm{b}} + \overline{\tilde{V}}_{\mathrm{y}}$$

$$\cdots\cdots \text{(A9.26)}$$

を次式のラグランジュの運動方程式

$$\frac{d}{d\tau}\left( \frac{\partial \overline{T}_{\mathrm{total}}}{\partial \dot{\mathbf{q}}} \right) - \left( \frac{\partial \overline{T}_{\mathrm{total}}}{\partial \mathbf{q}} \right) + \left( \frac{\partial \overline{\tilde{U}}_{\mathrm{total}}}{\partial \mathbf{q}} \right) + \left( \frac{\partial \overline{\tilde{V}}_{\mathrm{total}}}{\partial \mathbf{q}} \right) = \mathbf{0} \quad \cdots\cdots \text{(A9.27)}$$

に代入して整理すると，はりモデルの場合と同様の手順により，台車に支持され，軌道からの上下変位加振入力を受ける車両の運動方程式を複素連立 1 次方程式として得ることができる．ただし，式(A9.27)におけるドット（˙）は $\tau$ による微分，$\mathbf{q}$ は一般化座標からなるベクトルである．

# さくいん

【T】



【U】



【V】



【Y】



【W】

鉄道車両のダイナミクスと
モデリング

Railway Vehicle Dynamics
and Modeling

2017年12月1日　初　版　発　行

著作兼発行者　一般社団法人　日本機械学会
（代表理事会長　大島　まり）

印刷者　中　村　栄　一
昭和情報プロセス株式会社
東京都港区三田5-14-3

発行所　東京都新宿区信濃町35番地
信濃町煉瓦館5階
一般社団法人　日本機械学会
郵便振替口座　00130-1-19018番
電話（03）5360-3500　FAX（03）5360-3507　http://www.jsme.or.jp

発売所　東京都千代田区神田神保町2-17
神田神保町ビル
丸善出版株式会社
電話（03）3512-3256　FAX（03）3512-3270



ISBN 978-4-88898-282-5　C 3053